新能源系列——光伏发电技术及应用专业规划教材

光伏电站建设与施工

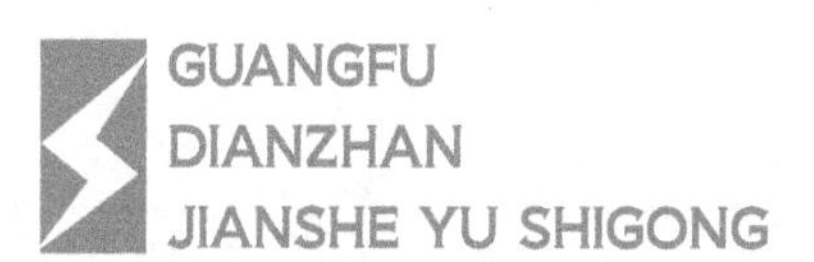

张存彪　黄建华　主　编
廖东进　张培明　副主编

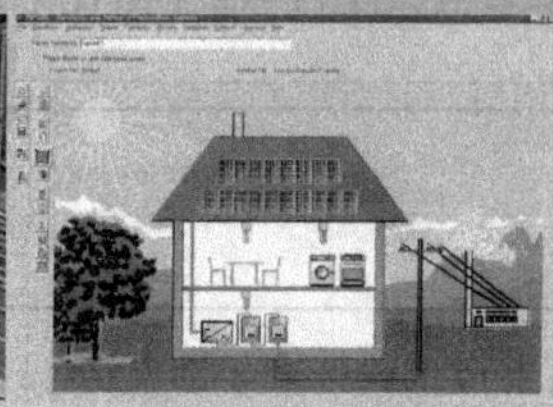

化学工业出版社
·北京·

本书讲解了电站建设与施工的操作流程与技术要点，主要包括电站建设施工准备、施工总布置、施工总进度设计、土建基础工程施工、安装光伏支架、电站电气设备安装、BIPV 电站建设、中大型并网电站建设等。

本书根据电站建设与施工流程，采用任务驱动、项目训练的教学组织方法，以侧重实践操作技能为原则，以职业岗位能力为主线，适合作为职业院校和成人教育专科层次的光伏专业核心课程教材，也可供相关企业人员参考学习。

图书在版编目（CIP）数据

光伏电站建设与施工/张存彪，黄建华主编．—北京：化学工业出版社，2013.8（2024.6重印）
（新能源系列）
光伏发电技术及应用专业规划教材
ISBN 978-7-122-17838-1

Ⅰ.①光…　Ⅱ.①张…②黄…　Ⅲ.①光伏电站-教材
Ⅳ.①TM615

中国版本图书馆 CIP 数据核字（2013）第 146105 号

责任编辑：刘　哲　　装帧设计：韩　飞
责任校对：宋　夏

出版发行：化学工业出版社（北京市东城区青年湖南街 13 号　邮政编码 100011）
印　　装：北京建宏印刷有限公司
787mm×1092mm　1/16　印张 11¼　字数 292 千字　2024 年 6 月北京第 1 版第 7 次印刷

购书咨询：010-64518888　　售后服务：010-64518899
网　　址：http://www.cip.com.cn
凡购买本书，如有缺损质量问题，本社销售中心负责调换。

定　　价：36.00 元

前言

据预测，光伏发电在21世纪会占据世界能源消费的重要席位，不但要替代部分常规能源，而且将成为世界能源供应的主体。目前世界光伏产业以31.2%的年平均增长率高速发展，位于全球能源发电市场增长率的首位，预计到2040年光伏发电将占世界发电总量的20%以上，到2050年，光伏发电将成为全球重要的能源支柱产业。我国仅2012年批复的金太阳项目就达4.54GW，是2011年金太阳批复项目的2.5倍，光伏电站正在以惊人的速度发展。

本教材紧密对接电站建设与施工岗位，以光伏电站建设与施工为主线，按照光伏电站建设与施工操作流程，将光伏电站建设与施工设计成11个项目，并将建设与施工要点设计成不同的任务进行编写。首先对光伏电站的类型与太阳光照条件做了完整的概述，然后详细讲解了光伏电站建设施工准备、施工总布置、施工总进度设计、土建基础工程施工、搭建光伏支架、电站电气设备安装、BIPV电站建设、中大型并网电站建设等，最后讲解了光伏电站建设的质量、职业健康安全与环境管理等内容。

本书可作为高职高专光伏相关专业学生的教材，同时可作为企业对员工的岗位培训教材，也可以作为相关专业工程技术人员的参考书。

本书由湖南理工职业技术学院张存彪、黄建华担任主编，衢州职业技术学院廖东进、济南工程职业技术学院张培明担任副主编。具体编写分工为：绪论及项目一、二、三、四由山西潞安太阳能科技有限责任公司王森涛编写，项目五、六、七、十一由张培明编写，项目八由张存彪编写，项目九由黄建华编写，项目十由廖东进编写。全书由黄建华统稿，由湖南理工职业技术学院罗先进教授主审。

本书的编写得到了湖南、江西、江苏、浙江、江西等光伏企业的大力支持。

由于编者水平有限，定会有不少疏漏之处，诚恳欢迎读者批评指正，编者将在今后的工作中不断修改和完善。

编者

2013年5月

目录

绪　论

【项目描述】

本课程以光伏发电系统建设与施工过程为导向，把光伏电站建设与施工的完整过程融入教学过程中，重点讲解光伏电站建设的选址、建设的基本条件、电站建设规划和光伏电站建设方案设计。

绪论分两个任务来学习光伏电站的类型以及太阳光照条件。

【技能要点】

① 学会根据项目的大小和要求，选择光伏电站建设的类型。

② 学会区分各种光伏电站。

③ 学会对各种地理环境下的太阳光照条件进行测试与分析。

【知识要点】

① 掌握各种光伏电站的应用区域和条件。

② 熟悉各种光伏电站的类型和运营条件。

③ 熟悉国家电站建设的标准。

【任务实施】

任务一　认识光伏电站的类型

自从1954年贝尔实验室制出第一个实用型PN结单晶硅光伏电池以来，光伏发电开始进入了一个新的阶段。光伏发电首先应用在太空领域，1958年，美国先锋Ⅰ号人造卫星以光伏电池作为信号系统的电源，这标志了光伏电池真正进入了实际应用阶段。20世纪70年代，第一次石油危机爆发，使人们意识到开发利用新能源的必要性，光伏发电的地面应用在此后得到了长足的发展。进入90年代，以美国为首的西方国家纷纷投入大量的人力、物力和财力，支持地面用光伏技术的发展，从政策上带头推动光伏发电，随后便有了美国百万屋顶计划、德国十万屋顶计划等。

光伏发电的应用领域非常广泛，除了在太空用于卫星之外，地面上主要集中用于照明、通信、交通等领域。近年来，光伏发电的大范围应用有了新的趋势，即光伏发电与建筑物结合（BIPV）以及并网发电，被公认为是未来光伏发电的最大的市场和最主要的方向。

一、目前光伏发电主要应用领域

1. 普通居住用电

对于边远地区如高原、海岛、牧区、边防哨所等军民生活用电，可组建10～100W不等的小型离网发电系统，以满足用电需求。

2. 室外照明用电

只要在室外能接收太阳光的地方，都可以使用太阳能灯照明，如庭院灯、路灯、手提灯、野营灯、登山灯等。

3. 交通领域

太阳能在交通领域应用广泛，如航标灯、交通信号灯、交通警示/标志灯、路灯、高空障碍灯、高速公路/铁路无线电话亭等。

4. 通信领域

可用于太阳能无人值守微波中继站、光缆维护站、广播/通信/寻呼电源系统、农村载波电话光伏系统、小型通信机、士兵GPS供电等。

5. 太阳能车

太阳能电动车将会是未来汽车发展的一个方向，目前很多国家都在研制太阳能车，并进行交流和比赛。当成本降下来，转换效率提高之后，太阳能车也必将得到快速发展。

6. 光伏电站

可组建10kW～1GW光伏电站、风光互补电站等，满足周边用电需求。

7. 光伏建筑一体化（BIPV）

将光伏发电与建筑材料相结合，使得未来的大型建筑实现电力自给，这是未来一大发展方向。

二、光伏发电系统的类型

光伏发电到电能的使用，构成一个发电系统，主要有两种形式，分别是独立光伏供电系统电站和并网光伏供电系统电站。

1. 独立光伏供电系统电站

（1）认识独立光伏供电系统电站

独立光伏供电系统中光伏阵列产生的电能仅供系统内的负荷所用，不与外界供电网络相连。该系统的组成结构主要有光伏方阵、控制器、蓄电池、逆变器、直流（交流）负载等，如图0-1所示。偏远山区光伏发电系统、城市中太阳路灯、庭院灯等都是一种独立光伏供电系统。

（2）独立光伏供电系统电站的应用

光伏发电在小型应用方面发展很快，例如，应用于袖珍计算器、钟表、蓄电池充电器、闪光灯、太阳能收音机、车载移动系统、露营车、船只、紧急电话、违规停车罚单机、交通信号灯和观察系统、通信站、浮标、花园景观、饮用水和灌溉的光伏抽水系统、光伏水消毒与脱盐。下面就典型应用案例做简单介绍。

① 直流应用型。直流应用型如最常见的太阳能充电器（图0-2）、太阳能汽车（图0-3）等。

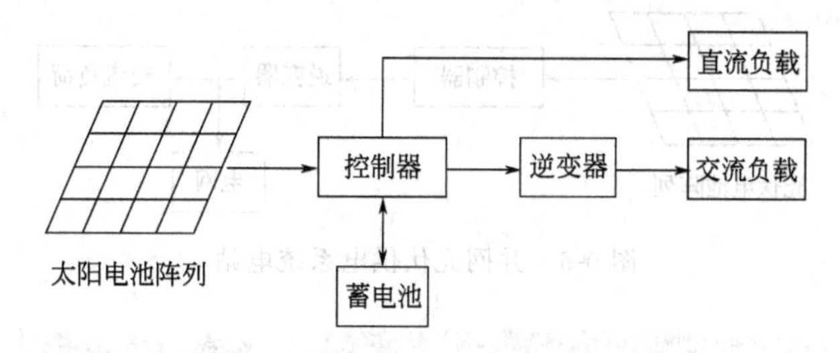

图 0-1 独立光伏供电系统电站

图 0-2 太阳能充电器

图 0-3 太阳能汽车

② 直流存储逆变应用型。因为独立光伏系统的发电和需求通常不在同一时间（如光伏系统白天发电，但单独系统的灯是在夜间使用），那么通常需要一个能量存储系统——可充电电池（蓄电池）来储存电能。然而，在有了蓄电池之后，为了保护蓄电池达到一个更高的实用性和更长的工作寿命，需要有一个适当的充电控制器作为能量的动力管理单元。因此，一个典型的独立系统包括以下主要组成部分：光伏组件，通常并行或串行连接；充电控制器；蓄电池或蓄电池组；负载；逆变器——提供交流电的系统。

典型案例如饮用水的光伏水泵系统（图 0-4）、太阳能热脱盐系统（泵的光伏组件和控制部分使这个系统完全自动化，如图 0-5 所示）。

图 0-4 饮用水的太阳能水泵系统

图 0-5 太阳能热脱盐系统

2. 并网光伏供电系统电站

(1) 认识并网光伏供电系统电站

并网光伏供电系统电站在独立光伏供电系统的基础上与公共电网相连，将发的电输入公共电网，或者系统内部先使用，剩余的电输入公共电网。并网发电系统由光伏电池阵列、控制器、逆变器、交流负荷等组成，如图 0-6 所示。并网供电系统节约蓄电池的成本以及减少每天的充放电损耗，是未来大规模使用光伏发电的一个方向，如大型的光伏电站、光伏建筑

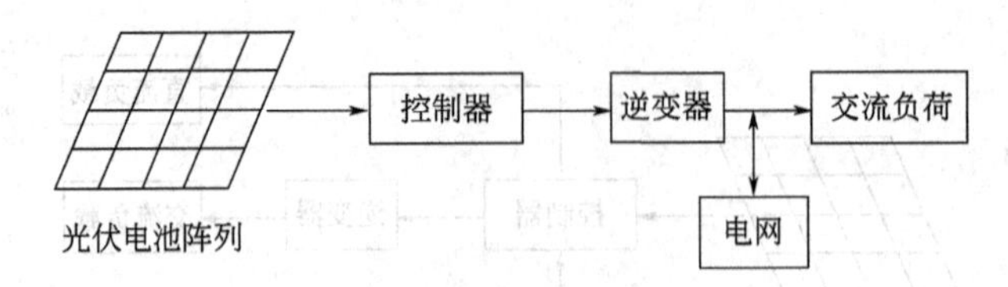

图 0-6 并网光伏供电系统电站

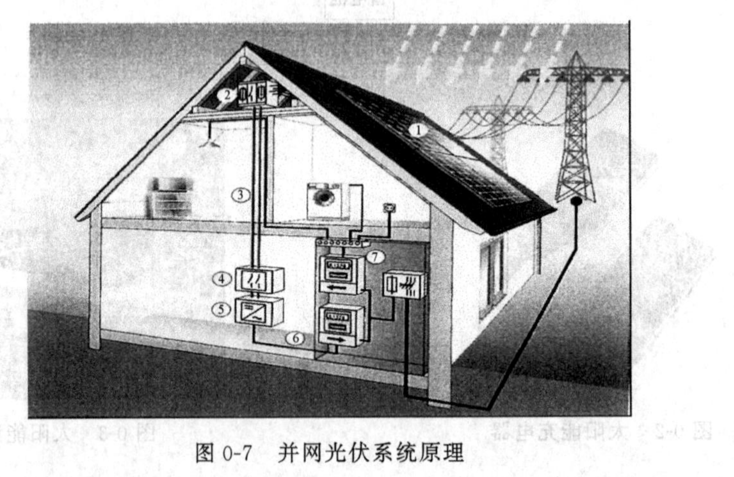

图 0-7 并网光伏系统原理

一体化（BIPV）一般采用并网发电的方式组成光伏供电系统。

(2) 并网光伏系统原理

并网光伏系统主要包括以下组成部分，如图 0-7 所示：

① 光伏组件/阵列（若干组件串联或并联连接装在框架上）；

② 光伏阵列接线盒（和保护设备）；

③ 直流电缆；

④ 直流总绝缘开关；

⑤ 逆变器；

⑥ 交流电缆；

⑦ 有配电系统、供电和馈入仪器和电力连接的仪表柜。

(3) 并网光伏系统电站的应用

并网光伏系统电站的应用很多，小型应用主要集中在 BIPV 和 BAPV（光伏建筑附加）上，大型应用主要是光伏侧并网电站。

① BIPV 和 BAPV 并网光伏系统。常见的光伏建筑系统如家庭住宅的房顶并网光伏系统（图 0-8）、光伏建筑一体化项目（图 0-9）。

图 0-8 家庭住宅房顶并网光伏系统

图 0-9 BAPV 项目

② 大型光伏侧并网电站。国际上很多光伏企业、运营公司开始在建设大型地面安装的并网光伏电站，例如前灰尘沉积池上5MW地面安装系统（图0-10）、20MW大型光伏电站（图0-11）。

图0-10 前灰尘沉积池上5MW地面安装系统

图0-11 20MW光伏电站

任务二 了解太阳光照条件

太阳以光照的形式提供能量，离开了太阳光，地球上的生物便不复存在。太阳能量是来自太阳核中氢原子核聚变为氦原子，放出巨大的能量。换句话说，太阳是一个巨大的核聚变反应堆，因为太阳和地球的距离太遥远，太阳光照只有极少一部分（约为2/1000000）到达地球表面，计算得出总量为1×10^{18}kW·h/a。

一、 太阳辐射的分布

地球大气层外的太阳辐射强度取决于太阳和地球的距离，一年期间，它在1.47×10^{8}km到1.52×10^{8}km之间变化，导致光照强度E_Q在1325W/m^{2}到1412W/m^{2}之间波动，称为太阳光常数，其平均值为$E_Q=1367$W/m^2。这个级别的光照并不能到达地球表面，地球周围的大气层会通过反射、吸收（臭氧、水蒸气、氧气和二氧化碳）和散射（由空气分子、微尘引起的）减弱光照。在阳光强烈的中午，地球表面的光照强度可达到1000W/m^2，这个值也与地点有关，最强的日照发生在多云、晴朗的天气。由于云层的阳光反射，光照在短时间内可高达1400W/m^2，如果将一年的太阳光能量累加起来，每年的全球辐射以kW·h/m^{2}计，这个值因地区不同而变化非常大。

一些赤道地区超过了每年2300kW·h/m^2，而南欧地区最大值为1700kW·h/m^2，德国的平均值为1040kW·h/m^2，在欧洲，夏季和冬季的光照的季节性波动也相当大。

1. 直射和散射

地球表面的阳光（图0-12）包括直射部分和散射部分。直射来自太阳的方向，而且会在物体后产生浓的阴影。相比之下，散射是分散的，来自天空，没有明确的方向。根据云层的状态和白天的时间（太阳的高度），直射和散射强度以及两者的比例会有很大的变化。

图0-13展示了德国柏林地区一年中直射和散射的比例。在晴朗的时日，直射在总的光照中占有更多的部分，在多云的时节（尤其是冬季），光照几乎全部是散射。在德国全年的光照中，散射占60%，直射占40%。

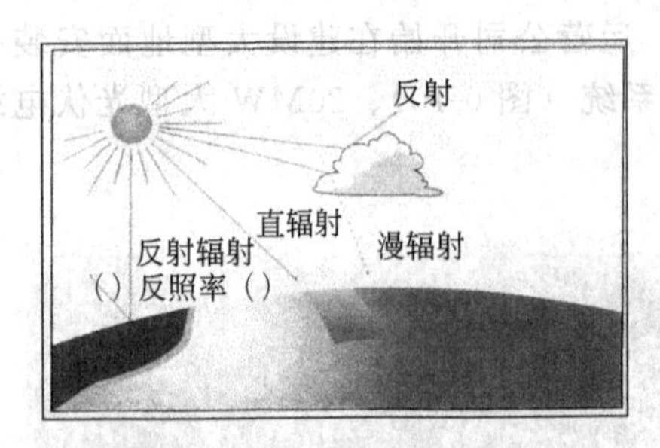

图 0-12 穿过大气层的阳光

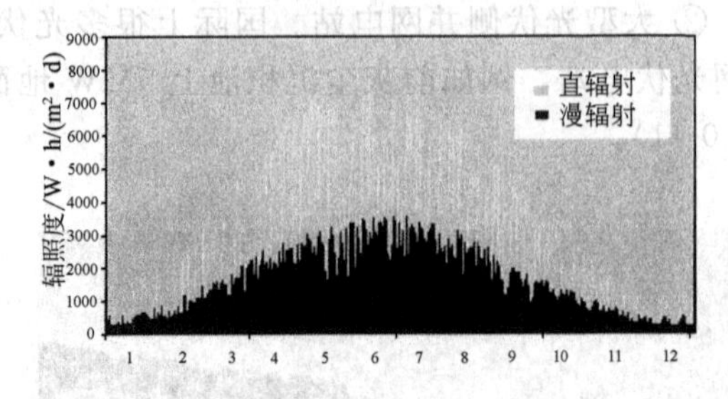

图 0-13 德国柏林地区直射和散射的日总量

2. **角度定义**

确切了解太阳光照强度和光伏发电系统年产量是很重要的，任何地点的太阳高度都可以通过太阳高度角和太阳方位角（图 0-14）来描述。

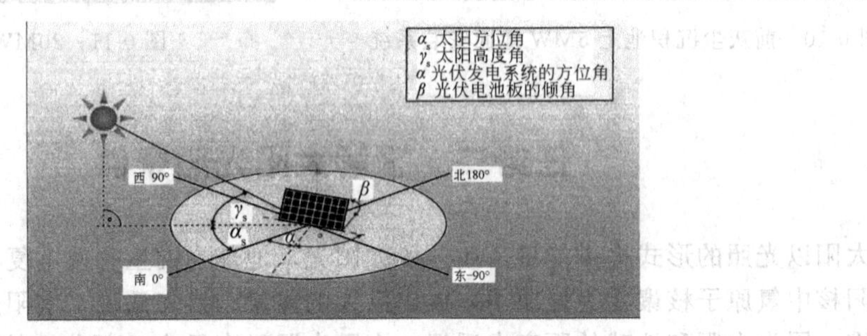

图 0-14 在太阳能技术中定义角

当谈到光伏发电系统时，预定南方方位角 $\alpha=0°$，往东边的角定义为负值（正东：$\alpha=-90°$），往西边的角度定义为正值（西：$\alpha=90°$）。

3. **太阳高度和太阳光谱**

太阳光照依赖的各种因素之一便是太阳高度角 γ_s，它通过水平线测量。太阳在天空中穿行（图 0-15），太阳角也在变化，一年期间的值也会变化。

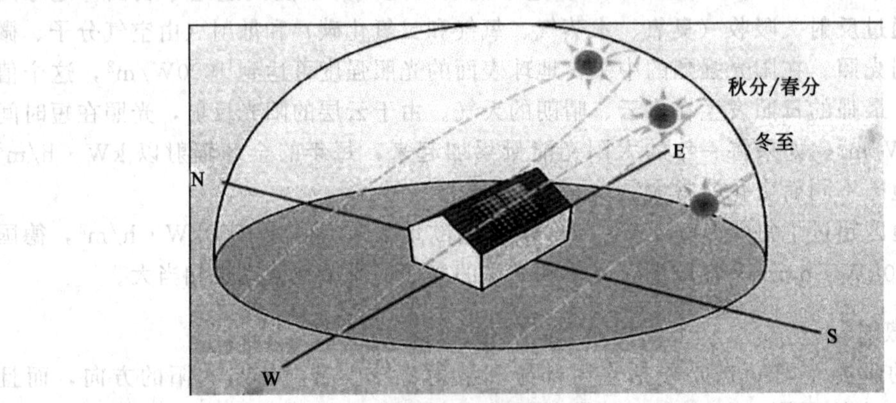

图 0-15 一种特殊时刻的太阳路径

当太阳高度与地面垂直时，阳光以最短的路径穿过地球大气层，而当太阳在一个平一点的角度上，阳光穿过大气层的路径要更长，导致了更多阳光被吸收或散射，进而使光照强度变低。大气质量因子（*AM*）指定了太阳光必须穿过大气层的厚度为大气层垂直厚度的多少倍，太阳高度 γ_s 和大气质量的关系有如下定义：$AM=\frac{1}{\sin\gamma_s}$。当太阳高度为垂直时（$\gamma_s=$

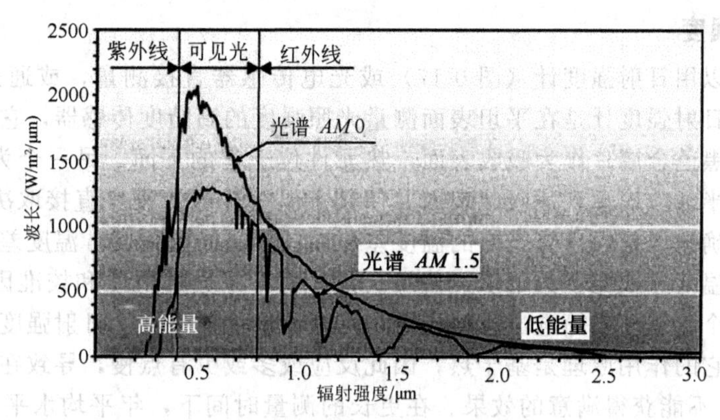

图 0-16 太空中太阳光谱 AMO 和地球上太阳高度为 41.8°时的 $AM1.5$

90°)，$AM=1$，对应赤道处在春分或秋分的正午时的太阳高度。

在没有地球大气层影响的太空中的太阳光照被称为 AMO 光谱。当阳光穿过地球大气层时，光照（图 0-16）被以下因素减弱：

a. 大气层反射；

b. 大气层中的分子吸收（O_3，H_2O，O_2，CO_2）；

c. 瑞利散射（分子散射）；

d. Mie 散射（空气中微尘与污染物散射）。

表 0-1 列出了光照与倾斜角之间的关系，太阳高度较低时，吸收和瑞利散射会增加。空气中污染物散射（Mie 散射）受地点的影响很大，在工业区的值最大。当地天气影响，如云、雨和雪都会进一步削弱光照。

表 0-1 不同倾斜角的光照

角度	AM	吸收	瑞利散射	米氏散射	总体减少
90°	1.00	8.7%	9.4%	0～25.6%	17.3%～38.5%
60°	1.15	9.2%	10.5%	0.7%～29.5%	19.4%～42.8%
30°	2.00	11.2%	16.3%	4.1%～44.9%	28.8%～59.1%
10°	5.76	16.2%	31.9%	15.4%～74.3%	51.8%～85.4%
5°	11.5	19.5%	42.5%	24.6%～86.5%	65.1%～93.8%

4. 地面反射

当计算倾斜地面的光照时，要考虑地面反射。根据地面的性质，用“反照率”值来反映地面的反射情况，这在一些仿真程序中（如 SUNDI、PV SOL 和 SoLEm）是必要的。反照率的值越高，阳光的反射就越大，进而周围地区越亮，散射越大。不同环境下的反照率如表 0-2 所示。通常可以假设反照率的值为 0.2。水面反照率的值应用于平静的水面，因为水面总是波动，形成的波浪会反射阳光。

表 0-2 不同环境下的反照率

表 面	反照率	表 面	反照率
草地(7、8 月)	0.25	沥青	0.15
草坪	0.18～0.23	沙质地	0.10～0.25
干燥草地	0.28～0.32	水表面($\gamma_s>45°$)	0.05
旷野	0.26	水表面($\gamma_s>30°$)	0.08
荒土	0.17	水表面($\gamma_s>20°$)	0.12
沙砾	0.18	水表面($-\gamma_s>10°$)	0.22
干净的混凝土	0.30	森林	0.05～0.18
腐蚀的混凝土	0.20	新雪层	0.80～0.90
干净的水泥	0.55	旧雪层	0.45～0.70

二、 测量光照强度

光照强度可以用日射强度计（图 0-17）或光电传感器直接测量，或通过分析人造卫星图像间接得出。日射强度计是在平坦表面测量光照强度的高精度传感器，它由两个半球形玻璃顶组成，一个黑色金属片作为吸收表面，热元件位于它的下面，另一个为白色金属外壳。太阳光垂直穿过半球玻璃顶到达吸收表面并使其升温（升温的程度直接取决于光照），它和环境（或者更精确地说是白色外壳）的温度差可以计算出光照强度。温度差通过连接的热电偶，得到一个与温度差成比例的电压，使用伏特计就可以通过电压和校准因子来计算光照。如果通过安装一个遮阴环来筛选出直接光照，可以测量散射强度。日射强度计有着很高的精密量度，但因为它的作用原理是基于热，因此反应或多或少有点慢，导致在光照快速起伏时（如受多云影响）不能获得满意的效果。在更长的测量时间下，年平均水平的测量精度可达 0.8 个百分点。

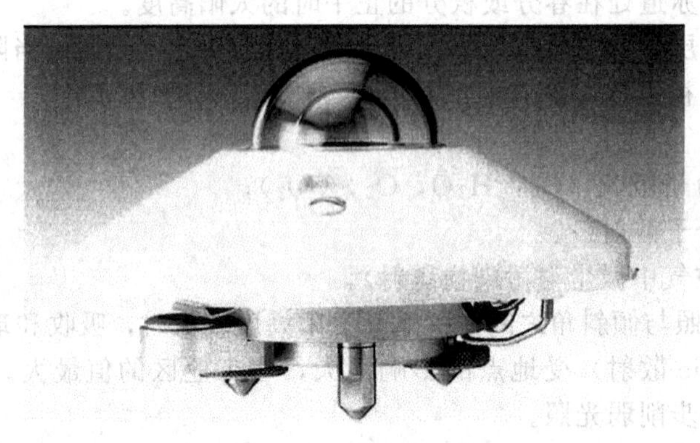

图 0-17 日射强度计

光电传感器（图 0-18）的成本要比日射强度计低得多，一般采用晶体硅传感器。光电传感器包括了一个太阳能电池，它产生与光照成比例的电流。然而，由于传感器的光谱灵敏度，不能精确计算出光照的确定成分，太阳能电池不能测出波长较长的红外光。根据校准和传感器的设计，测量精度的年平均值可达 2%～5%，通过校准和使用薄的温度传感器用作温度校正，可得到好于 4%的精度。

有光电传感器的辐照度计（图 0-19）常用于监测较大的光伏阵列系统的运转。值得一提的是，传感器与电池采用相同的工艺［非晶、单晶、多晶、碲化镉（CdTe）或铜铟硒（CIS）］，能增加精确性且方便计算。和计算单位或逆变器相连的数据记录器能将测得的光照强度和产生的电量进行比较，这便能判断出光伏系统运行的好坏程度。

图 0-18 光电传感器

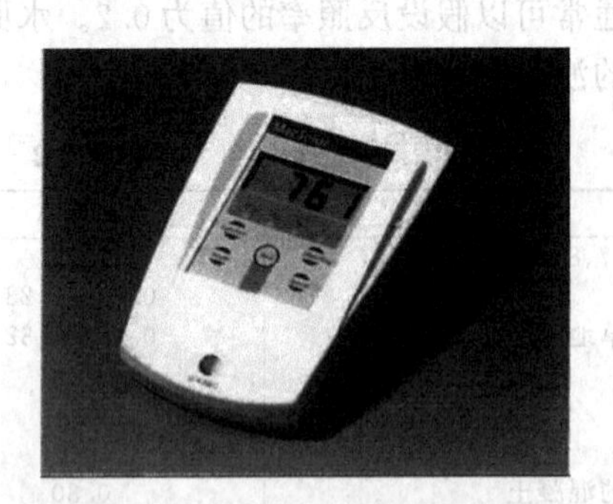

图 0-19 有光电传感器的辐照度计

【项目小结】

本项目是让读者初步了解光伏电站的基本知识，使学习电站建设与施工的读者从整体上学习光伏电站的知识，所以把每一个发电系统都理解成一个小电站。从地面光伏电站的应用实例入手展开学习，通过不同的实例来认识光伏电站。在本项目中光伏独立系统、大型侧并网电站、BIPV是光伏电站的主要形式。

【思考题】

1. 独立光伏系统由什么部件组成？
2. 什么是直接辐射？
3. 如何测太阳辐射强度？
4. 光电传感器是测什么的仪器？

项目一

分布式光伏电站建设施工准备

【项目描述】

本项目主要讲解分布式光伏电站建设的施工准备工作，主要内容包括光伏电站建设的基本要求、技术准备、物资准备、现场准备等内容。本项目分两个任务来学习。

【技能要点】

① 学会根据现场条件书写光伏电站建设的基本要求与施工规则。

② 学会电站建设与施工的技术准备工作。

③ 学会电站建设与施工的物资准备工作。

④ 学会电站建设与施工的现场准备工作。

【知识要点】

① 熟悉分布式电站建设的基本要求与施工规则。

② 熟练掌握分布式电站的基本要求、技术准备、物资准备、现场准备的各项要求。

③ 熟练掌握各种物资采购单信息、施工技术信息、施工现场的各种情况以及交叉施工的沟通工作。

④ 熟悉施工单位监理人员以及工作协调人员的详细信息。

任务一　了解分布式光伏电站建设基本要求

一、分布式光伏电站建设施工组织设计的基本要求

① 施工组织设计应综合分析光伏发电工程装机规模、建设条件、现有施工水平和特点等，确定施工组织设计的指导方针。

② 施工组织设计应满足光伏发电工程合理的建设期限需求和实现工程各项技术经济指标的要求。

③ 施工组织设计应严格执行基本建设程序和施工程序，应对工程的特点、性质、工程量大小等进行综合分析，合理安排施工顺序。

④ 施工组织设计应加强各施工段的综合平衡，调整好各时段的施工密度，降低劳动力

高峰系数，均衡连续施工。

⑤ 施工总布置应充分考虑建（构）筑物、场地和设备的永（久）临（时）结合，尽量减少临时设施建设。

⑥ 施工总进度应重点研究和优化关键路径，合理安排施工计划，落实季节性施工措施。

⑦ 在满足工程建设需要的前提下，组织机构的设置和人员配备力求精简。

⑧ 施工组织设计应有利于提高工程质量和加强职业健康安全和环境保护管理，确保安全文明施工。

二、 施工组织设计的编制依据

① 光伏发电工程主体设计方案。

② 主要工程量和工程投资概算（估算）。

③ 主要设备清单及主要材料清单。

④ 主体设备技术文件及新产品的工艺性试验资料。

⑤ 工程施工合同及招、投标文件和已签约的与工程有关的协议。

⑥ 拟进场的施工机械设备清单。

⑦ 现场情况调查资料。

三、 施工组织设计的主要内容

① 从施工角度论证项目建设方案的可行性。

② 根据当前社会综合施工水平，排定项目工程工期。

③ 从施工的全局出发，根据工程区地形地质条件进行施工总平面布置，合理选择主体施工方案和施工设备、机具。

④ 合理确定各种物资资源和劳动力资源的需求量和配置。

⑤ 根据工程量、排定的工程工期、选择的施工方案和拟投入的劳动力资源等，为编制工程概算（估算）提供必要的资料。

⑥ 根据合同工期，合理安排施工程序和交叉作业，确定节点进度计划。

⑦ 提出施工交通运输方案。

⑧ 提出与施工有关的组织、技术、质量、职业健康安全、环保和节能等措施。

任务二 分布式光伏电站建设施工准备

一、 施工准备的一般要求

① 施工准备应贯穿施工全过程，在开工前进行全场性施工准备，开工后针对实际情况和季节变化，及时对全场性施工准备做出补充和调整。

② 全场性施工准备前应根据地面光伏发电工程、BIPV 或 BAPV 光伏发电工程各自的特点与施工难点，明确管理目标，包括质量目标、工期目标、安全目标及文明施工目标等。

二、 技术准备

应对以下资料进行搜集、整理与分析。

① 站址区的自然条件，包括地形与地质构造和状态、水文地质、地震级别与烈度、气象资料（气温、雨、雪、风和雷电等）等，分析气候对工程施工带来的影响。BAPV 工程

还应掌握原建（构）筑物的结构特点，分析荷载变化对原建（构）筑物的影响等。

② 项目建设地区的技术经济条件，包括当地施工企业及制造加工企业提供服务的能力及技术状况、物资供应状况、地方能源和交通运输状况、医疗和消防状况等。

③ 其他有关设计资料，包括工程的批准文件、工程施工合同和招投标文件、现行的相关规范及法规、设备技术文件、相似项目的经验资料等。

④ 参加施工和经营管理的工程技术人员应对施工图纸和有关设计技术资料进行熟悉与审查，了解和掌握设计意图及设计要求。

⑤ 根据施工图纸确定施工项目的工程量，依照现行预算定额或地区计价表、施工方案、费用计算规则及取费标准等编制施工图预算及施工预算。

三、 物资准备

① 物资准备主要包括建筑安装材料的准备，构件、配件和非标制品的加工准备，生产工艺设备的准备和施工机械的准备等。

② 根据施工项目的工程量及工期，确定施工机械台班量，制定主要材料需求量计划，构件、配件和半成品需求量计划，施工机械需求量计划。

③ 根据各种物资的需求量计划，拟定运输计划和运输方案，确定物资进场时间。并按照施工总平面图的要求，明确物资储存或堆放的地点。

四、 施工组织机构与人员配置

① 根据项目规模、结构特点和复杂程度，建立项目组织管理机构并配备相应人员，建立健全各项管理制度。

② 应制定施工准备工作计划表，明确各管理部门的职责与分工。

③ 根据施工各项目的工程量及工期，确定综合劳动力和重要工种劳动力的需求量计划，制定施工各阶段劳动力配备表。

④ 制定劳动力进场计划。施工前应对施工队伍进行技术交底、安全和文明施工教育，并明确任务和做好分工协作。

五、 现场准备

① 施工现场准备主要包括施工场地的控制网测量、“四通一平”、施工现场的补充勘探、消防设施的设置以及临时设施的搭建等。

② 应根据现场情况，在噪声控制、粉尘污染防治、固体废弃物管理、水污染防治管理等方面制定有效的环保措施，并组织实施。BAPV 工程应重点分析施工噪声对周边居民的影响并提出有效降噪措施。

【扩展阅读】

光伏电站建设与施工专业术语

(1) 施工组织设计（construction organization plan） 以施工项目为对象编制的，用以指导施工的技术、经济和组织管理的综合性文件。

(2) 光伏建筑附加（building attached photo-voltaics，BAPV） 指将太阳能光伏电池组件附着在建筑物上，引出端经过控制器、逆变器与公用电网相连接，形成户用并网光伏系统，亦称光伏建筑附加。

(3) 光伏建筑一体化（building Integrated photo-voltaics，BIPV） 指将太阳能光伏电

池组件集成到建筑物上，同时承担建筑结构功能和光伏发电功能，引出端经过控制器、逆变器与公用电网相连接，从而形成户用并网光伏系统，亦称光伏建筑一体化。

(4) 并网光伏电站 (grid-connected PV power station) 指接入公用电网（输电网或配电网）运行的光伏电站。

(5) 光伏组件 (PV module) 指具有封装及内部连接的、能单独提供直流电输出、最小不可分割的光伏电池组合装置。

(6) 光伏阵列 (PV array) 指由若干个光伏电池组件或光伏电池板在机械和电气上按一定方式组装在一起并且有固定的支撑结构而构成的直流发电单元。地基、自动跟踪器、温度控制器等类似的部件不包括在阵列中。

(7) 汇流箱 (combining manifolds) 指在太阳能光伏发电工程中，将一定数量规格相同的光伏组件串联起来，组成一个个光伏串列，然后再将若干个光伏串列并联汇流后接入的装置。

(8) 逆变器 (grid-connected inverter) 指将光伏阵列的直流电转化为交流电，同时又具备各种保护功能并在满足特定的条件下能够实现自动并网的装置。

(9) 光伏支架 (PV support bracket) 指太阳能光伏发电系统中为了摆放、安装、固定光伏电池面板而设计的特殊支架。

(10) 调试 (debugging) 指设备在安装过程中及安装结束后、移交生产前，按设计和设备技术文件规定进行调整、整定和一系列试验工作的总称。

(11) 施工总平面布置 (construction site layout plan) 指在施工用地范围内，对各项生产、生活设施及其他辅助设施等进行规划和布置。

(12) 施工总进度 (total schedule for construction) 指工程总体施工工期和各节点的控制进度。

【项目小结】

本项目讲解的主要内容是光伏电站建设与施工中的准备工作，准备的内容包括技术准备、物资准备、现场准备等。根据现场情况和现有技术、物资等资料，编制施工组织设计方案，工程人员在施工组织设计方案的指导下开展施工建设。

【思考题】

1. 简述光伏电站建设的基本要求。
2. 如何做好电站建设与施工的技术准备?
3. 如何做好电站建设与施工的物资准备?
4. 如何做好电站建设与施工的现场准备?
5. 如何做好电站建设与施工的协调组织工作?

项目二

分布式光伏电站建设施工总布置

【项目描述】

本项目主要讲解分布式光伏电站建设的施工总布置，布置的内容包括施工场地统筹划分、交通组织、临时建筑、临时供水供电、材料堆放等场地的合理布置及竖向规划。本项目分两个任务来学习。

【技能要点】

① 能够编写光伏电站建设施工的总布置规划。

② 能够规划好施工相关区域的划分与安排。

③ 能够绘制施工总平面布置图。

【知识要点】

① 熟悉光伏电站建设施工的总布置规划的编写要求与标准。

② 熟练掌握施工相关区域划分与安排的规则与方法。

③ 熟练掌握施工总平面布置图的方法与效果美化技术。

④ 熟悉施工现场的各种基本情况。

任务一　划分分布式光伏电站建设施工区域

一、 光伏电站建设施工总布置的相关内容

1. 施工总布置的内容

施工总布置包括施工场地统筹划分、交通组织、临时建筑、临时供水供电、材料堆放等场地的合理布置及竖向规划。

2. 施工总布置应满足的要求

① 总体布局合理，场地分配与各标段施工任务相适应，方便施工管理。

② 合理利用地形，减少场地平整的土石方量。尽量利用场内不建及缓建位置，节约用地。减少临时设施投资及现场运输费用。

③ 合理组织交通，避免相互干扰，力求交通短捷。大宗材料堆场选择时应注意选择合理的运输半径。

④ 施工分区应符合施工总体部署和施工流程要求，土建及安装施工间互不干扰，便于管理。

⑤ 符合节能、环保、安全和消防等要求。

⑥ 满足文明施工的要求。

二、施工区域划分

1. 施工区域分为施工生产区及施工生活区

① 施工生产区包括土建作业与堆放场、安装作业与堆放场、机械动力及检修场、光伏阵列及安装材料堆场、水泥砂石料堆场及混凝土搅拌站等。

② 施工生活区包括现场施工人员及工程管理人员日常生活所需的办公、休息、餐饮等建筑。

2. BAPV 工程施工区域划分应满足的要求

① BAPV 工程与建（构）筑物同时建设时，应作为整体工程的一个部分，统一进行施工区域划分，并应充分利用建（构）筑物主体工程建成后形成的可用内部空间及空闲场地。

② 在已有建筑物进行 BAPV 工程建设时，应考虑施工对建筑物周边环境及建筑物使用方的影响，充分利用建筑物及附近已有设施，减少施工生产区和生活区的占地面积。

任务二 分布式光伏电站建设施工总布置

一、光伏电站施工总布置

① 施工生活区布置时宜采用集中布置形式。

② 施工生产区布置时，各类堆场、施工机具停放、机械动力及检修场、水泥砂石料堆场及混凝土搅拌站宜集中独立布置。

③ 施工现场分标段较多的工程，可根据现场情况按标段独立布置生产、生活区。

④ BAPV 项目应结合建筑物屋顶结构形式、建筑物内部空间、附近场地情况、主体工程施工总布置方案进行布置。施工生活区与生产区宜相互独立，避免干扰。

二、施工总平面布置图

施工总平面布置图应满足下列要求。

① 地面光伏发电工程施工总平面布置图宜在不小于 1：2000 地形图上绘制，并带有坐标方格网。BAPV 工程施工总平面布置图应能够反映建（构）筑物位置及周边可利用场地。

② 施工总平面布置图应包括光伏阵列、升压站、综合楼、围墙、各作业场、堆放场、临时道路和永久道路、主要供水供电管线、施工期间场区及施工区竖向布置、排水设施及租地边界等相对位置及平面布置尺寸、坐标和标高等。图中应注明施工区测量控制网基点的位置、坐标及标高。

③ BAPV 工程应注明拟建建筑物和其他基础设施的相对位置及平面布置尺寸、坐标和标高等。

三、施工临时设施及场地

1. 施工临时设施及场地的一般规定

① 施工生活区布置以有利于生产、方便生活为原则，应依托进场道路布置。

② 施工生产区布置时，宜利用场内不建或缓建位置灵活布置，用地应从严控制，减少单纯施工所需临时租地。

③ 应根据工程需求确定大宗材料储备量，严格核算场地大小。对于安装设备，在条件容许时，宜采用随到随安装方式，减少现场堆放量。

④ 合理安排土建及安装先后顺序，避免工作面间相互干扰。

⑤ 施工场地内竖向布置（含场地排水），应与电站竖向布置统一规划。

2. 施工临时设施及场地布置

① 施工临时设施有办公室、宿舍、食堂、仓库、修配间等建（构）筑物，临时设施与施工工地间距满足消防安全距离，避免相互干扰。

② 施工各工地布置时应综合利用空地，并考虑扩建条件，同时各工地应靠近使用地点，避免二次搬运。

③ 混凝土搅拌站及砂石水泥堆场，应靠近基础施工点，减少运输距离。钢筋混凝土预制场，宜靠近搅拌站布置。

④ 主要设备存放应符合以下要求：

a. 存放场地应采取防水、防倾倒等措施；

b. 宜集中存放，便于管理。

⑤ 电站临时施工建筑总面积应根据电站规模、当地环境和生活条件确定。

四、供水、供电及通信

① 施工现场的供水量应满足全工地的直接生产用水、施工机具用水、生活用水。

② 施工区在无直接引接水管线条件时，可采用水罐车运输，同时场内应设临时水池。

③ 施工现场的供电量应满足全工地的土建和安装的动力用电、焊接、照明等的最大用电量。

④ 施工通信范围含由当地电信局引到现场施工通信总机的引入端，但不包括通信总机。场内可按标段划分情况配对外中继线。配置时应永（久）临（时）结合。

【项目小结】

本项目学习的主要知识点是施工场地统筹划分，交通组织，临时建筑、临时供水供电、材料堆放等场地的合理布置及竖向规划，施工总平面布置图的绘制要求与平面设计，施工临时设施及场地划分规则与要求等知识。

【思考题】

1. 简述施工场地统筹划分方案。
2. 简述如何安排施工现场的交通规划。
3. 简述临时建筑的区域规划。
4. 简述材料堆放区域规划方案。
5. 设计一个新建商场屋顶光伏电站的施工总平面布置图。

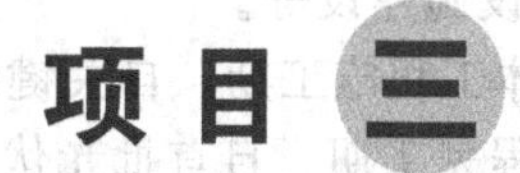

项目三

分布式电站建设施工总进度设计

【项目描述】

本项目主要讲解分布式电站建设施工总进度的设计方法和编写原则以及施工总进度控制。本项目分两个任务完成。

【技能要点】

① 学会根据施工方案编写电站建设与施工总进度设计方案。
② 学会根据施工总进度设计方案控制工程进度。
③ 学会预算工程施工工期定额。

【知识要点】

① 熟悉光伏电站建设施工现场的各种制约工程进度的因素。
② 熟悉光伏电站建设的设计方案。
③ 熟练掌握光伏电站建设施工总进度设计原则。
④ 熟练掌握根据施工总进度设计方案控制工程进度的方法。

【任务实施】

任务一　了解分布式光伏电站建设施工总进度设计编制原则

一、施工总进度设计编制的一般要求

① 编制施工总进度时，应分析论证合同工期的合理性，结合主要设备供货时间、施工机械化程度、劳动力资源配备和当前的光伏发电工程施工组织管理水平，合理安排施工期。

② 合理的施工工期应有利于确保工程施工安全和施工质量，有利于优化工程投资和降低建设成本。

③ 光伏发电工程建设一般划分为四个施工时段。

a. 工程筹建期。工程正式开工前，建设方为主体工程施工承包商具备进场开工条件进

行筹备。

b. 工程准备期。准备工程开工起至关键线路上的主体工程开工，一般包括“四通一平”、临时设施建设等。

c. 主体工程施工期。自关键线路上的主体工程开工开始，至首批光伏阵列发电。

d. 工程完工期。自首批光伏阵列投入运行至工程竣工。

编制施工总进度时，工程施工总工期应为后三项工期之和。工程建设相邻两个阶段的工作可交叉进行。

④ 施工总进度一般采用下列三种表现形式：

a. 网络施工进度表（关键路径法）；

b. 横道施工进度表；

c. 斜线施工进度表。

二、 施工总进度编制原则

1. 编制施工总进度应遵守的原则

① 遵守基本建设程序。

② 采用国内平均先进施工水平，合理安排工期。

③ 资源均衡分配。

④ 各项目施工程序前后兼顾、衔接合理、施工均衡。

2. 光伏发电工程施工里程碑节点划分

①“四通一平”施工单位进场（工程开工）。

②“四通一平”及临建完成。

③ 光伏阵列基础、支架施工完成。

④ 生产综合楼、配电室等建筑物土建完成。

⑤ 首批光伏发电设备安装调试完成。

⑥ 首批光伏阵列并网发电。

⑦ 末批光伏阵列并网发电。

⑧ 工程整体移交生产。

⑨ 整体竣工投产。

3. 施工总进度编制

施工总进度宜按照上述九点进行工期排定，提出施工关键线路，突出主、次关键工程，明确开工、首个阵列并网发电和工程完工日期。

4. 施工工期的排定

施工工期应根据水文、气象条件分析相应的有效施工工日。一般混凝土浇筑的月工作日数按 25 天计，光伏电池组件安装的月工作日数按 25 天计，其他电气设备安装按 28 天计。

5. 光伏电池组件安装和电气设备安装的施工进度

应协调与土建工程施工的交叉衔接，处理好土建和安装、主体与附属、阵列投产与续建施工等方面的关系。

6. 工程施工工期定额

见表 3-1。

表 3-1　光伏发电工程工期定额表　天

序号	地区类别	装机容量	光伏阵列基础开工至安装开始	光伏阵列支架开始安装至组件完成	光伏阵列配套电气设备基础及构筑物建设完成	光伏阵列配套电气设备安装至完工	升压站基础开工至安装开始	升压站内设备安装至完成	系统开始调试至并网发电	光伏阵列基础开工至并网发电
			1	2	3	4	5	6	7	8
	项间关系									5+6+7
1	Ⅰ类地区	10MW	71	91	30	48	148	32	3	183
2	Ⅱ类地区	10MW	81	103	34	55	168	37	4	209
3	Ⅲ类地区	10MW	86	110	36	58	178	39	4	221
4	Ⅳ类地区	10MW	96	123	41	65	200	44	5	249

注：1. 当装机容量小于 10MW 时，1、2、3、4 项工期定额可进行相应折减。

2. 当光伏阵列基础采用自进式构架时，套用本表第 2 项可适当调整。

3. 本表中升压站电压等级为 35kV。若升压站电压等级高于 35kV 时，表中 5、6 项可适当调整。

4. 当电站采用一级升压、无升压站时，本表第 5 和第 6 项时间应相应减少。

5. 对于高海拔区域，其工期调整系数参考“海拔高度调整系数表”。

6. 本工期定额不含“现场施工准备”，该工期是指工程初步设计及施工组织大纲设计已批准，工程及施工用地的征（租）手续已办妥，与各施工单位签订的合同已经生效，主要施工单位进入现场，开始进行总体施工准备工作起，直至基本具备开工条件所需的工期。在此以前由建设单位和施工单位所进行的前期工作及非现场性准备工作不计算在内，通常为2～3 个月。

任务二　分布式光伏电站建设施工进度控制

一、光伏电站施工进度控制

① 施工进度控制应拟定或以施工合同约定的投产日期为最终目标。

② 施工进度控制应全部或部分编制下列辅助计划和措施：

a. 施工准备计划；

b. 保证工期的措施；

c. 主要设备（光伏组件、逆变器、汇流箱等）供应计划；

d. 主要施工机械的配置计划；

e. 劳动力平衡计划。

③ 工程施工进度控制应以里程碑进度为节点，土建、安装、调试作业的安排均应确保里程碑进度的实现。

④ 工程进度控制应根据施工综合进度要求，提出主要设备、施工图纸和资料的交付进度，不应因设备供货延后或设计文件供应不及时影响施工进度。

⑤ 施工组织设计应以工程施工综合进度为依据，对各单位工程施工物资（包括设备、材料等）的需求计划进行综合安排。

⑥ 场内交通主干线应先行安排施工，并确定施工道路投入使用时间。

⑦ 根据混凝土供应方式，可提前建设砂石系统、混凝土生产系统。

⑧ 准备工程如场地平整、施工工厂设施等的建设，应与所服务的主体工程施工进度协调安排。

⑨ 工程防洪排涝设施及水保、环保措施施工应与主体工程同时进行。

⑩ 光伏阵列基础混凝土施工可安排开挖与混凝土浇筑平行作业；光伏设备安装可安排与电缆敷设、电器设备安装平行作业；综合楼、升压站施工应与光伏阵列施工平行作业。

⑪ BAPV 工程施工应力求与建（构）筑物施工同期进行。对于已建建（构）筑物上的 BAPV 工程施工，应统筹兼顾建（构）筑物改造和支架（设备）安装的先后顺序，可交叉作业。

⑫ 基础混凝土浇筑应兼顾接地、电缆及各种埋件安装等工序。

⑬ 处于关键线路上的电池组件安装和电气设备安装工程进度，应在施工总进度中逐项确定。

⑭ 施工总进度应考虑电池组件、逆变器等主要设备调试的时间，应在各光伏阵列分别安装过程中交叉调试，力争少占用工程直线工期。

二、 并网光伏发电系统的构成

1. 低压配电侧并网的光伏系统包含的子系统

① 光伏子系统。包括光伏方阵、支架、基础和汇流箱等。

② 功率调节器。包括并网逆变器和配电设备等。

③ 电网接入单元。包括继电保护、电能计量等设备。

④ 主控和监视。包括数据采集、现场显示系统和远程传输和监控系统等。

⑤ 配套设备。包括电缆、线槽、防雷接地装置等。

2. 中压及高压输电网并网的光伏电站包含的子系统

① 光伏子系统。包括光伏方阵、支架（跟踪和固定）、基础和汇流箱等。

② 功率调节器。包括并网逆变器、配电设备等。

③ 电网接入系统。包括升压站、继电保护、电能计量设备等。

④ 主控和监视。包括数据采集、现场显示系统和远程传输和监控系统等。

⑤ 通信系统。通道、交换设备及不间断电源（主控和监视与通信系统是分不开的）。

⑥ 土建工程设施。包括机房、围栏、道路等。

⑦ 配套设备。包括电缆、线槽、防雷接地装置等。

三、 检查和测试的内容

如表 3-2。

表 3-2 并网光伏系统检查内容

编号	竣工检查项目	检查标准和依据
1	项目基本信息和文件	项目的基本信息提供，检查项目必需的文件资料及合同要求的技术文件
2	电站设备的合同符合性	对光伏系统设备种类、技术规格、数量以及主要性能进行合同符合性检查
3	光伏系统的检查	检查光伏系统各个分系统的功能和质量
4	光伏系统的测试	对光伏系统中各分系统进行必要的测试
5	验证报告	验证报告的一般性要求，初始和周期验证要求

【项目小结】

本项目学习的内容要点是施工总进度设计编制的一般要求，施工总进度采用的三种表现形式，施工总进度编制原则，工程施工工期定额预算，光伏电站施工进度控制，并网光伏发电系统的构成等一系列的内容。

【思考题】

1. 简述施工总进度设计编制的一般要求。
2. 简述施工总进度采用的三种表现形式。
3. 如何编制工程施工工期定额预算？
4. 简述光伏电站施工进度控制的因素。
5. 简述低压配电侧并网的光伏系统构成。

项目四

主体施工方案及特殊施工措施

【项目描述】

本项目主要讲解光伏主体施工方案的设计，主体施工的一般原则，土建工程的施工、支架安装、砖砌体施工、设备安装、二次系统设备安装应遵循的原则，光伏组件安装应符合的规定，直流汇流箱、直流配电柜及交流配电柜安装应符合的规定，施工交通运输的规划和设计应遵守的原则等相关知识。本项目分两个任务完成学习任务。

【技能要点】

① 会根据主体施工的工程量，编制主体施工方案。

② 会编制施工交通运输的规划和设计。

③ 会根据主体施工方案指挥现场施工。

【知识要点】

① 熟悉光伏主体施工方案的设计方法。

② 熟练掌握主体施工的一般原则。

③ 熟练掌握土建工程的施工。

④ 熟练掌握支架安装。

⑤ 熟练掌握设备安装。

⑥ 熟练掌握二次系统设备安装应遵循的原则。

⑦ 熟练掌握光伏组件安装应符合的规定。

⑧ 熟练掌握直流汇流箱、直流配电柜及交流配电柜安装应符合的规定。

⑨ 熟悉施工交通运输的规划和设计应遵守的原则。

【任务实施】

任务一　掌握主体施工原则及特殊施工措施

一、 主体施工的一般原则

1. 施工方案选择应遵守的原则

① 确保实现光伏发电功能，保证工程质量和施工安全。

② 有利于节约工期和施工成本。

③ 有利于先后作业之间、土建工程与设备安装之间、各道工序之间协调均衡。

④ 施工强度和施工设备、材料、劳动力等资源需求均衡。

⑤ 有利于水土保持、环境保护和职业健康安全，便于文明施工。

⑥ 应充分考虑特殊气象条件下的施工预案，应分别对雨季、高温、低温状态下的施工提出应急方案和措施。

2. 施工设备选择及劳动力组合宜遵守的原则

① 适应工程所在地的施工条件，符合设计要求，生产能力满足施工强度要求。

② 设备性能机动、灵活、高效、能耗低，运行安全可靠，符合环境保护要求。

③ 设备通用性强，能在工程项目中持续使用。

④ 设备购置及运行费用较低，易于获得零配件，便于维修、保养、管理和调度。

⑤ 新型施工设备宜成套应用于工程。单一施工设备应用时，应与现有施工设备生产率相适应。

⑥ 在设备选择配套的基础上，施工作业人员应按工作面、工作班制、施工方法，以混合工种结合国内平均先进水平进行劳动力优化组合设计。

3. 针对地面光伏发电工程和 BAPV 光伏发电工程有不同的施工顺序要求

① 对于地面光伏发电工程施工，应按照先准备后开工、先地下后地上、先主体后围护、先结构后装修、先土建后设备安装的原则，合理安排施工顺序。

② 对于 BAPV 光伏发电工程施工，应先确认好施工及材料运输通道，搭建好安全防护设施再开工，并在确认并网点及设备房后选择电缆路由通道，整体施工宜遵循自上而下的原则。

二、 土建工程的施工

1. 土建工程施工的一般规定

① 地面光伏发电工程土建施工范围包括：场地平整、场内道路施工、支架基础开挖（或静压桩施工）、支架基础混凝土浇筑、支架安装、电缆沟开挖与衬砌、综合楼基础开挖（地基处理）、中控楼砌筑和装修、升压站设备基础开挖与砌筑、围墙砌筑、暖通及给排水、水保环保措施和防洪排涝设施施工等。

② BAPV 工程土建施工范围包括：建筑物加固（如有必要）和防水保温层的修复、场内道路施工、基础螺栓钻孔和支架安装、电缆桥架安装、综合楼基础开挖（地基处理）、综合楼砌筑和装修、升压站设备基础开挖与砌筑、围墙砌筑、暖通及给排水、水保环保措施和防洪排涝设施施工等。

③ 土建工程施工方案选择应有利于先后作业之间、土建与设备安装之间的协调均衡。在施工程序上，前期应以土建为主，安装配合预留、预埋。在施工中、后期应以安装为主，土建配合并为安装创造条件。

2. 土石方开挖

① 应结合施工总布置和施工总进度做好整个工程的土石方平衡，宜与水土保持和环境保护措施相结合。开挖土石方宜尽量利用，减少二次倒运，堆渣不应污染环境。

② 土石方开挖应自上而下分层进行，分层厚度经综合研究确定。

③ 开挖设备配套应考虑因素

a. 根据开挖出渣强度，按设备额定生产力或工程实践的平均指标配置设备数量。

b. 运输设备应与挖装设备匹配。

④ 出渣道路应根据开挖方式、施工进度、运输强度、渣场位置、车型和地形条件统一规划，力求不占建筑物部位，减少平面交叉。

三、地基处理及静压桩基础施工

① 地基处理应按照建（构）筑物对地基的要求，认真分析地基地质条件或基础建筑物结构，选择合理施工方案。

② 地面光伏发电工程在进行光伏支架基础混凝土垫层浇筑前，应清除浮渣、积水和杂物，必要时进行地基处理。地基基础承载力应满足设计图纸和文件要求。

③ BAPV 工程在进行地基处理时，应根据屋顶结构形式和选定的支架形式选择合适的处理措施。屋顶地基处理以不影响原屋顶主体结构安全和使用功能为原则，同时应满足上部构件对地基承载力的要求。支架施工过程中不应破坏屋面防水层，如根据设计要求不得不破坏原建筑物防水结构时，应根据原防水结构重新进行防水修复。

④ 静压桩式基础的施工应使就位的桩保持竖直，静压预制桩的桩头应安装钢桩帽。钢管外侧宜包裹土工膜，钢管内应通过填粒注浆防腐。桩的平面和垂直偏差应符合设计图纸和文件要求。

四、混凝土施工

1. 混凝土施工方案选择应遵守的原则

① 混凝土生产、运输、浇筑、养护和温度控制措施等各施工环节衔接合理。

② 施工工艺先进，设备配套合理，综合生产效率高。

③ 运输过程的中转环节少，运距短，温度控制措施简易、可靠。

④ 混凝土施工与预埋件埋设、电池安装和电气设备安装之间干扰少。

2. 混凝土浇筑设备选择应遵守的原则

① 能满足高峰时段浇筑强度要求。

② 混凝土宜直接入仓。当混凝土运距较远时，宜选用混凝土搅拌运输车。

③ 不压浇筑工作面，或不因压面而延长浇筑工期。

混凝土施工方案宜通过比较选定，确定混凝土生产方式、运输起吊设备数量及其生产率、浇筑强度和整个浇筑工期等。

混凝土浇筑完毕后，应及时采取有效的养护措施。

冬季混凝土施工应有保温措施。

五、支架安装

① 光伏支架应选择灵活可调、便于固定的成套产品，减少临场加工。

② 光伏支架按照不同的安装方式分为地面光伏发电工程和 BAPV 工程，应针对不同的系统选择合理的施工方法。

③ 地面光伏发电工程支架通常分为固定支架、跟踪支架。支架安装应针对不同的支架型式及材料选择合理的施工方法。

④ 地面光伏发电工程支架安装宜自下而上，成排安装。

⑤ BAPV 工程支架安装应避免周围高大建筑物、树木等阴影遮挡。

⑥ 光伏支架安装方案选择宜选用调度灵活、使用效率高的安装设备。在阵列支架方位角、倾角和松紧度不符合设计要求时，应有调整的措施。

⑦ 支架的安装应符合下列规定：

a. 不宜在雨雪环境中作业；

b. 支架的紧固度应符合设计图纸要求及《钢结构工程施工质量验收规范》GB 50205 中相关章节的要求；

c. 组合式支架宜采用先组合框架后组合支撑及连接件的方式进行安装；

d. 支架安装的垂直度和角度应满足设计图纸和文件要求；

e. 跟踪式支架与基础之间应固定牢固、可靠；

f. 聚光式跟踪系统的聚光镜宜在支架紧固完成后再安装，且应做好防护措施；

g. 应在对基础混凝土强度进行检查后再进行顶部预埋件与支架支腿的焊接；

h. 支架的焊接工艺应满足设计要求，焊接部位应做防腐处理；

i. 支架的接地应符合设计要求，且与地网连接可靠，导通良好。

⑧ BAPV 工程支架安装根据不同的屋顶形式（彩钢瓦、混凝土浇筑等），应采取对应的安装方式和施工方法。

a. 针对彩钢瓦屋顶，可选取结构合理、尺寸合适的夹具将光伏支架紧固在彩钢瓦上，或是将光伏支架直接固定在彩钢瓦下的钢梁上。

b. 针对混凝土屋顶，可选取浇筑水泥墩或是通过螺栓将光伏支架固定在屋顶。

c. 应对屋面的结构及防水层采取适当的防护措施。

d. 宜在合适的位置进行部分支架预安装。

⑨ 在盐雾、寒冷、积雪等地区安装特殊支架时，应与支架生产厂家协商选择合适的支架材料，制定合理的安装施工方案。

六、 砖砌体施工

① 光伏电站综合楼等建筑物墙体砌筑施工工艺流程一般为：施工准备—砖浇水—砂浆搅拌—砌墙—验收。

② 砂浆品种及强度应符合设计要求。同品种、同强度等级砂浆各组试块抗压强度平均值不小于设计强度值，任一组试块的强度最低值不小于设计强度的 75%。

七、 暖通及给排水施工

① 暖通及给排水施工与土建结构、电气等专业施工存在交叉，要合理安排专业施工程序，解决各专业和专业工种在时间上的衔接，分系统编写施工方案。

② 施工中要充分注意预留和预埋的密切配合，对墙体预留套管应提前确认。设备基础及留孔应复查核对，并且办理交接手续，合格后方可安装。

③ 地埋的给排水管道应与道路或地上建筑物的施工统筹考虑，先地下再地上。管道回填后尽量避免二次开挖，管道埋设完毕应在地面做好标识。

④ 地下给排水管道应按照设计要求做好防腐及防渗漏处理，并注意管道的流向与坡度。

八、 设备安装

1. 主要发电设备安装范围

包括光伏组件安装、直流汇流箱安装、直流配电柜安装、逆变器安装与调试、交流配电柜安装、各级变压器安装、二次系统设备安装、电缆敷设和防雷接地等。

2. 主要发电设备安装及调试应遵守的原则

① 设备安装方案选择应能合理实现光伏发电工程的总体设计方案，保证施工安全、工程质量，有利于缩短施工工期，降低施工成本，减小辅助工程量及施工附加量。

② 施工强度和施工设备、材料、劳动力等资源投入力求均衡。

③ 设备安装方案应有利于落实水土保持、环境保护要求。

④ 设备安装方案应有利于保护劳动者的安全和健康。

⑤ 所有设备安装均需满足国内相关标准规范，并按照其规定的施工方式与方法进行。

⑥ 电气设备安装过程中应设置安全警示标志，电气设备外壳设置带电警示标志，高压设备应设置高压安全警示标志和隔离区。

⑦ 应充分考虑特殊气象条件下的设备安装施工组织设计，应分别对雨季、高温、低温状态下的设备安装提出应急方案和措施。

3. 光伏组件安装应符合的规定

① 光伏组件安装前，应组织专业人员对光伏组件的结构强度和出厂功率进行抽样检测。

② 光伏组件安装前，应组织人员对支架的结构强度、方位角、倾角和平整度进行检测。

③ 根据光伏组件安装工期短、施工集中的特点，应自下而上，成排安装。

④ 光伏组件安装完成后，应组织施工人员检查光伏组件是否可靠固定于支架或连接件，并使用专业测量工具检测光伏阵列是否按照设计间距排列整齐。

⑤ 采用安装钳固定的光伏组件，宜考虑不同施工季节的温差对锁紧力的影响。

⑥ 在 BAPV 工程中，应对光伏组件与建筑面层之间的安装空间和散热间隙进行清理，该间隙不得被施工材料或杂物填塞。

⑦ 应在光伏阵列醒目位置设置带电警示标志。

4. 直流汇流箱、直流配电柜及交流配电柜安装应符合的规定

① 直流汇流箱安装应在支架中间交验完成后进行。

② 直流汇流箱、直流配电柜及交流配电柜安装应与支架安装、土建施工协调施工程序，合理安排安装进度，缩短安装工期。

③ 交流配电柜安装电气管路埋设宜与高压配电室、中控室基础交叉配合施工。

5. 逆变器与变压器的安装应遵循的原则

① 逆变器与变压器安装应在其基础中间交验完成后进行。

② 逆变器与一次升压变压器的电气管路敷设及埋件安装，宜与中控室及变压器基础混凝土交叉配合施工。

③ 二次升压变压器的电气管路埋设及埋件安装，宜与升压站及变压器基础混凝土交叉配合施工。

6. 二次系统设备安装应遵循的措施

① 二次系统设备包括监控系统设备、直流屏、UPS、电能质量检测屏、光纤纵差保护、速断保护、远动屏、通信柜、环境监测仪等设备。

② 二次系统设备宜与一次系统设备同时安装就位。

③ 二次系统设备的电气管路敷设及设备基础预埋件安装，宜与中控室基础混凝土交叉配合施工。

7. 电缆敷设与防雷接地应遵循的措施

① 电缆敷设可采用直埋、电缆沟、电缆桥架和电缆线槽等方式，应针对不同的安装形式安排劳动力，选择合理的施工方法。

② 动力电缆和控制电缆宜分开排列，并满足最小间距要求。

③ 电缆沟严禁作为其他管沟的排水通路。

④ 薄膜电池组件与直流汇流箱每路输入端之间，当采用多路光伏组件串以正负母线方

式预先汇成一路组串时，应制定极性保护方案。

⑤ 同一位置进行电缆敷设和防雷接地埋设时，应根据设计要求，合理安排施工顺序。

8. 设备调试检查的内容

① 应对发电设备进行调试检查和系统联调。

② 主要发电设备安装完成后的调试检查内容应包括外观、光伏阵列各组串的开路电压和极性、各部件绝缘电阻及接地电阻、系统各主要部件以及其他安全检查等。

③ 主要发电设备调试检查宜遵循以下顺序：光伏组件组串—直流汇流箱—直流配电柜—逆变器—交流配电柜—跟踪系统—二次系统组织安排。

④ 光伏组件的调试检查应遵循以下措施：

a. 应对光伏组件的表面进行清洗；

b. 应对光伏组件的外观、绝缘电阻、组串功率等进行调试检查；

c. 绝缘电阻测试应避免雨后进行；

d. 光伏组件组串功率测试的时间应选择日照强度稳定、晴天有太阳时 12 点前后 1 小时内进行。

⑤ 应按照直流汇流箱—直流配电柜—逆变器—交流配电柜的顺序进行调试检查。

⑥ 跟踪系统调试应遵循以下措施：

a. 应安排人员对跟踪系统的外观、平整度、跟踪性能以及安全保护等进行调试检查；

b. 跟踪性能调试检查应选择晴天有太阳时 9 点到 15 点进行；

c. 安全保护调试检查应选择非工作气候条件下进行。

⑦ 二次系统调试检查应遵守以下原则：

a. 二次系统调试一般包括中置保护调试、远动调试、直流屏充放电、高低压柜动作调试、仪表调试、光纤纵差保护对调及通讯系统对调等；

b. 二次系统调试应安排在土建装修基本完工后进行；

c. 二次系统调试准备应按审核校对电气图纸、资料—核对继电保护整定值—编写调试方案—检查二次系统设备接地保护、电气保护等安全措施的顺序组织安排；

d. 二次系统调试时，应做到人员清场。

⑧ 应在主要发电设备调试检查完成后组织系统联合调试。

九、 特殊施工措施

特殊施工措施一般是指为以下特殊施工项目制定的技术措施：

① 施工中发生设计未预见技术问题的项目；

② 有特殊施工质量要求的项目；

③ 在冬、雨季等特殊恶劣气象条件中，须采取特殊技术、安全、环境措施的施工项目；

④ 首次采用或带有试验性质的项目；

⑤ 须采取特殊措施来缩短施工工期的项目。

如遇到上述特殊项目，应制定特殊施工措施。

任务二 施工交通运输

一、施工交通运输的一般原则

施工交通运输可划分为站外交通运输和站内交通运输两部分。

施工交通运输的规划和设计应取得并分析下列资料：

① 由外部运至现场的各种物资的运输总量及其可能的运输方式；

② 分析不同运输方式下的日最大运输量及最大运输密度；

③ 站内各加工区及主要堆放场的二次搬运总量、日最大运输量及日最大运输密度；

④ 超重、超高、超长、超宽的设备明细表。

二、 施工交通运输的规划和设计应遵守的原则

① 根据项目本期和规划容量，生产、施工和生活需要，建设地区交通运输条件及发展规划，并结合场址自然条件和总平面布置，从近期出发考虑远景统筹规划。

② 结合光伏发电工程占地面积大、大型设备少、施工场地较分散等特点，优化道路规划设计方案，进行多方案技术经济比较，合理选择运输方式，使反向运输和二次搬运总量最少。

三、 站外交通运输

① 光伏发电设备的运输方案宜采用公路运输方案，必要时可论证铁路、水路运输方式或几种运输方式的组合。

② 线路运输能力应能满足超重、超高、超长、超宽设备的运输要求，中转环节少，运输安全、可靠、及时。

③ 进站道路应与邻近主干道路相连接，连接宜短捷且方便行车，并坚持节约用地的原则，可用在适当的间隔距离增设错车道的方式降低道路宽度。

④ BAPV 工程进站道路规划应结合原建（构）筑物周边现有道路合理选择运输设备，减少道路改造工程量。

四、 站内交通运输

① 站内道路的设计应遵守的原则

a. 施工临时道路宜与永久性道路相结合，应畅通、路面平整、坚实、清洁，设置明显的路标，有循环干道或错车道。

b. 路基承载能力、路面宽度等设计标准除根据道路等级确定外，尚应满足施工期主要车型和运行强度的要求；少数重、大件的运输，可采取临时措施解决。

c. 最小转弯半径、最大坡度和最大横坡等技术指标，应根据施工运输特性在现行有关标准规定的范围内合理选用。

d. 应满足防洪排水要求。

② 施工临时道路应满足安全施工、调试要求，宜环形布置并形成路网，少占用工程用地。

③ 升压站内道路应满足生产、运输、消防及环境卫生等要求，宜与升压站内主要建筑物轴线平行或垂直，且呈环形布置，并与进站道路连接方便。

【项目小结】

本项目的学习重点内容是主要发电设备安装及调试应遵守的原则，支架的安装应符合的规定，光伏组件安装应符合的规定，直流汇流箱、直流配电柜及交流配电柜安装应符合的规定，逆变器与变压器的安装应遵循的原则，跟踪系统调试应遵循的措施，二次系统调试检查应遵守的原则，施工交通运输的规划和设计应遵守的原则。

【思考题】

1. 简述主要发电设备安装及调试应遵守的原则。
2. 简述支架的安装应符合的规定。
3. 直流汇流箱、直流配电柜及交流配电柜如何安装?
4. 光伏组件如何安装?
5. 二次系统调试检查的内容是什么?

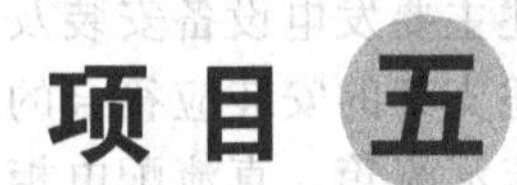

土建基础工程施工

【项目描述】

本项目主要讲解光伏电站建设中的土建基础工程施工中的光伏基座的制作、屋顶表面施工基线的绘制以及光伏基座的安装等施工建设。本项目分三个任务来介绍。

【技能要点】

① 会根据施工图纸制作基座。
② 会根据施工图绘制屋顶施工基线。
③ 会根据施工图安装光伏基座。

【知识要点】

① 熟悉光伏基座的材料配方。
② 熟练掌握光伏基座的施工图纸。
③ 熟练掌握屋顶的施工平面图纸。
④ 熟练掌握施工图纸的识读方法。

【任务实施】

任务一　铸造光伏基座

一、 基座制作施工描述

为了不破坏原有屋顶的防水系统，在光伏支架安装中要引入基座作为安装的基础。基座的设计要考虑到光伏矩阵的抗风压能力和光伏支架的安装承压能力。基座是光伏电站施工安装中的基础，一般用水泥、石子、沙子混合凝固成一个立方体形状的水泥墩。

二、 所需工具与辅料

250mm×250mm 钢板（按照图纸要求已经冲孔 4 个）、地脚螺栓（U 形预埋件）、沙子、石子、水泥、铁锹、基座铸造模、上料斗车。

三、施工方法

① 用上料斗车装石子送至配料区。

② 用上料斗车装水泥送至配料区。

③ 用上料斗车装沙子送至配料区。

④ 配料：按照100斤[1]水泥、1000斤石子、500斤沙子的配比混合配料。

⑤ 加水搅拌均匀，成沙石水泥膏，待用。

⑥ 在平整空旷的地面上（或水泥地面）铺一层网织袋材料布（油毡布也可以）。

⑦ 在油毡布上放置好基座铸造模。

⑧ 用铁锹把搅拌均匀的沙石水泥膏装入基座铸造模内，装满糙平。

⑨ 把一对地脚螺栓穿入钢板的预冲孔内，制成地脚笼预埋件。

⑩ 把地脚笼预埋件插入基座铸造模的沙石水泥膏的中间部位的膏料内，钢板与膏料的上平面水平，地脚螺栓露出膏料70mm。

⑪ 待凝固后取下基座铸造模，进行下一个基座制作。

⑫ 凝固的基座晒干后即可以使用。

任务二　绘制施工基线

一、施工基线绘制施工描述

施工基线的绘制是屋顶电站建设与施工开始的第一道施工作业，是后续准确安放基座的前提，必须把施工基线按照施工图纸的要求，在屋顶面（平面楼顶）绘制出施工基线和基座安放点，确保施工基线与基座安放点实际与图纸一致。

二、所需工具与辅料

铅笔、墨斗、施工线、卷尺、砖块、扫把、墨汁。

三、施工方法

① 用扫把把要施工的房顶面打扫干净，特别是房顶面有灰尘的地方（房顶面有灰尘，绘制出的施工基线是虚的，安放基座已损坏）。

② 根据图纸标注的要求，用卷尺测量确定出施工的开始点，定为 X_1 水平线的开始点。

③ 确定了施工的开始点后，以开始点为起点，沿X方向按照图纸标注的尺寸测量出 X_1 水平线的终点。

④ 在开始点和 X_1 水平线终点各放一块砖，确定一个 X_1 水平基线点。

⑤ 用施工线拴住开始点的砖块，重新把栓了线的砖块放回开始点，引线至 X_1 终点砖块，拉紧后拴在终点的砖块上，这样就形成了一条施工水平线。

⑥ 绘制施工基线。一个人手持墨斗站在开始点，另一个人手牵引墨斗抽线端子至 X_1 终点（或阶段性目标点）。第三个人捏住开始点和终点之间的墨线中点处，拉线向上呈弓形，瞬间向下释放，墨线就在地面上绘制出一条黑色的施工基线。

⑦ 在绘制好的施工基线上，按照施工图纸的要求，在 X_1 这条施工基线上标注分段点，用卷尺测量出分段的尺寸，准确地分段。

---

[1] 1斤＝500g，全书同。

⑧ 用铅笔或彩绘笔在分段点上做出分段标记，记为 X_{11}、X_{12}、X_{13}……

⑨ 从开始点开始，按照图纸标注的尺寸要求，用卷尺沿 Y 方向测量出 Y_1 方向的终点。

⑩ 用铅笔或彩绘笔标注好，放一块砖定为 Y_1 终点的固定点。

⑪ 用施工线把开始点和 Y_1 终点连接起来，形成 Y_1 施工水平线。

⑫ 绘制 Y_1 施工基线。一个人手持墨斗站在开始点，另一个人手牵引墨斗抽线端子至 Y_1 终点（或阶段性目标点）。第三个人捏住开始点和终点之间的墨线中点处，拉线向上呈弓形，瞬间向下释放，墨线就在地面上绘制出一条黑色的施工基线。

⑬ 在绘制好的施工基线上，按照施工图纸的要求，在 Y_1 这条施工基线上标注分段点，用卷尺测量出分段的尺寸，准确地分段。

⑭ 用铅笔或彩绘笔在分段点上做出分段标记，记为 Y_{11}、Y_{12}、Y_{13}……

⑮ 从 X_1 终点开始，按照图纸标注的尺寸要求，用卷尺沿 Y 方向测量出 Y_2 方向的终点。

⑯ 用铅笔或彩绘笔标注好，放一块砖定为 Y_2 终点的固定点。

⑰ 用施工线把 X_1 终点和 Y_2 终点连接起来，形成 Y_2 施工水平线。

⑱ 绘制 Y_2 施工基线，一个人手持墨斗站在 X_1 终点，另一个人手牵引墨斗抽线端子至 Y_2 终点（或阶段性目标点）。第三个人捏住开始点和终点之间的墨线中点处，拉线向上呈弓形，瞬间向下释放，墨线就在地面上绘制出一条黑色的施工基线。

⑲ 在绘制好的施工基线上，按照施工图纸的要求，在 Y_2 这条施工基线上标注分段点，用卷尺测量出分段的尺寸，准确地分段。

⑳ 用铅笔或彩绘笔在分段点上做出分段标记，记为 Y_{21}、Y_{22}、Y_{23}……

㉑ 从 Y_1 终点开始，按照图纸标注的尺寸要求，用卷尺沿 X 方向测量出 X_2 方向的终点（与 Y_2 终点重合）。

㉒ 用铅笔或彩绘笔标注好，放一块砖定为 X_2 终点的固定点。

㉓ 用施工线把 Y_1 终点和 Y_2 终点连接起来，形成 X_2 施工水平线。

㉔ 绘制 X_2 施工基线。一个人手持墨斗站在 Y_1 终点，另一个人手牵引墨斗抽线端子至 Y_2 终点（或阶段性目标点）。第三个人捏住开始点和终点之间的墨线中点处，拉线向上呈弓形，瞬间向下释放，墨线就在地面上绘制出一条黑色的施工基线。

㉕ 在绘制好的施工基线上，按照施工图纸的要求，在 X_2 这条施工基线上标注分段点，用卷尺测量出分段的尺寸，准确地分段。

㉖ 用铅笔或彩绘笔在分段点上做出分段标记，记为 X_{21}、X_{22}、X_{23}……

㉗ 用砖块把 Y_{11} 和 Y_{21} 点固定，用施工线把 Y_{11} 和 Y_{21} 连接，形成施工水平线，用墨斗沿施工线绘制施工基线。

㉘ 用㉗同样的方法在 Y_{12} 和 Y_{21} 之间绘制施工基线，以此类推，绘制 X 方向施工基线。

㉙ 用砖块把 X_{11} 和 X_{21} 点固定，用施工线把 X_{11} 和 X_{21} 连接，形成施工水平线，用墨斗沿施工线绘制施工基线。

㉚ 用㉙同样的方法在 X_{12} 和 X_{21} 之间绘制施工基线，以此类推，绘制 Y 方向施工基线。

㉛ 施工基线绘制完毕，就形成了施工基线图，在图中标注出基座安放点。

任务三 安装基座

一、 安放基座施工描述

基座分成 JC_1（小）和 JC_2（大）两种型号，工作人员必须按照图纸标注的位置找准实际施工基线图中的对应位置安放。基座的中心必须和施工基线标注点重合，X 和 Y 方向的位置调整准确。

二、所需工具与辅料

方木板、榔头、拐尺、卷尺、小推车、劳保手套、撬杠（小）、施工线。

三、施工方法

① 按照施工图纸的要求，用小推车把基座运到施工基线标注的位置。

② 工作人员戴好劳保手套，双手搬动基座放到施工基线标注点上。

③ 按照基座的尺寸大小，用拐尺测定从基座的一边到施工基线点距离等于基座边长的一半时，就说明基座中心点与施工基线点对准了。

④ 用③的方法对基座位置进行微调。微调时用撬杠从拐尺测量点的基座旁边撬动基座，使其微小移动至标测点。

⑤ 在 X_1 施工基线的开始点安放一个基座，调整方法如③、④所述。

⑥ 在 X_1 施工基线的终点安放一个基座，调整方法如③、④所述。

⑦ 把 X_1 施工基线上的开始点基座和终点基座用施工线连接起来。施工线从开始点基座的前沿绕出，引线至终点基座，从终点基座的前沿绕入，拉紧固定好施工线 ，即形成了施工水平线。

⑧ 从 X_1 开始点到终点之间的基座，沿施工水平线内侧安放，调整方法如③、④所述。

⑨ X_2、Y_1、Y_2 施工基线上基座的安放方法同 X_1。

⑩ Y_{11} 至 Y_{21} 施工基线上基座的安放方法同 X_1，以此类推。

⑪ JC_2 安放方法同 JC_1。

四、施工作业要求

① X 方向基座成一条线。

② Y 方向基座成一条线。

③ 同一个方阵里，对角线上的基座成一条线。

【扩展阅读】

土建检查

① 光伏子系统可设计成满足系统年电量输出平均值或峰值要求，其大小既可根据所需满足的特定负载确定，也可根据某一普通负载范围及包括系统性能价格比等在内的系统优化结果确定。至少应该满足以下要求：

a. 土建和支架结构应该满足设计强度的要求；

b. 土建和支架结构应该满足当地环境的要求；

c. 土建和支架结构应该满足相关标准的要求。

② 对于安装在地面方阵的基础应符合 GB 50202—2002 的要求。

③ 对于安装在建筑物屋顶的基础，除应符合 GB 50202—2002 的要求外，还应该符合 GB 50009—2001 的相关要求。

④ 光伏方阵场要求：方阵场的选择应避免阴影影响，各方阵间应有足够的间距，应保证冬至平太阳时的上午 9 时至下午 3 时之间光伏组件无阴影遮挡。

对于安装在地面的光伏系统，方阵场应夯实表面层，松软土质的应增加夯实。对于年降

水量在 900mm 以上地区，应有排水设施，以及考虑在夯实表面铺设砂石层等，以减小泥水溅射。

⑤ 对于安装在地面或屋顶的光伏系统，应考虑周围环境变化对光伏方阵的影响。

⑥ 光伏方阵场应配备相应的防火设施。

【项目小结】

本项目学习的主要内容有光伏基座制作的施工方法、光伏屋顶表面施工基线的绘制方法以及按照施工图纸安装光伏基座的方法。

【思考题】

1. 简述光伏基座的制作过程。
2. 如何绘制屋顶光伏电站施工基线？
3. 简述光伏基座的安装过程。
4. 简述绘制屋顶光伏电站施工基线所需的工具。
5. 根据施工基线，绘制光伏基座的安装图纸。

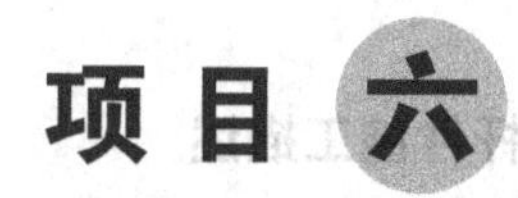

项目六

搭建光伏支架

【项目描述】

本项目主要讲解光伏支架的搭建施工，主要内容是分拣杆件、摆放杆件、安装立杆、糙平基座、安装剪刀撑连接件、焊接铰链件、连接支撑与托臂、连接斜梁、搭建支架等知识，分九个任务完成本项目的学习。

【技能要点】

① 能根据施工图纸分拣杆件。
② 能根据施工图纸摆放杆件。
③ 能根据施工图纸安装立杆。
④ 能根据施工图纸糙平基座。
⑤ 能根据施工图纸安装剪刀撑连接件。
⑥ 能根据施工图纸焊接铰链件。
⑦ 能根据施工图纸连接支撑与托臂。
⑧ 能根据施工图纸连接斜梁。
⑨ 能根据施工图纸搭建支架。

【知识要点】

① 熟练掌握根据施工图纸分拣杆件的施工方法。
② 熟练掌握根据施工图纸摆放杆件的施工方法。
③ 熟练掌握根据施工图纸安装立杆的施工方法。
④ 熟练掌握根据施工图纸糙平基座的施工方法。
⑤ 熟练掌握根据施工图纸安装剪刀撑连接件的施工方法。
⑥ 熟练掌握根据施工图纸焊接铰链件的施工方法。
⑦ 熟练掌握根据施工图纸连接支撑与托臂的施工方法。
⑧ 熟练掌握根据施工图纸连接斜梁的施工方法。
⑨ 熟练掌握根据施工图纸搭建支架的施工方法。

任务一　分拣杆件

一、分拣杆件施工描述

施工中，杆件型号尺寸很多，在杆件材料运至施工现场时，必须对来料杆件进行分拣分类，设置固定的区域存放。细致地分拣杆件是施工减少差错的关键，为后续的施工提供便捷准确的安装保证。

二、所需工具与辅料

卷尺、材料一览表清单、记号笔。

三、施工方法

① 核对来料清单与材料采购单的信息是否一致。核对的信息有材料代号、名称、规格、材质、长度、数量等项。

② 根据来料清单清点来料的材料代号、名称、规格、材质、长度、数量等项与清单标注的是否一致。

③ 从每一批来料中抽出一个，用记号笔标记上材料的名称、规格，放置到一个固定区域，就确定了材料的固定放置区，同一名称、规格的材料就在该区域堆放。

④ 用卷尺对分类堆放的来料进行测量，对照来料清单的要求，核查来料的代号、名称、规格、材质、长度、数量等项是否与清单一致。

⑤ 把有尺寸不符、焊接有缺陷的来料拣出来，在其材料上标记出尺寸不符或焊接缺陷等标记。

⑥ 对于检出的不合格来料，在来料验收单上注明来料的代号、名称、规格、材质、长度、数量等不合格的原因。

⑦ 对于配件、附件、辅件，要清点箱数，核对材料代号、名称、规格、材质、长度、数量等项与清单标注的是否一致。

任务二　摆放杆件

一、施工描述

杆件的摆放是光伏支架建设的基础。杆件摆放必须按图纸的要求对号入位，并做好标记和记录。正确地摆放杆件可有效减少支架搭建返工的概率，提高施工的效率。

二、所需工具与辅料

劳保手套、记号笔、小推车、各种型号的杆件。

三、施工方法

① 按照杆件摆放的图纸要求，用记号笔在每一个基座上标记出要摆放的杆件名称与型号。

② 用记号笔在每一个杆件上标记出杆件的型号和名称。

③ 把标记好的杆件装上小推车，送至图纸标明的基座旁边。

④ 已摆放了杆件的基座，在摆放图纸上打√，表示已经摆放。

⑤ 杆件摆放完毕，要在现场进行检查和核对杆件是否与图纸要求一致（杆件的型号、数量位置等参数）。

任务三 安装立杆

一、 施工描述

把立杆安装到基座上，做到栓和孔对齐，圆垫片糙面向下、光面向上套在螺栓上，加一个弹垫，拧上外六角螺母。

二、 所需工具与辅料

钢管套筒、扳手、水平仪、圆垫片、弹垫、外六角螺母。

三、 施工方法

① 用钢管套筒校正基座上的预埋件螺栓，使立杆底部法兰盘上的四个孔与四个预埋件螺栓位置一致。

② 立杆底部法兰盘套在预埋件螺栓上。

③ 用钢管套筒或扳手轻敲法兰盘，使其顺利滑下。

④ 用钢管套筒对预埋件螺栓微校正。

⑤ 在预埋件螺栓上套上圆垫片、弹垫。

⑥ 在预埋件螺栓上拧上螺母，拧紧固定。

⑦ 用水平仪检查立杆安装得是否水平。

⑧ 安装完毕，检查是否安装到位，不到位的进行微调。

任务四 糙平基座

一、 糙平基座施工描述

按照图纸施工的要求，每一列基座，在搭建支架前都要进行统一高度的调整，这里称为糙平基座。在一个方阵内，在一排中两头的基座选出高的一端基座作为标准，用水平管测出另一端基座比标准的基座低多少毫米，在其基座下垫沙灰、湿散水泥，使其基座高度一致，再用水泥膏抹平垫高部分，与基座一致。

二、 所需工具与辅料

水平管、水平仪、施工线、拐尺、卷尺、榔头、铁锹、水桶、抹刀、撬杠。

三、 施工方法

① 检查方阵中的基座高度。

② 从方阵第一排开始进行调整基座，其他排基座调整方法相同。

③ 在一排基座中测量两端的基座高度。

④ 选出较高的一端作为标准高度，用水平管和拐尺测量出另一端比标准高度低了多少

毫米，用记号笔记载在立杆上。

⑤ 用水桶提水，将沙、水泥混合搅拌成湿散水泥。

⑥ 用撬杠把低于标准高度的基座翘起，向该基座下填充沙灰、湿散水泥，使其升高至标准高度。

⑦ 用拐尺标定校正调整的基座中心点与施工基线点重合。

⑧ 将调整好的基座与标准高度的基座用施工线连起来，形成施工水平线。该排的其他基座在施工水平线的高度下调整糙平，方法同④。

⑨ 用卷尺测量调整的基座之间的距离是否符合图纸标定的要求。

⑩ 用水桶提水，将沙、水泥混合搅拌成水泥膏。

⑪ 使用抹刀将水泥膏抹平垫高部分，与基座一致。

⑫ 用水平测量基座是否填充水平。

⑬ 用水平管测量基座是否达到了统一高度。

任务五　安装剪刀撑连接件

一、 安装剪刀撑连接件施工描述

为了整个光伏支架稳定牢固，在每一个方阵的开始边和终点边以及跨度大的中间支撑点上安装剪刀撑。剪刀撑建立在两个立杆之间，用两根圆钢交叉连接于两立杆之间就形成了剪刀撑。适度的剪刀撑可以提高整个支架的稳定度和抗风压性能。

二、 所需工具与辅料

扳手、螺栓、外六角螺母、弹垫、圆垫、连接件、剪刀撑。

三、 施工方法

① 在需要安装剪刀撑的立杆前摆放一套剪刀撑。

② 在需要安装剪刀撑的立杆前摆放两对连接件。

③ 把一对连接件安装到一根立杆上（上下各一连接件），记为 Z_{11} 和 Z_{12}，固定螺栓从外向里穿，先加圆垫片，再加弹垫，拧紧两个螺母。

④ 把另一对连接件安装到另一根立杆上（上下各一连接件），记为 Z_{21} 和 Z_{22}。固定螺栓从外向里穿，先加圆垫片，再加弹垫，拧紧两个螺母。

⑤ 在 Z_{11} 和 Z_{22} 之间用剪刀撑的一根支撑串接至连接件上，各端分别加两个圆垫片，各装一个螺母拧紧。

⑥ 在 Z_{21} 和 Z_{12} 之间用剪刀撑的另一根支撑串接至连接件上，各端分别加两个圆垫片，各装一个螺母拧紧。

⑦ 两个支撑连接起来就形成了一套剪刀撑，检测两个支撑的张力情况大小，使其均匀受力。

⑧ 用扳手把所有的螺母拧紧，固定。

四、 施工作业要求

① 按照图纸标定的尺寸、型号连接剪刀撑（型号太多，不易辨认）。

② 每个支撑的受力要均匀。

③ 每个连接件的螺母要拧紧。

任务六 焊接铰链件

一、 焊接铰链件施工描述

在立杆上端的法兰盘上焊接铰链件，用于连接支架斜梁的支撑，为搭建光伏支架作铰链和支撑固定作用。铰链件焊接为外侧焊接，沿铰链件外边与法兰盘面上线接触点上施焊，共施焊铰链件的两个边。

二、 所需工具与辅料

电焊机、焊条、铰链件、铅笔、拐尺。

三、 施工方法

① 根据图纸标注的要求，在已经调整好的立杆顶部法兰盘上做焊接标记。

② 将铰链件放在焊接标记的法兰盘上，使铰链件位于法兰盘的中心位置。

③ 测量铰链件左边到法兰盘左边的距离 S_1，测量铰链件右边到法兰盘右边的距离 S_2，使 $S_1=S_2$，即确定了铰链件在法兰盘的中心。

④ 按住铰链件不动，用铅笔沿着铰链件的左、右边在法兰盘上画出两条线，即焊接位置线。

⑤ 将铰链件在法兰盘上放好，用电焊机沿焊接位置线施焊。

⑥ 检查每个铰链件的焊接点是否有漏焊、虚焊现象。如果有，重新补焊。

任务七 连接支撑与托臂

一、 连接支撑与托臂施工描述

支撑件是连接基座立杆与光伏支架斜梁的桥件，是有效搭建光伏支架的预连接部分。连接支撑是不同尺寸的支撑槽钢与铰链件的连接。托臂是支撑斜梁的承重臂，是承重光伏支架的立柱。托臂连接就是托臂承重槽钢与铰链件的连接。

二、 所需工具与辅料

扳手、铰链件、不同尺寸支撑槽钢、不同尺寸托臂槽钢、圆垫片、弹垫、外六角螺栓、外六角螺母、小推车。

三、 施工方法

1. 连接支撑

① 取三角形铰链件置于水平地面，链接口向上。

② 取支撑槽钢，槽钢口向上，放入铰链件接口处。

③ 铰链件螺孔与槽钢螺孔对齐。

④ 取外六角螺栓，套上一个圆垫片，从铰链件外侧螺孔穿入。

⑤ 在穿入的螺栓上再套一个圆垫片和一个弹垫。

⑥ 用外六角螺母拧紧。

⑦ 连接好的支撑，按头尾顺序排好放置。

⑧ 用小推车把连接好的支撑运到待安装的区域，摆好。

2. 连接托臂

① 取三角形铰链件置于水平地面，链接口向上。

② 取托臂槽钢，槽钢口向上，放入铰链件接口处。

③ 铰链件螺孔与托臂槽钢螺孔对齐。

④ 取外六角螺栓，套上一个圆垫片，从铰链件外侧螺孔穿入。

⑤ 在穿入的螺栓上再套一个圆垫片和一个弹垫。

⑥ 用外六角螺母拧紧。

⑦ 连接好的托臂，按头尾顺序排好放置。

⑧ 用小推车把连接好的托臂运到待安装的区域，摆好。

任务八　连接斜梁

一、 施工描述

斜梁是每一列光伏支架上的主梁，是支架的承重梁。在光伏矩阵中，由于每一列长度不一样，斜梁的型号有很多尺寸，需要两根斜梁槽钢连接起来放置在支撑上。

二、 所需工具与辅料

不同尺寸的斜梁槽钢、扳手、拼接件、圆垫片、弹垫、内六角螺栓、外六角螺母、小推车。

三、 施工方法

① 把两根不同尺寸的斜梁槽钢端对端放置在地面上。

② 把拼接件套在斜梁槽钢端对端的位置。

③ 拼接件螺栓孔与斜梁螺孔对齐。

④ 取四根内六角螺栓分别套上一个圆垫片，对着螺栓孔穿入，再套上圆垫片和弹垫，拧紧螺母。

⑤ 连接好的斜梁，按顺序排好放置。

⑥ 用小推车把连接好的斜梁运到待安装的区域，摆好。

任务九　搭建光伏支架

一、 搭建光伏支架施工描述

搭建光伏支架就是把预先连接好的支撑、托臂、斜梁、横梁连接起来，形成一个完整的整体，即光伏支架。

二、 所需工具及辅料

电焊机 、焊条 、光伏支撑、光伏托臂、斜梁、横梁、活口扳手、内六角扳手、内六角

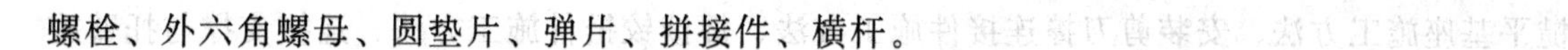

螺栓、外六角螺母、圆垫片、弹片、拼接件、横杆。

三、 施工方法

① 用一根横杆把同一行相邻的两列光伏立杆连接。
② 用一根横杆把同一列相邻的两列光伏立杆连接。
③ 在立杆顶部的法兰盘上焊接铰链件。
④ 安装斜梁。
⑤ 把支撑与斜梁和铰链件连接。
⑥ 调整斜梁高度与水平位置。
⑦ 统一本矩阵内斜梁的高度一致。
⑧ 拧紧所有的螺母，稳固斜梁。
⑨ 焊接好所有的焊接点。
⑩ 按照图纸标明的位置安装横梁。
⑪ 连接横梁拼接件。
⑫ 在斜梁上安装长条螺母。
⑬ 用内六角螺栓把横梁固定在长条螺母上。
⑭ 调整横梁间距与水平位置。
⑮ 拧紧所有的螺母，稳固横梁。
⑯ 检查所有铰链件的螺母是否拧紧。
⑰ 检查所有的施焊点是否存在虚焊、漏焊等现象。如果存在，及时补焊。
⑱ 检查所有拼接件的螺母是否拧紧。

【扩展阅读】

方阵支架验收标准

① 方阵支架可以是固定的或间断、连续可调的，系统设计时应为方阵选择合适的方位。光组件一般应面向正南。在为避免遮挡等特定地理环境情况下，可考虑在正南±20°内调整设计。

② 固定式方阵安装倾角的最佳选择取决于诸多因素，如地理位置、全年太阳辐射分布、直接辐射与散射辐射比例、负载供电要求和特定的场地条件等。

③ 方阵支撑结构设计应综合考虑地理环境、风荷载、方阵场状况、光伏组件规格等，保证光伏方阵的牢固、安全和可靠。

④ 光伏子系统安装可采用多种形式，如地面、屋顶、建筑一体化等。屋顶、建筑一体化的安装形式应考虑支撑面载荷能力，工程设计应符合相关建筑标准要求。

⑤ 地面安装的光伏方阵支架宜采用钢结构，支架设计应保证光伏组件与支架连接牢固、可靠，底座与基础连接牢固，组件距地面宜不低于0.6m，考虑站点环境、气象条件，可适当调整。

⑥ 方阵支架钢结构件应经防锈涂镀处理，满足长期室外使用的要求。光伏组件和方阵使用的紧固件应采用不锈钢件或经表面涂镀处理的金属件或具有足够强度的其他防腐材料。

⑦ 钢结构的支架应遵循《钢结构工程施工质量验收规范》(GB 50205—2001)。

【项目小结】

本项目学习的主要内容为分拣杆件施工方法、摆放杆件施工方法、安装立杆施工方法、

糙平基座施工方法、安装剪刀撑连接件施工方法、焊接铰链件施工方法、连接支撑与托臂施工方法、连接斜梁施工方法、搭建支架施工方法等相关知识。

【思考题】

1. 简述焊接铰链件的施工过程。
2. 简述安装剪刀撑连接件的施工过程。
3. 简述连接支撑与托臂的施工方法。
4. 简述搭建支架的施工过程。

项目七

光伏电站电气设备安装

【项目描述】

本项目主要讲解光伏电站建设中硬件设备的安装操作，其中包括测试与安装光伏组件，安装光伏汇流箱与直流柜，安装与调试逆变器，安装交流配电柜，安装各级变压器，安装二级系统设备以及监控，安装敷设电缆与防雷接地等工程安装。本项目分八个任务完成知识的学习。

【技能要点】

① 学会根据图纸要求完成测试与安装光伏组件。
② 学会根据图纸要求完成安装光伏汇流箱与直流柜。
③ 学会根据图纸要求完成安装与调试逆变器。
④ 学会根据图纸要求完成安装交流配电柜。
⑤ 学会根据图纸要求完成安装各级变压器。
⑥ 学会根据图纸要求完成安装二级系统设备以及监控。
⑦ 学会根据图纸要求完成安装敷设电缆与防雷接地。
⑧ 学会根据图纸要求完成设备安装后的检查工作。

【知识要点】

① 熟练掌握光伏组件电性能的测试方法。
② 熟练掌握光伏汇流箱与直流柜的安装技巧与安装流程。
③ 熟练掌握安装与调试逆变器的方法。
④ 熟练掌握安装交流配电柜的方法与流程。
⑤ 熟练掌握安装各级变压器的方法和流程。
⑥ 熟练掌握安装二级系统设备以及监控的方法和流程。
⑦ 熟练掌握安装敷设电缆与防雷接地的方法和流程。
⑧ 熟悉设备安装工程验收的程序和标准。

任务一　测试光伏组件

一、组件测试施工描述

组件测试是确保矩阵最大发电量的关键。组件串联中，把 I_{sc} 电流相近的组件串联起来。组件并联中，把 V_{oc} 相近的组件串并联起来，确保矩阵中组件串电流损失最小，组件串并联组中电压损失最小。

二、所需工具与辅料

万用表、记号笔、圆珠笔、组件装箱条码单、美工刀。

三、施工方法

① 从组件箱上取下组件装箱条码单，夹放在记录板上。

② 用剪刀剪断装箱封装带子。

③ 从组件箱中取出一块组件，放在测试架上。

④ 查组件外观有无破损、缺陷。如果有破损，用记号笔标记为破损件，放于不合格产品区。

⑤ 组件装箱条码单找到对应的条码，并在其组件条码对应位置标记破损。

⑥ 取出万用表，安装红、黑表笔。黑表笔插 com 孔，红表笔插 V 孔，把挡位调至直流挡、200V 挡，用红表笔接组件接线盒引出线的正极，黑表笔接组件接线盒引出线的负极。测试该组件的 V_{oc}。

⑦ 把测量到的 V_{oc} 值记录在组件装箱条形码单对应的条码右边空白处。记为 $V_{oc}=**$ V（例如 $V_{oc}=37.9$V）。

⑧ 取出万用表，安装红、黑表笔。黑表笔插 com 孔，红表笔插 A 孔（10A 孔），把挡位调至直流挡 10A，红表笔接组件接线盒引出线的正极，黑表笔接组件接线盒引出线的负极，测试该组件的 I_{sc}。

⑨ 把测量到的 I_{sc} 值记录在组件装箱条形码单对应的条码右边空白处，记为 $I_{sc}=**$ A（例如 $I_{sc}=3.9$A），如表 7-1 所示。

表 7-1　组件检测的数据记录表

组件条形码	V_{oc}/V	I_{sc}/A	测试时间	测试日期
122119170800	36.5	3.3	10:23	2012.12.19
122119170444	39.7	4.03	10:25	2012.12.19

⑩ 把电流相近的组件放在一起，在其组件护角垫盒上标记出电流值。

⑪ 把测试好的组件放到组件安装区对应的基座旁边，水平放置。

任务二　安装光伏组件

一、安装光伏组件施工描述

安装光伏组件就是把光伏组件安装到光伏支架的横梁上，用光伏组件的边压块和中压块固定组件，形成光伏组件矩阵。

二、 所需工具与辅料

水平仪、内六角L形扳手、长条螺母、内六角螺栓、卷尺、记号笔、光伏组件。

三、 施工方法

① 根据施工图纸的要求，用卷尺在矩阵支架横梁上量出安装边压块的安装点。

② 取一块长条螺母，沿槽钢口摁下，旋转长条螺母安装旋柄，使长条螺母卡入槽钢内。

③ 安装光伏组件，使光伏组件底边从压块处向下延伸400mm，组件左边固定边压块，右边固定中压块，同时安装第二块光伏组件，向右一字排开，完成光伏支架第一排组件安装。

④ 取两种中压块，放在第一排光伏组件开始的第一块组件顶部，沿第一排组件的顶部安装第二排组件的第一个组件，使组件底部紧贴中压块。

⑤ 调整组件到图纸标定的位置，组件左边固定边压块，右边固定中压块，同时安装第二块光伏组件，向右一字排开，完成光伏支架第二排组件安装。

⑥ 取下第一和第二排中间的中压块。

⑦ 第一排和第二排组件的接线盒端背靠背安装光伏组件。

⑧ 用水平标定第一排组件底部成一条水平线为准。

⑨ 用水平标定最后一排组件顶部成一条水平线为准。

⑩ 检查组件的整体效果平整度。

⑪ 拧紧所有的螺栓及光伏压块，固定光伏组件。

任务三 安装直流汇流箱与直流柜

一、 安装光伏汇流箱的施工描述

安装光伏汇流箱与直流柜，就是按照汇流箱施工图纸标注的地方准确地把汇流箱固定，把图纸中标注好的组件串分线路标识接入汇流和直流柜，完成直流母线排的汇流工作。

二、 所需工具与辅料

一字紧固螺钉、十字紧固螺钉、扳手、紧固螺栓、力矩紧固螺栓、斜口修剪线扣、剥线剥离线缆、液压压接铜鼻扣、电钻、卷尺、角尺、绑扎线缆、手套、万用表、热风热缩电缆、辅材等。

三、 安装直流汇流箱施工方法

1. 安装前检查

按照机箱内的装箱单，检查交付完整性，并对以下内容进行检查：

① 光伏阵列汇流箱；

② 钥匙；

③ 合格证；

④ 保修卡；

⑤ 产品使用手册；

⑥ 出厂检查记录。

2. 汇流箱安装

① 根据汇流箱布置及连线示意图进行安装。例如全厂区共安装汇流箱××台。1＃光伏方阵采用320W电池板765块，每17块电池组件正负极相连，串联为一串，共布置16in1汇流箱3只。2＃光伏方阵采用320W电池板850块，每17块电池组件正负极相连，串联为一串，共布置16in1汇流箱4只。3＃光伏方阵采用320W电池板731块，每17块电池组件正负极相连，串联为一串，共布置16in1汇流箱3只。4＃光伏方阵采用320W电池板850块，每17块电池组件正负极相连，串联为一串，共布置16in1汇流箱4只。

② 汇流箱的固定安装按照图纸实施，安装过程轻抬轻放，避免划伤油漆；应保证汇流箱安装水平避免歪斜；安装完毕应检查所有螺栓是否完全紧固。

③ 汇流箱出线接线方法：输出端的PV＋和PV－铠装层在汇流箱体外部剥开，然后用电缆附件［电缆指套（图7-1）和热缩套管（图7-2）］将铠装电缆热缩，单根电缆分别从PV＋和PV－防水接头接到箱体内相应的接线端子上。另外，防水锁头锁紧的地方加多层热缩管热缩，使电缆锁紧位置的直径在13～18mm之间。

图7-1 电缆指套

图7-2 热缩套管

汇流箱之间以及汇流箱至直流柜的电缆应敷设在金属线槽内，汇流箱与汇流箱之间的电缆沿桥架敷设，走线应整齐，在水平托架上的电缆每隔10m或早转弯处加以固定；垂直敷设电缆每隔2m固定一次；通过走廊过道的线应穿管走线。对每路接线应做好明显标记，标记可参照图7-3。

④ 汇流箱电器安装注意事项

a. 只有专业的电气或机械工程师才能进行操作和接线。

图7-3 汇流箱接线图

b. 安装时，除接线端子外，不要接触机箱内部的其他部分。

c. 输入输出均不能接反，否则后级设备可能无法正常工作，甚至损坏其他设备。

d. 将光伏防雷汇流箱按原理及安装接线框图接入光伏发电系统中后，应将防雷箱接地端与防雷地线或汇流排进行可靠连接。连接导线应尽可能短直，且连接导线截面积不小于 $16mm^2$ 多股铜芯，接地电阻值应不大于 4Ω。

e. 对外接线时，确保螺钉紧固，防止接线松动，发热燃烧。确保防水端子拧紧，否则有漏水，导致汇流箱故障的危险。

f. 配线要求使用阻燃电缆，要排列整齐、美观，安装牢固，导线与配置电器的连接线要有压线及灌锡要求，外用热塑管套牢，确保接触良好。

四、安装直流柜施工方法

① 直流电柜在运输过程中要固定牢靠，防止磕碰，避免元件、仪表及油漆的损坏。

② 应按照柜体的重量及形体大小，结合现场施工条件，决定采用吊车、汽车和人力搬运。柜体上有吊环者，吊索应穿过吊环；无吊环者，吊索最好挂拴在四角主要承力处，不许将吊索挂在设备部件上。

③ 直流电柜到场后，应开箱检查规格型号是否与设计相符，柜内零件和备品是否齐全，有无出厂图纸和技术文件等。

④ 电柜安装在振动场所时，应采取防振措施，如开防振沟、加弹簧垫等。

⑤ 柜本体及柜内设备与各构件间连接应牢固，配电柜基础一般用槽钢或角钢，采用直接埋设发或预留槽埋设法。

⑥ 直流电柜采用人工、滚杠和敲棍将柜体平移稳装就位，多台电柜应顺序排列安装，先从始端或终端开始，在沟槽上垫好脚手板，按顺序逐台就位。

⑦ 用拉线将排列的电柜找平直，出现高低差时，可用钢垫片垫于螺栓处找平，并将各柜的固定螺栓紧固牢固，同时将各柜调整齐、平、直。

⑧ 柜内的电缆、电线应排列整齐、美观，避免交叉混乱，电缆需固定且应牢固，而且电缆线应留设一定的余量。

a. 电缆接线。每个盘柜宜由同一人作业，以防止差错。布置同一型号电缆，应采用同变度，保持间距一致、平整美观。

b. 电缆芯线确保无伤痕。单股线芯弯圈接线时，其弯曲方向要与螺栓紧固方向一致。多股软线芯要压接接线鼻子后，再与端子连接。

c. 导线与端子或绕线柱接触需良好。每个接线端子的每侧接线压接接线鼻子后，再与端子连接，不得超过两根。导线在端子的连接处留有适当余量。

d. 备用芯的留用长度为盘内最高点。控制电缆线芯的端头要有明显的不易脱落、褪色的回路编号标志。

e. 电缆头采用干包式并保证接线正确，电缆、导线确保无中间接头。

任务四 安装与调试逆变器

一、安装逆变器的施工描述

安装逆变器，就是把逆变器按照施工图纸标注的地址用叉车安放固定，把从直流柜引入

的线接入逆变器，对照并网逆变器的设计原理图、接线图，对并网逆变器接线、检查、调试。

二、所需工具与辅料

液压小车、拐尺、电焊机、焊条、滚筒。

三、安装逆变器施工方法

1. 基础施工

配电装置基础安装，根据施工图的要求，先用合格的材料定制出基础的实际位置，同时对土建的预埋件进行清理，测量预埋件的标高。以标高最高的一块预埋件作标准，计算出槽钢与预埋件之间垫铁的厚度；随后将垫铁及槽钢安放到位置上，校正标高及水平尺寸，用电焊将压脚槽钢、垫铁及埋件焊接牢固并与接地网接通，提前通知监理方验收。低压盘、柜的基础型钢安装后，其顶部要高出抹平地面 10mm。

2. 设备就位

就位及安装按事先确定的顺序领运分站房附近，由液压小车或滚筒滚动到位。将柜体校正，固定柜间的固定采用螺栓，柜底脚固定采用电焊焊接，固定完毕验收合格。为了不损坏室内地坪，应在拖动或滚动路线上铺一层橡皮，再适当铺层板。开关柜的安装，需严格按制造厂及规范的要求，其垂直度和水平度符合规范要求，并做好自检记录。安装就位后，定期测量记录绝缘情况并采取针对性的措施。

3. 并网逆变器检查

对照并网逆变器的设计原理图、接线图，复查并网逆变器内的接线是否正确，线号是否和图纸上一致，线束是否扎牢。接触器触点应紧密可靠、动作灵活。固定和接线用的紧固件、接线端子应完好无损。对并网逆变器接线应编号，端接线进行明确标识。接地线应连接牢固，不应串联接地。

4. 安装

根据并网逆变器安装图纸要求，确定并网逆变器基础位置并安装基础槽钢，水平误差度应小于 2mm/m 并紧固基础槽钢，将并网逆变器安装在基础槽钢上，调整并网逆变器垂直误差应小于 2mm/m，水平度误差应小于 2mm/m，并紧固并网逆变器连接螺栓。

5. 接线

按照图纸设计要求，将电池板方阵等的电缆连接在并网逆变器相应端子上，检查所有连线是否正确。

6. 逆变器单机系统调试

逆变器电压、电流出现异常波动时，可自动报警并切断线路。逆变器可以按要求给出稳定的电压。逆变器有防止负载短路的自动保护，检查系统的自放电率是否在要求的范围内。

任务五 安装交流配电柜

一、安装交流配电柜的施工描述

安装交流配电柜，就是按照图纸标注的地址固定交流配电柜，并按照接线图纸的要求接线、检查、调试。

二、 所需工具与辅料

1. 安装使用的材料

① 型钢应无明显锈蚀，并有材质证明。二次接线导线应有带“长城”标志的合格证。

② 镀锌螺钉、螺母、垫圈、弹簧垫、地脚螺栓。

③ 其他材料：铅丝、酚醛板、相色漆、防锈漆、调和漆、塑料软管、异型塑料管、尼龙卡带、小白线、绝缘胶垫、标志牌、电焊条、锯条、氧气、乙炔气等，均应符合质量要求。

2. 主要机具

① 吊装搬运机具：汽车、汽车吊、手推车、卷扬机、倒链、钢丝绳、麻绳索具等。

② 安装工具：台钻、手电钻、电锤、砂轮、电焊机、气焊工具、台虎钳、锉刀、扳手、钢锯、部头、克丝钳、改锥、电工刀等。

③ 测试检验工具：水准仪、兆欧表、万用表、水平尺、试电笔、高压测试仪器、钢直尺、钢卷尺、吸尘器、塞尺、线坠等。

④ 送电运行安全用具：高压验电器、高压绝缘靴、绝缘手套、编织接地线、粉末灭火器。

三、 安装逆变器施工方法

1. 施工准备

设备及材料均符合国家或部颁发现行技术标准，符合设计要求，并有出厂合格证；设备应有铭牌，并注明厂家名称、附件、备件齐全。

2. 作业条件

① 土建施工条件：

a. 土建工程施工标高、尺寸、结构及埋件均符合设计要求；

b. 墙面、屋顶喷浆完毕，无漏水，门窗玻璃安装完，门上锁；

c. 室内地面施工完成，场地干净，道路畅通。

② 施工图纸、技术资料齐全。技术、安全、消防措施落实。

③ 设备、材料齐全并运至现场库。

3. 安装操作

① 安装流程

设备开箱检查 → 设备搬运 → 柜盘稳装 → 柜盘上方母带配制 →柜盘二次回路接线 → 柜盘试验调整 → 送电运行验收。

② 设备开箱检查

a. 安装单位、供货单位和建设单位共同进行，并做好检查记录。

b. 按照设备清单、施工图纸及设备技术资料，核对设备本体及附件、备件的规格型号应符合设计图纸要求，附件、备件齐全，产品合格证件、技术资料、说明书齐全。

c. 柜盘本体外观检查应无损伤及变形，油漆完整无损。

d. 柜盘内部检查，电气装置及元件、绝缘瓷件齐全，无损伤、裂纹等缺陷。

③ 设备搬运

a. 设备运输：由起重工作业，电工配合。根据设备重量、距离长短，可采用汽车、汽车吊配合运输、人力推车运输或滚杠运输。

b. 设备运输、吊装时注意事项：

• 道路要事先清理，保证平整畅通；

• 柜顶部有吊环者，吊索应穿在吊环内，无吊环者吊索应挂在四角主要承力结构处，不得将吊索吊在设备部件上，吊索的绳长应一致，以防柜体变形或损坏部件。

c. 汽车运输时，必须用麻绳将设备与车身固定牢，开车要平稳。

④ 柜体基础型钢安装如下。

a. 调直型钢。将有弯的型钢调直，然后按图纸要求预制加工基础型钢架，并刷好防锈漆。

b. 按施工图纸所标位置，将预制好的基础型钢架放在预留铁件上，用水准仪或水平尺找平、找正。找平过程中，需用垫片的地方最多不能超过 3 片。然后将基础型钢架、预埋铁件、垫片用电焊焊牢。最终基础型钢顶部宜高出抹平地面 10mm，手车柜按产品技术要求执行。

c. 基础型钢与地线连接。基础型钢安装完毕后，将室外地线、扁钢分别引入室内，与变压器安装地线配合并与基础型钢的两端焊牢，焊接面为扁钢宽度的 2 倍。然后将基础型钢刷两遍灰漆。

⑤ 柜体安装。

a. 柜体安装。应按施工图纸的布置，按顺序将柜放在基础型钢上。单独柜体只找柜面和侧面的垂直度。成列柜体各台就位后，先找正两端的柜，在从柜下至上 2/3 高的位置绷上小线，逐台找正，柜不标准以柜面为准。找正时采用 0.5mm 铁片进行调整，每处垫片最多不能超过 3 片；然后按柜固定螺孔尺寸，在基础型钢架上用手电钻钻孔。一般无特殊要求时，低压柜钻 ϕ12.2 孔，高压柜钻 ϕ16.2 孔，分别用 M12、M16 镀锌螺钉固定。

b. 柜体就位。找正、找平后，除柜体与基础型钢固定，柜体与柜体、柜体与测挡板均用镀锌螺钉连接。

c. 柜体接地。每台柜体单独与基础型钢连接。每台柜从后面左下部的基础型钢侧面上焊上鼻子，用 $6mm^2$ 铜线与柜上的接地端子连接牢固。

⑥ 柜体二次小线连接

a. 按原理图逐台检查柜盘上的全部电气元件是否相符，其额定电压和控制、操作电源电压必须一致。

b. 按图敷设相与柜之间的控制电缆连接线，敷设电缆要求见“电缆敷设”。

c. 控制线校线后，将每根芯线煨成圆圈，用镀锌螺钉、眼圈、弹簧垫连接在每个端子板上。端子板每侧一般一个端子压一根线，最多不能超过两根，并且两根线间加眼圈。多股线应刷锡，不准有断股。

⑦ 柜盘试验调整

a. 高压试验应由当地供电部门许可的试验单位进行。试验标准符合国家规范、当地供电部门的规定及产品技术资料要求。

b. 试验内容。高压柜框架、母线、避雷器、高压瓷瓶、电压互感器、电流互感器、高压开关等。

c. 调整内容。过流继电器、时间继电器、信号继电器以及机械联锁调整。

d. 二次控制小线调整及模拟试验

• 将所有的接线端子螺钉再紧一次。

• 绝缘摇测。用 500V 兆欧表在端子板处测试每条回路的电阻，电阻必须大于 0.5MΩ。

• 二次小线回路如有晶体管、集成电路、电子元件，该部位的检查不准使用兆欧表和试铃测试，使用万用表测试回路是否接通。

• 接通临时的控制电源和操作电源，将柜盘内的控制、操作电源回路熔断器上端相线拆掉，接上临时电源。

• 模拟试验：按图纸要求，分别模拟试验控制、联锁、操作、继电保护和信号动作正确无误、灵敏可靠。

• 拆除临时电源，将被拆除的电源线复位。

⑧ 送电运行。送电前的准备工作如下。

a. 由建设单位备齐试验合格的验电器、绝缘靴、绝缘手套、临时接地编织铜线、绝缘胶垫、粉末灭火器等。

b. 彻底清扫全部设备及变配电室、控制室的灰尘，用吸尘器清扫电器、仪表元件；另外，室内除送电需用的设备用具外，其他物品不得堆放。

c. 检查母线上、设备上有无遗留下的工具、金属材料及其他物件。

d. 试运行的组织工作，明确试运行指挥者、操作者和监护人。

e. 安装作业全部完毕，质量检查部检查是否全部合格。

f. 试验项目全部合格，并有试验报告单。

g. 继电保护动作灵敏可靠，控制、联锁、信号等动作准确无误。

准备工作完毕后，送电过程如下。

a. 由供电部门检查合格后，将电源送进室内，经过验电、校相无误。

b. 由安装单位合进线柜开关，检查 PT 柜上电压表三相电压是否正常。

c. 合变压器柜开关，检查变压器是否有电。

d. 合低压柜进线开关，查看电压表三相电压是否正常。

e. 在低压联络柜内、开关的上下侧、开关未合状态进行同相校核；用电压表或万用表电压挡 500V、用表的两个测针分别接触两路的同相，此时电压表无读数，表示两路电同一相。用同样方法检查其他两相。

4. 验收

送电空载运行 24h，无异常现象，办理验收手续，交建设单位使用。同时提交变更洽商记录、产品合格证、说明书、试验报告单等技术资料。

任务六 安装各级变压器

一、 安装各级变压器的施工描述

安装各级变压器，就是按照施工图纸的要求，把各级变压器安装到标定的位置，按照接线图接线、检查、调试。

二、 所需工具与辅料

液压小车、扳手、螺丝刀、剥线钳。

三、安装各级变压器施工方法

1. 准备工作

认真熟悉图纸和设备技术文件的安装要求。

2. 安装施工流程

设备开箱检查→设备搬运→变压器稳装→附件安装→试验调整→送电运行验收。

3. 施工操作

① 运输用、矿用平车，在车上应捆绑牢固可靠。

② 变压器到现场后，满足下列条件之一时，可不进行器身检查：制造厂规定不作器身检者；容量为1000kV·A及以下，运输过程中无异常情况者；就地产品仅作短途运输，总装时施工单位已派人监督，质量符合要求，且运输过程中无异常情况者。否则安装前要进行器身检查，检查绝缘螺栓无损坏，防松绑扎完好，铁芯无变形，线圈绝缘层完好，各组线圈排列整齐，引出线绝缘良好，与套管连接牢固，接线正确，电压切换装置正确紧固，各挡触头接触严密，弹力良好，散热器有无裂缝等。

③ 油样试验。待变压器运送到现场静止8h后，取油样试验。

④ 线圈的绝缘测定。在油箱注满合格油的情况下进行测定，绝缘电阻应不低于产品出厂试验值的70%。

⑤ 主体安装首先将变压器主体拖至基础上，校对变压器的中心位置，符合要求时，用止轮器将变压器固定。变压器应安装气体继电器，有1%～1.5%的升高坡度。

⑥ 附件安装。先安装套管，然后安装分接头开关和散热器，最后安装油枕、安全气道及气体继电器。安装时务必注意不要让物体落入油箱内。

4. 变压器投入运行前的检查

① 变压器油枕、散热器等各处阀门应打开，再次排放空气，检查各处有无漏油。

② 变压器应良好接地。

③ 套管瓷件应完整清洁，油位正常，接地小套管应接地。

④ 分接头开关置于运行挡位，并复测电阻值是否正常，带负荷调压装置指示应正确，动作试验不小于20次。

⑤ 变压器油漆应完整，如果局部脱落应补漆，套管及硬母线相色漆应正确。

⑥ 冷却器试运应正常，联动应正确，电源应可靠。

⑦ 变压器引出线连接应良好，相位、相序应符合要求。

⑧ 各种仪器、仪表应安装正确，整定值应符合要求。

⑨ 二次回路接线应正确，连接紧密，经试验操作情况应良好。

⑩ 变压器全部电气试验结果必须符合施工规范的要求（除带电试验项目）。

⑪ 再次取油样作耐压试验，应合格。

⑫ 变压器不应有遗留物。

⑬ 变压器冲击试验。变压器试运前必须进行5次全电压冲击合闸试验，应无异常情况，励磁涌流不引起保护装置误动，并带负荷运行24h，音响正常，上层油温不超过85℃。已投入运行者可不做冲击合闸试验。

5. 成品保护

① 设备在搬运和安装时应采取防振、防潮、防止框架变形和漆面受损等措施。

② 设备运到现场后，暂不安装就位，应保持好其原有包装，存放在干燥的能避雨雪、风沙的场所。

③ 安装过程中，要注意对已完工项目及设备配件的成品保护，防止磕碰。

任务七 安装二级系统设备及监控系统

一、 安装二级系统设备以及监控的施工描述

安装二级系统设备以及监控，就是按照施工图纸的要求，把二级系统设备以及监控安装到标定的位置，按照接线图接线。

二、 所需工具与辅料

液压小车、拐尺、螺丝刀、剥线钳、管线。

三、 安装二级系统设备以及监控施工方法

1. 施工准备

① 安装前，施工人员应熟悉施工图纸，理解设计要求，核对图实是否相符。有错误、有疑问时，应及时向项目总工汇报，项目总工应按程序与有关单位联系并得到确认。

② 按要求配备足够的施工机具和安装材料。

③ 以屏、箱、柜为单位，制作方向套，要求字体为正楷，清楚不褪色。

2. 屏、箱、柜安装前检查

① 安装前检查。土建施工应结束，基础尺寸应符合规定要求，预留孔洞或预埋件应与屏、箱、柜底座的安装尺寸一致。

② 根据屏、箱、柜安装尺寸，预埋好地脚螺栓或焊接固定屏、箱、柜的基础型钢。

③ 基础型钢应与接地网可靠连接。

3. 屏、箱、柜开箱检查

① 屏、箱、柜规格、型号、数量及其元件数量、规格符合设计要求，外观应无变形、损伤，附件、备件齐全。

② 产品合格证及技术文件应齐全。

③ 内部配线应与设计要求一致。

④ 屏、柜单独安装或成列安装时，其垂直度、水平偏差以及屏、柜面偏差和屏、柜间接缝的允许偏差应符合规定。

⑤ 端子箱应安装牢固。安装位置应符合设计要求。同一轴线安装时，箱面应排列在同一轴线上。

⑥ 悬挂式端子箱的安装，应不影响网门开启、一次设备的操作及沿柱子或沿门墙敷设的管线。

⑦ 所有紧固件应有防锈措施，采用铜或镀锌件。电气连接件宜用铜质制品。

⑧ 屏、箱、柜接地应符合下列规定：

a. 保护屏应用截面≥4mm² 的多股软铜线和接地网直接连通。

b. 端子箱应可靠接地，箱内接地端子应用截面≥25mm² 的多股软铜线与接地网连通。

c. 成套柜接地按一次设计要求进行。

d. 装有可开启的门，应用截面≥2.5mm² 的多股软铜线与接地的金属构件可靠接地。

4. 屏内查线

① 核对屏、柜、箱及元器件。

a. 所到元器件必须有制造厂的技术文件，元器件的安装位置应与施工图相符。

b. 产品的型号、规格应符合设计的要求，附件、备件齐全。

② 检查端子规格、型号数量及排列是否符合设计要求。连接片安装位置应正确，数量应齐全，电流端子安装方向应正确，盘、柜、箱内的配线应逐根核对。核对时应临时拆开电流试验端子及电流线圈的一端引线，防止误判断。查线完毕，临时拆开的端子应逐一恢复。

③ 电流回路接地点应符合设计要求及保护要求；各转换开关、辅助开关应做试切换，其节点通断应符合设计要求。电流、电压引入线极性必须正确。电流试验部件的接线方式应全部一致，一般宜电流互感器侧进试验部件的下端或外侧。试验部件应做相位标志。

④ 发现接线错误，应做好记录，及时通知项目总工，由项目总工联系设计人员确定改线方案，施工人员按修改图进行修改。

5. 屏内改线及配线

① 在屏、箱、柜上安装元件及改线、配线，应按照配电屏安装有关工序进行。增加的元件不能影响原有元件的使用及其单独拆装。在开孔时对具有较高防振要求的元件应先拆除。

② 新增元件的配线应按设计提供的施工图进行。

③ 每一根配线的两端都应套上方向套，其大小按线径选择。

④ 盘、箱、柜内的配线：电流回路应采用耐压≥500V、截面≥2.5mm^2 的铜芯绝缘导线，其他回路配线为截面≥1.5mm^2 的铜芯绝缘导线。对电子元件回路，弱电回路采用锡焊连接时，在满足载流量、电压降及有足够机械强度的情况下，可采用截面≥0.5mm^2 的铜芯绝缘导线。

⑤ 同一盘、柜、箱内配线颜色应一致（设计有规定时按设计要求），导线外观检查无异常，无中间接头，配线走向应简洁、规则，导线弯曲半径大于 3 倍导线直径，扎线松紧适中。对有抗干扰要求的，则应使用合格屏蔽导线。

⑥ 用于连接门上的电器、控制台板等可动部位的导线，还应符合下列规定：

a. 应采用多股软铜线，敷设长度应有适当的裕度；

b. 在电气连接时，端部应绞紧，并应加终端附件或搪锡，导线不得松动、断股；

c. 在可动部位两端应用卡子固定。

⑦ 一个接线端子的每侧接线宜为一根，不得超过两根。当接两根导线时，中间应加平垫片。对于插接式端子，严禁不同截面的两根导线接在同一端子上。

⑧ 端子排的安装应符合下列要求：

a. 端子排应无损坏，固定牢固，绝缘良好；

b. 端子排应有序号，强弱电端子应分开布置；

c. 正、负电源间至少隔一个空端子；

d. 跳闸出口端子应用一个空端子隔开，在跳闸端子上下方不应设置正电端子。

⑨ 小母线安装应符合下列规定。

a. 小母线应采用直径≥6mm 的铜棒或铜管，小母线两侧应有标明其代号或名称的标志，字迹应清晰、工整且不易褪色。

b. 小母线安装方式一：整列通长式。根据整列屏的长度切割小母线，小母线尖先平直，然后整列安装。

c. 小母线安装方式二：屏间连接式。为了考虑扩建、改造安全，每块屏顶的小母线可单独安装，屏间用一根 6mm^2 多股软铜线相连。当小母线对应联络电缆设计截面大于

$10mm^2$ 时，用两根 $6mm^2$ 多股软铜线相连。

⑩ 电压互感器二次回路 N600 接地点按设计要求进行一点接地；各电压互感器二次中性点在开关场地接地点应断开，并加装放电器接地，按有关要求调整放电器。

任务八　敷设电缆与防雷接地

一、敷设电缆与防雷接地的施工描述

敷设电缆与防雷接地，就是把盘、柜、箱的电缆按照接线图的要求，对应线标接线、检查，对图纸标注的防雷接入点进行连接，线路检查完好，进入调试阶段。

二、所需工具与辅料

剥线钳、电缆号牌、液压钳、烙铁、焊锡、熔断器、信号灯、光字牌。

三、敷设电缆与防雷接地的施工方法

1. 电缆敷设

① 盘、柜、箱的电缆排列。按照设计端子排图，把敷设至盘、柜、箱处的电缆按接入端子排位置的高低排列，竖向端子排宜将接入端子排上端的电缆排在离端子排远处，接入端子排下端的电缆排在离端子排近处。横向端子排接入电缆芯线，宜靠近端子排排列。电缆应整齐美观，避免交叉，固定可靠，电缆及端子排不应受到机械应力。

② 电缆屏蔽层应两端接地，接地线应采用截面积≥$1.5mm^2$ 的多股双色接地铜线。设计有规定时按设计要求接地。

③ 高频同轴电缆应在两端分别接地，结合滤波器侧的高频电缆层，应经 $10mm^2$ 的绝缘铜导线引到与结合滤波器安装柱水平距离 3～5m 处，与屏蔽铜导线连接。该铜导线在电缆沟与接地网连接，并紧靠高频在电缆另一端与继保室的接地铜网主接地点相连。

2. 电缆终端头制作

① 按要求尺寸剥离电缆钢铠和外绝缘层，不得伤及线芯绝缘，特别是环切剥离时应特别注意。

② 电缆终端头高度应一致。终端头底部离屏、箱、柜底部应≥30mm，以便防火料施工。

③ 在屏蔽层上焊上接地软铜线，焊接时要做好防芯线烫伤的措施。

④ 在电缆外绝缘与芯线分离处，套入电缆直径相配的电缆热缩头套，用热风机进行均匀吹缩。

⑤ 挂上电缆号牌。

3. 盘、柜、箱内电缆芯线

每根电缆所成一束，应横平、竖、直有规律排布，不得任意歪斜、交叉连接。

4. 电缆芯线对线与接线

① 电缆接线前，应进行对线工作，芯数与编号应一一对应，并套上方向套。

② 采用对线灯对线时，在全所接地沟通的情况下，可利用接地线作为公用线；在全所接地未沟通的情况下，可选用电缆芯线中特殊的芯线（同号电缆芯线）作为公用线，对电缆

进行对线。

③ 电缆芯线对线完毕，应再复核一遍。在对线过程中，每对一次只允许一根芯线通，不得同时有两根芯线通，也不得一根芯线通两次。如有一端已接好线，则应先拆开接线端后对线。

④ 接线应按设计端子排图，逐根接入端子排。芯线长度应留有裕度，芯线裕度应一致，弯成S形状，S弯头圆弧宜一致，做到美观、整齐。

⑤ 芯线剥离塑料外皮时，不应损伤金属芯。接线头应按顺时针方向（螺栓旋紧方向）弯成圆形，直径略大于固定螺栓直径，但不应大于该螺栓垫片的外径。每根接线栓上的接入芯线不得多于两根，多股软线的接线头端部应绞紧，并应加终端附件或搪锡，导线不得松动、断股。

⑥ 备用芯线应留至端子排最远处，每根电缆的备用芯的其中一根应套上电缆编号并捆绑成束。

⑦ 电气回路连接（螺接、插接、焊接）应紧固可靠，二次回路的连接件应采用铜质材料。

⑧ 电缆芯线在油浸互感器二次接线盒内接线时，不得使接线螺杆旋转或自锁螺帽松动，致使互感器内部引线线芯断股或造成接线螺杆密封处渗油。

5. 复核与回路查线

① 局部接线完毕，应对所接的电缆芯进行复核。接入位置应正确，不得错接或漏接，备用芯数应正确。

② 根据展开图和端子排图进行核对，校线的顺序应按展开图从上到下、从左到右依次进行。当有旁通和寄生回路存在时，应将芯线的两端解开，保证校线的正确性。查线时应特别注意检查互感器的二次接线接地是否良好。

③ 校核结束后应恢复原接线，再次紧固所有接线螺栓，连上连接件，调整好连接切换压板，电流试验部件，接触面清洁处理，使其切换灵活，接触良好。

④ 熔座上应放上熔芯。熔芯规格应符合设计的要求。屏、柜、箱上所有的标字框写上标签说明，应注明屏、箱、柜、电源闸刀、熔断器、端子排的名称和用途。各信号灯和光字牌应齐全、完好，试验部件应标上相序标志。

⑤ 复查所有端子排及元件接线端子、继电器脚等接线螺栓应紧固牢靠，无松动。

⑥ 检查二次元器件、闸刀、熔断器、操作把手等应有标字牌，并核对正确。

⑦ 检查所有电缆穿管已接地，电缆孔洞已进行防火封堵。

6. 试操作及联动

① 试操作前应具备以下条件：

a. 二次回路绝缘电阻、交流耐压已经试验，结果符合规程要求；

b. 该回路所对应的一、二次设备安装及调试工作已结束并试验合格；

c. 屏、柜、箱已可靠接地，照明能投入使用，清洁工作已结束，电缆沟盖板已盖好。

② 将操作回路与其他回路隔离。在扩建工程中，应严格遵守运行的各项规章制度，做好隔离工作，做好安全措施。

③ 在远方操作试验时，被操作设备处应设专人监视设备的动作情况，远方与就地应保持通信联系，操作人员应及时掌握设备的动作情况。

④ 准备好操作试验的工具、仪器和消耗性备件，如熔断器、信号灯、光字牌等。

⑤ 直流电源送电前，应测量直流电源回路的绝缘电阻和直流电阻，确认回路无短路和

开路现象后方可送电。

⑥ 试操作及联动一般按下列次序进行：直流系统→监控及中央信号系统→安装间隔→防误操作回路。

⑦ 试操作及联动过程中，如发生异常情况，应迅速切断电源，防止事态扩大，并应立即查明原因，采取措施加以消除后，方可继续进行操作及联动工作。

7. 后期工作

① 在试操作及联动结束后，施工人员应根据实际施工情况整理并填写安装记录，移交工程项目总工。

② 施工中有改动的接线应及时反馈项目总工。在试操作及联动结束，施工人员应将实际的接线位置标在端子排图及盘后图上，移交项目总工制作竣工图。

③ 整理安装记录和质量记录，及时移交项目部归档。

8. 防雷接地

① 土方施工。土方采用机械开挖，就近堆放，便于回填。

② 接地体施工。接地体作为与大地土壤密切接触并提供与大地之间电气连接的导体，安全散雷流能量使其泄入大地。接地是防雷工程的最重要环节，不论是直击雷防护还是雷电的静电感应、电磁感应和雷电波入侵的防护技术，最终都是把雷电流送入大地，因此没有良好的接地技术就不可能有合格的防雷过程。保护接地的作用就是将电气设备不带电的金属部分与接地体之间作良好的金属连接，降低接点的对地电压，避免人体触电危险。

③ 接地体安装有关规定

a. 接地体顶面埋设深度应符合设计规定。当无规定时不应小于0.6m。角钢及钢管接地体应垂直配置。除接地体外，接地体引出线的垂直部分和接地装置焊接部位应做防腐处理。在做防腐处理前，表面必须除锈并去掉焊接处残留的焊药。

b. 垂直接地体的间距不应小于其长度的2倍。水平接地体的间距应符合设计规定。当无设计规定时不宜小于5m。

c. 除环形接地体外，接地体埋设位置应在距建筑物3m以外。距建筑物出入口或人行道也应大于3m。如小于3m时，应采用均压带做法或在接地装置上面敷设50～90mm厚度的沥青层，其宽度应超过接地装置2m。

d. 接地体敷设完毕后的土沟，其回填土内不应夹有石块和建筑垃圾等。

e. 外取的土壤不得有较强的腐蚀性，在回填土时应分层夯实。

f. 接地装置由多个分接地装置部分组成时，应按设计要求设置便于分开的断接卡。自然接地体与人工接地体连接处应有便于分开的断接卡，断接卡应有保护措施交底内容。

④ 人工接地体安装

a. 接地体加工。根据设计要求的数量、材料、规格进行加工。材料一般采用钢管直角钢切割，长度不应小于2.5m。如采用钢管打入地下，应根据土质把钢管加工成一定的形状，遇松软土壤时可切成斜面形，为了避免打入时受力不均，使管子歪斜，也可以加工成扁尖形，遇土质很硬时可将尖端加工成圆锥形。如选用角钢时，应采用不小于40mm×40mm×4mm的角钢，切割长度不应小于2.5m，角钢的一端应加工成尖头形状。

b. 挖沟。根据设计图要求，对接地体（网）的线路进行测量弹线，在此线路上挖掘深为0.8m～1m、宽为0.5m的沟。沟上部稍宽，底部渐窄，沟底如有石子应清除。

c. 安装接地体（极）。沟挖好后应立即安装接地体和敷设接地扁钢，防止土方倒塌。先

将接地体放在沟的中心线上，打入地中。一般采用手锤打入，一人扶着接地体，一人用大锤敲打接地体顶部。使用手锤敲打接地体时要平稳，锤击接地体正中，不得打偏，应与地面保持垂直。当接地体顶端距离地面 600mm 时停止打入。

d. 接地体间扁钢敷设。扁钢敷设前应调直，然后将扁钢放置于沟内，依次将扁钢与接地体用电（气）焊焊接。扁钢应侧放而不可放平，侧放时散流电阻较小。扁钢与钢管连接的位置距接地体最高点约 100mm。焊接时应将扁钢拉直，焊好后清除药皮，刷沥青做防腐处理，并将接地线引出至需要的位置，留有足够的连接长度，以待使用。

⑤ 自然基础接地体安装

a. 利用底板钢筋或深基础作接地体。按设计图尺寸位置要求标好位置，将底板钢筋搭接焊好，再将主筋（不少于两根）底部与底板筋搭接焊好，并在室外地面以下将主筋焊好连接板，清除药皮，并将两根主筋用色漆做好标记，以便引出和检查。

b. 利用柱形桩基及平台钢筋作接地体，按设计图尺寸位置找好桩基组数位置，把每组桩基四角钢筋搭接封焊，再与主筋（不少于两根）焊好，并在室外地面以下，将主筋预埋好接地连接板，清除药皮，并将两根主筋用色漆做好标记，便于引出和检查交底内容。

⑥ 接地体审核验收。接地体安装完毕后，应及时请质检部门进行审核验收，接地体材质、位置、焊接质量等，均应符合施工规范要求，然后方可进行回填土或者浇混凝土，最后应遥测接地电阻并做好记录。

⑦ 接地体的保护

a. 其他工种在挖土方时，注意不要损坏接地体。

b. 安装接地体时，不得破坏散水和外墙壁装修。

⑧ 接地电阻测试

a. 本工程接地电阻设计为≤10Ω。

b. 应严格按照图纸所设计接地电阻参数值施工。

【项目小结】

本项目学习的主要内容有测试与安装光伏组件、安装光伏汇流箱与直流柜、安装与调试逆变器、安装交流配电柜、安装各级变压器、安装二级系统设备以及监控、安装敷设电缆与防雷接地等工程项目，重点讲述了光伏电站设备安装的操作流程、使用的工具以及检查验收的注意点等内容。

【思考题】

1. 简述安装与调试逆变器的过程。
2. 简述安装交流配电柜的过程。
3. 简述安装二级系统设备以及监控所需的工具。
4. 简述光伏设备安装完成后的检查要点。

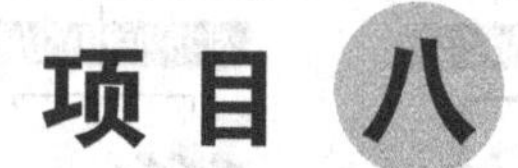

项目八 BIPV光伏电站

【项目描述】

本项目主要讲解的是BIPV光伏建筑一体化建筑的屋顶结构和墙面结构的安装技术，屋顶基础，屋顶结构，屋顶设施和上层建筑，瓦片的屋顶钩、混凝土屋顶瓦片、无楞瓦或石板，平屋顶上的跟踪系统，光伏和光热的组合系统，大规模与轻屋顶情况下的安装方案等内容。本项目分两个任务来完成学习。

【技能要点】

① 学会根据屋顶结构设计符合屋顶特点的BIPV光伏电站系统。
② 学会根据屋顶结构设计平屋顶上的跟踪系统。
③ 学会根据屋顶结构设计光伏和光热的组合系统。
④ 学会根据屋顶结构设计大规模与轻屋顶情况下的安装方案。

【知识要点】

① 熟悉BIPV光伏屋顶的结构和构架力学。
② 熟练掌握屋顶设施的光伏施工方案。
③ 熟练掌握BIPV的墙面结构。
④ 熟练掌握BIPV的屋顶结构

【任务实施】

任务一 设计BIPV的屋顶结构

一、 屋顶结构概况

大部分建筑物的表面都适合安装光伏阵列，如倾斜的屋顶 、平面屋顶以及墙面，如图8-1所示，可以区分为附加的和一体化的两种方案。

在附加方案中，需使用金属结构保护屋顶或墙面上的光伏组件。所以，光伏系统是建筑物上附加的技术构件，其唯一功能就是发电。

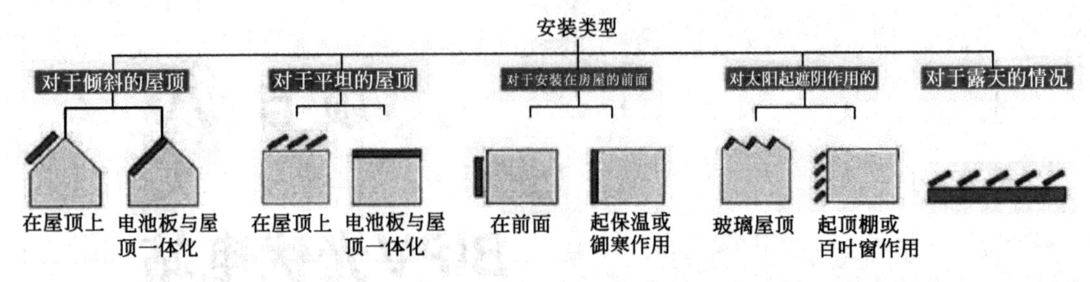

图 8-1 各类光伏建筑安装

在一体化方案中，屋顶或墙面被光伏部件所取代，这也被称为光伏建筑一体化(BIPV)。光伏系统成为了建筑外壳的一部分，发电作为附加功能，它还具有天气保护、隔热、隔音、遮阳以及安全功能。

本任务只专注于基本的屋顶和墙面结构，并给出在倾斜屋顶、平屋顶、墙面以及光滑屋顶和遮阳设备上安装附加和一体化系统的概况。

二、屋顶基础

1. 屋顶的任务

屋顶所履行的一般任务如下（图 8-2）：

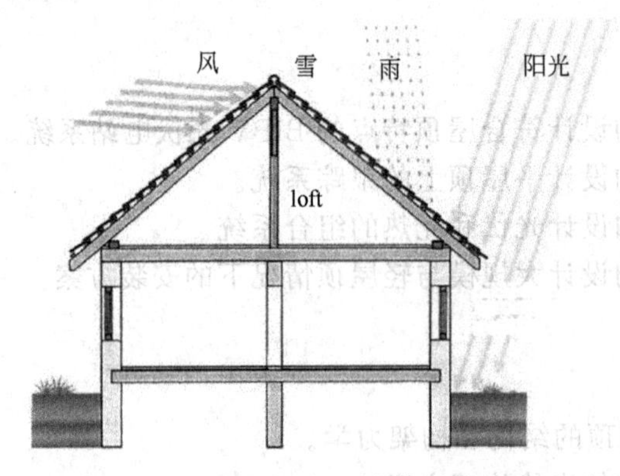

图 8-2 屋顶的作用

① 界定建筑物的高度；

② 承担屋顶覆盖物、风、雨和雪带来的压力，保持室内不受外界天气环境影响；

③ 隔热；

④ 隔音；

⑤ 防火；

⑥ 设计（外形、颜色、材质、表面结构）。

将来，屋顶上会逐渐集成能量转换元件以将阳光转换成电能或热能，这就意味着将来的屋顶表面（以及墙面）的材质和外观都将会有很大的改变。

2. 屋顶形状

根据倾斜状况，屋顶可以分为以下类型：

① 平顶，倾斜度小于 5°；

② 微倾屋顶，倾斜度在 5°到 22°之间；

③ 常规倾斜屋顶，倾斜度在22°到45°之间；

④ 陡峭屋顶，倾斜度大于45°。

如图8-3中所展示的屋顶那样，有很多屋顶是弓形的（比如桶状屋顶），并且屋顶斜面形状很特别。

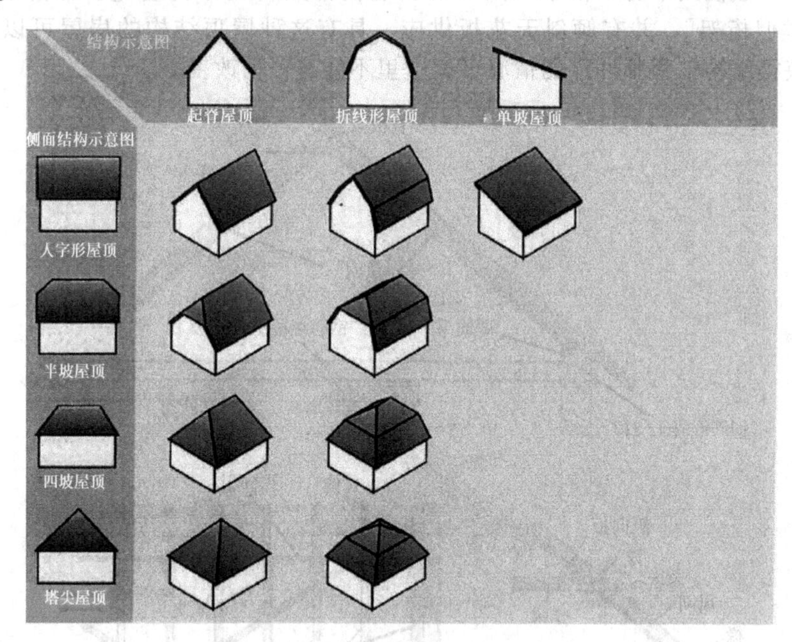

图8-3 基本的斜屋顶形状

3. 屋顶结构

① 系杆椽子。在这种屋顶中，椽子从屋脊横跨到屋檐并在屋檐上水平固定，与天花板的托梁形成一个三角形。这种形态的屋顶通常有檩子（图8-4）支持椽子。

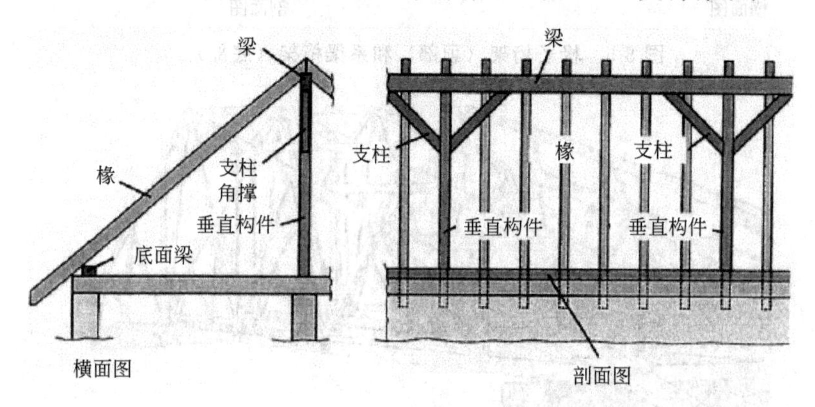

图8-4 檩子桁架

② 檩子和椽子。在有檩子的房顶上，椽子如倾斜的横条一样被固定在水平的檩子上，并且不相互依靠。檩子沿着房顶排列，由垂直的支撑物或墙壁支撑，檩子接受垂直的压力并把压力转移到支撑结构上。不像椽子屋顶，更换屋顶固定物和结构上的椽子时不会对受力产生影响。

③ 椽子和凸起的系杆或系梁屋顶。在椽子屋顶上，椽子和位于其下方的天花板构成一个稳固的三角形，但天花板的托梁凸起到屋檐水平线的上方并使天花板部分倾斜，因此位于

倾斜部分的椽子会承受更大的压力并有向屋檐延伸的倾向，这会造成额外的偏移或屋檐的延伸。托梁在屋檐上方凸得越高，这种影响就会越大。

④ 桁架结构。到目前为止所列出的房顶构造与现代的构造有所不同，除了大型建筑物的檩和椽外，一般使用了房顶桁架（图 8-5）。它们都是自支撑构造［胶合桁架、钉板桁架（图 8-6）等类似桁架］，并有倾斜天花板供应。具有这种屋顶结构的房屋可以使用阁楼桁架。在没有获得结构工程师许可的情况下，这里不能有任何改变。

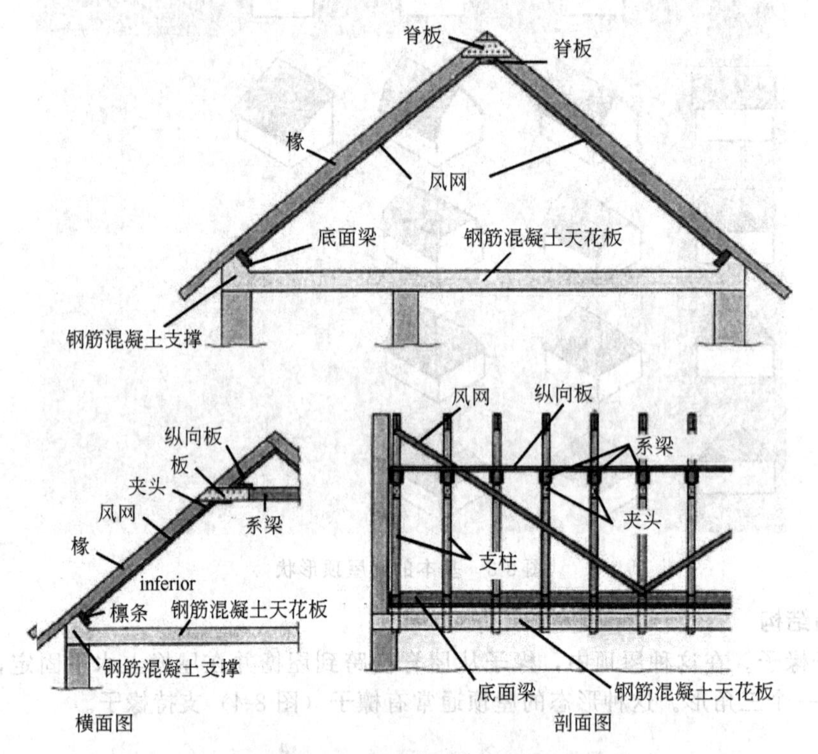

图 8-5 椽子桁架（顶部）和系梁桁架（底部）

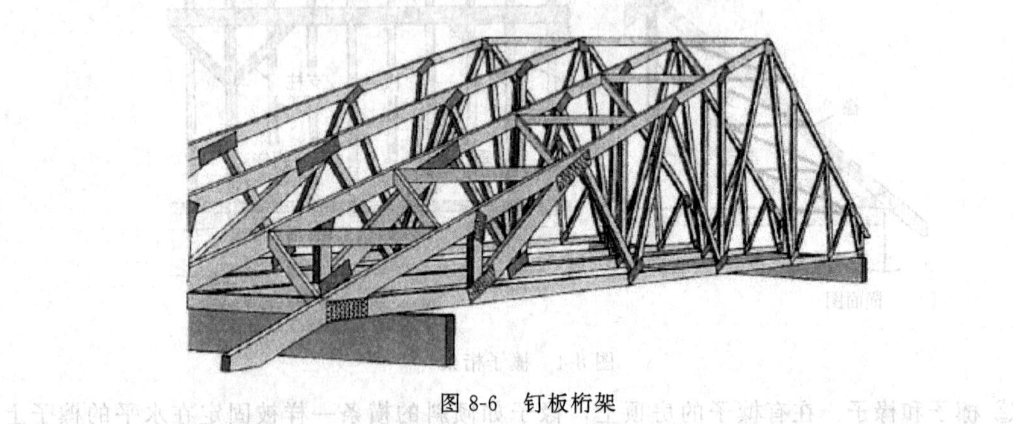

图 8-6 钉板桁架

⑤ 平顶结构。木质托梁（木质桁架）天花板可用于屋顶构造，但在大型建筑物上通常使用坚固的钢筋混凝土板、压型钢板或混凝土梁，同时天花板把下方的屋子和支撑结构封盖起来。

4. 屋顶表面

在此需要区别屋顶封盖和屋顶密封。

① 屋顶封盖——在倾斜应用中用于排水的覆盖物。屋顶封盖材料包括黏土、无楞瓦、

木瓦、水泥瓦、石板、纤维水泥、天然石板和金属片等。它们的铺盖方向与雨水的流向相反，并要求根据铺盖的类型选择最小的屋顶斜度。

② 屋顶密封——在平屋顶上应用的用于密封的覆盖物。这是整个屋顶表面的完全防水层，可以是沥青屋顶油毡、塑料屋顶板以及可以在铺盖后硬化的塑料等。倾斜度小于5°的屋顶是必须要密封的，衔接处和终止处、开口处和节点形成处也都是屋顶密封的一部分。

5. 倾斜屋顶

通常，倾斜屋顶被盖为一个通风的冷屋顶，从外到内的结构如下。

① 屋顶覆盖物：第一层挡水层（排水）。

② 雨水和湿气被集中到最低点，通过雨水排水管流走。

③ 屋顶板条。

④ 对立板条（在平屋顶上少见，如果使用了衬板则需要此物）。

⑤ 垫油毡（衬板隔膜或毡）或亚房顶 。

⑥ 第二层防水层（完全阻挡雨水）。

⑦ 通常使用一层油毛毡衬层，但应在特殊情况下或根据当地情况使用，比如在小于最小屋顶斜度或在阁楼上居住时，则需要衬板。

⑧ 椽子。

⑨ 绝热天花板托梁。

如果顶层的天花板不是用于隔热，或者阁楼被用作居住空间（图8-7），则需要屋顶是隔热的。隔热可以以三种方式组合：

a. 在椽子之下；

b. 在椽子之间；

c. 在椽子上（图8-8）。

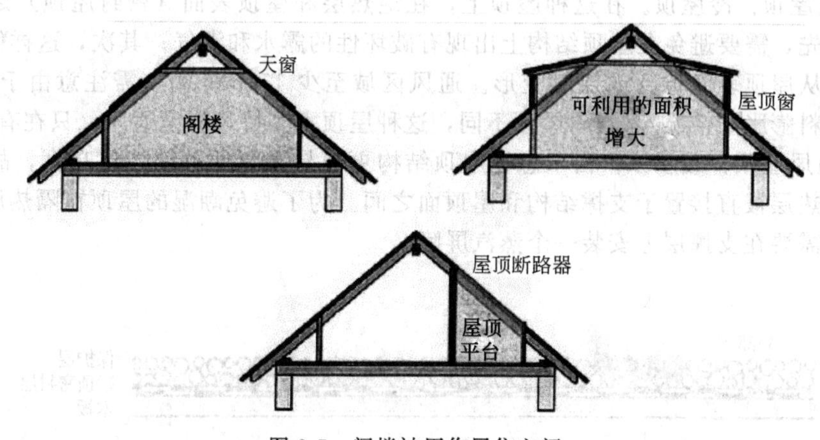

图8-7 阁楼被用作居住空间

6. 屋顶设施和上层建筑

天窗、圆顶灯、天窗口和屋顶阳台为改动的阁楼空间和额外的居住空间提供光照和通风。当安装光伏阵列时，可用的屋顶空间会减少并被这些固定设备和结构遮挡。

7. 平屋顶

通常定义倾斜度在5°到11°之间的屋顶属于平屋顶。在结构方面，斜屋顶有重叠覆盖，而平屋顶的屋顶以密封取代覆盖。从排水方面来讲，平屋顶排水通常使用屋顶排水沟来解决，雨水通过建筑物内的落水管或屋顶边缘的泄水孔排除。

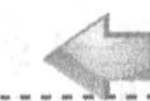

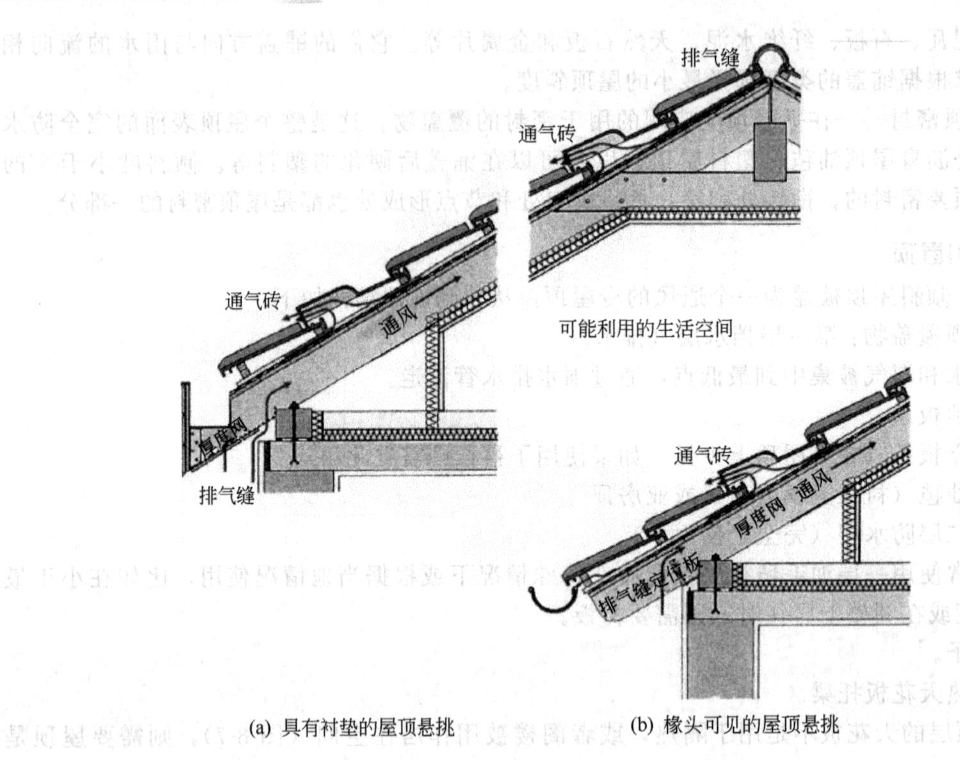

(a) 具有衬垫的屋顶悬挑　(b) 椽头可见的屋顶悬挑

图 8-8　屋顶悬挑

根据屋顶的结构，可分为双面通风屋顶和单面不通风屋顶，前者被称作冷屋顶（图 8-9），后者被称作暖屋顶（图 8-10）。暖屋顶是平屋顶中最常见的屋顶。

① 通风屋顶：冷屋顶。在这种屋顶上，在绝热层和屋顶表面（密封屋顶）之间空气持续流动。首先，需要避免在屋顶结构上出现有破坏性的露水和潮气；其次，这样做是为了避免光照时热从屋顶表面传到内层时变形。通风区域至少 150mm 高（需注意由于湿度增大，导致绝热材料膨胀的情况）。与斜屋顶不同，这种屋顶不支持热梯度通风，只在有风时通风。

② 不通风屋顶：暖屋顶。由于想让屋顶结构更简易和降低总的建筑高度，故省去了通风功能，绝热层被直接置于支撑结构和屋顶面之间。为了避免潮湿的屋顶在隔热层区域发生水汽凝结，需要在支撑层上安装一个蒸汽屏障。

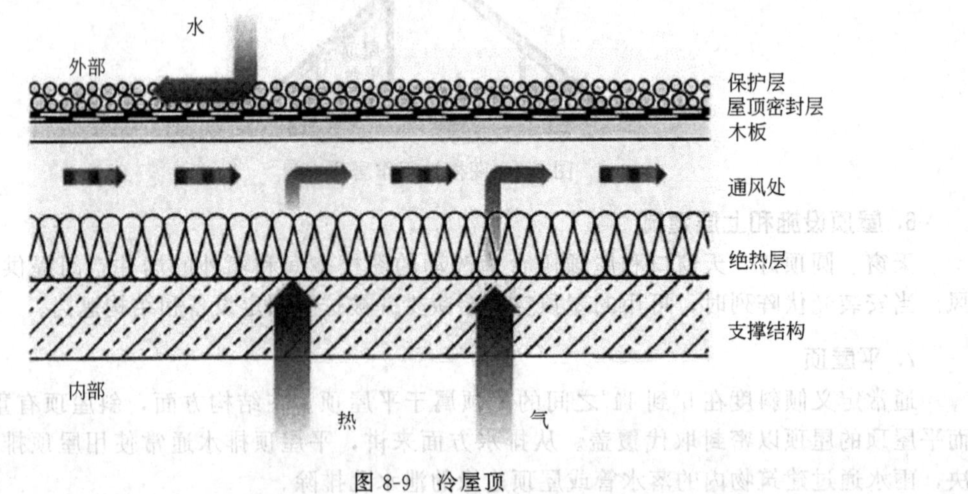

图 8-9　冷屋顶

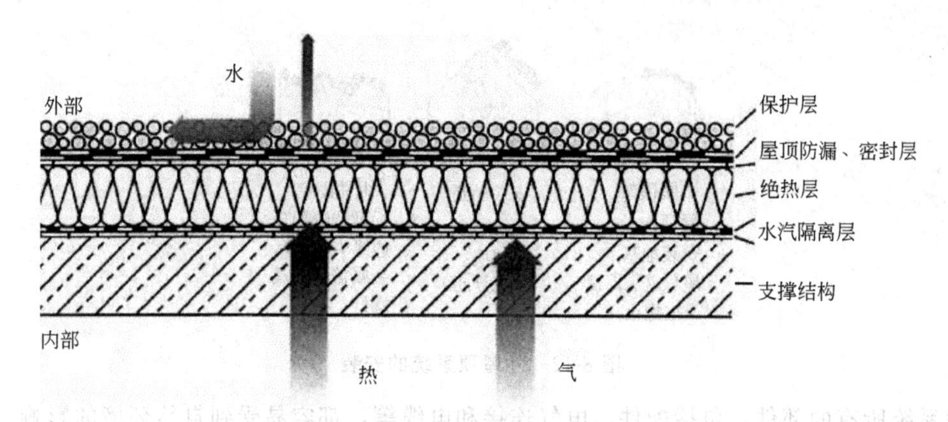

图 8-10 暖屋顶

③ 反向屋顶。对于暖屋顶，由于温度的迅速改变、霜-露的交替以及强烈的日照，可导致屋顶表面承受很大的压力，这些情况都会导致屋顶老化并最终损坏。为了解决这些问题，人们设计了一种特殊的暖屋顶结构，即反向屋顶（图 8-11），现在这种屋顶使用得越来越多。在反向屋顶中，绝热层与防水层的排列是颠倒的，由于屋顶表面在绝热层下方，室内环境不会受到温度的大幅度波动以及环境的影响了。在绝热层上再铺盖一层防水层，就能改善反向屋顶的隔热效果，可以防止雨水流入屋顶表面并带走热量。

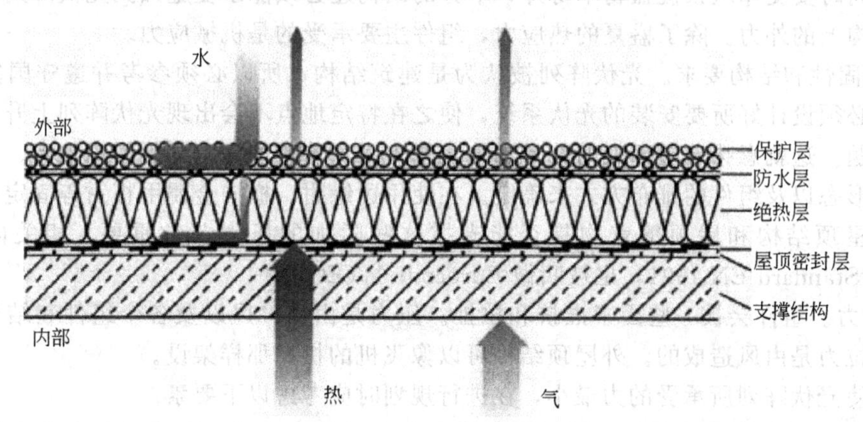

图 8-11 反向屋顶

必须确保隔热层是防水的、抗冻的，并且尺寸是稳定的，即它应当是防腐的，可以在上面行走的，并且尺寸是不变的。绝热效应必须在湿气较大时也不失效。只有由聚苯乙烯压制的硬质泡沫板能满足这些要求，它们通常被宽松摆放，同时使用额外的压力层将其压住，比如砂砾、沙囊，然后再在上面盖平板和光伏组件。

三、 倾斜屋顶

平屋顶让光伏系统的规划者具有较大的自由，而倾斜屋顶会决定组件的方向和倾角。由于这个原因，在规划开始之前需要审查倾斜屋顶的适宜性。

1. 外屋顶系统

对于外屋顶系统的安装（图 8-12），组件被金属结构固定安装在已存在的屋顶覆盖物的上方，屋顶覆盖物仍然被保留并继续用于防水。对于在已存在的屋顶上安装新的阵列，外屋顶系统通常是最经济实惠的选择，因为安装费用和材料开销是最少的。然而，除了不太美

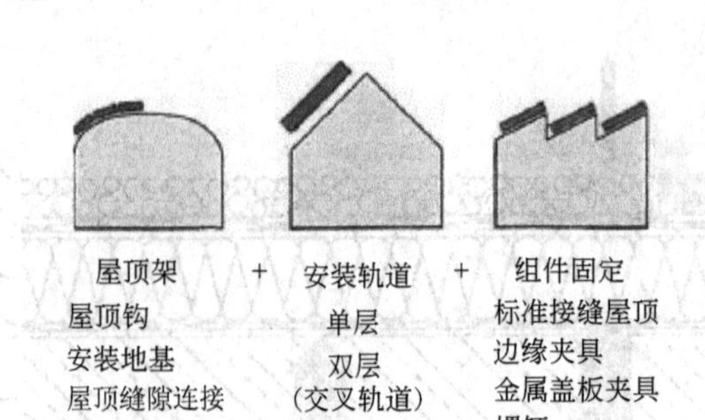

图 8-12 外屋顶系统的安装

观，该系统所有的部件，包括配件、电气连接和电缆等，都容易受到自然环境的影响。所以系统应该与已存在的屋顶环境尽可能一体化，组件应当被优化排布以构成一个独立的光伏阵列，在屋顶表面散列排布或阶梯状排布则很不好。在安装光伏阵列时，应选择类型很接近或者相同的屋顶表面，避免形状复杂或者有阴影的屋顶。

用来固定组件的金属结构主要由三部分构成：屋顶架、安装轨道和组件固定器件。利用屋顶架，轨道系统被锚定在屋顶覆盖物结构下方或被直接锚定在覆盖物上（前提是覆盖物足够牢靠），组件被特殊的系统固定装置安装在轨道上。

除了同时要支撑屋顶覆盖物本身外，下方的结构还必须能承受施加到光伏阵列上并传递到屋顶结构上的外力。除了盛夏的热应力，组件主要承受的是机械应力。

① 稳固性和结构要求。光伏阵列被认为是建筑结构，所以必须参考并遵守国家建筑法律法规，必须设计好所要安装的光伏系统，使之在特定地点不会出现光伏阵列上升、翻转或下落等问题。这就意味着屋顶架的数量和轨道锚入固定装置的深度必须根据地点、屋顶和建筑的几何形态以及组件的排布方式来确定。在使用边缘钳、横向金属甲板钳等固定安装框架时，探查屋顶结构和屋顶覆盖物是否能支撑这些附加的压力非常重要。相关内容可见European Standard EN 1991，也被叫做 Eurocode 1（EC1）。

② 受力。组件会被一些因素推挤和拉扯。压力是由雪、风以及各个组件和结构的重力带来的，拉力是由风造成的。外屋顶结构可以像飞机的机翼那样架设。

为了使光伏阵列所承受的力最小，在进行规划时应考虑以下要素。

a. 组件表面和屋顶覆盖物之间的间距不宜太大。另一方面，也得确保在没有树叶阻塞时可以有效地通风，树叶还会阻碍雨水的排泄。

b. 组件不应超出建筑物的垂直和水平线（屋脊、屋檐和山形墙）。组件到屋顶边缘的距离应当至少为屋顶表面到组件的高度的 5 倍。

c. 组件表面的倾斜度应当与屋顶倾斜度一致。

d. 如果组件安置时没有齐平，在边缘处有小缺口，也容易达到压力补偿，这样还可以避免风吹时的呼啸声。

③ 结构规格。所有用于安装系统的部件都与特定组件的重量、大小和布局相适应，在不同的雪和风的作用力下与适用的标准一致。很多装配说明书都包括了基于结构规格的表格，从上面可以获得每平方米的最少屋顶固定装置数、最大跨度（支持点之间的间距）以及部件的最大悬臂长度等。应当注意的是，这些结构表格通常只适用于中心区域，边角区域的值则没有提供。结构规格不包括屋顶结构和组件框架，在建筑场地使用组件制造商的规格说明书时应当把它们考虑在内。

④ 腐蚀。由于光伏系统设计要求能使用 20 年或更长的时间（比如在机架固定系统情况

下，所有的机械固定装置都暴露在自然环境中)，所以应当在系统固定点上使用高质量的金属。对于任何类型的金属（比如铝或者V2A不锈钢)，由于化学成分不同，其质量有重大差异，应当特别注意各自的合金和材料型号。只有在没有发生电化学反应的风险时才可以组合使用金属，如果有必要，在固定点使用不同的金属时必须保持它们的干燥，在有些情况下，可以考虑在金属之间使用高电位差的材料将它们隔离。

其他现有的构造（如檐槽、石板屋顶等）也必须考虑并消除任何发生电解腐蚀的可能。如果支撑结构就安装在场地上，则应当确保做好防腐蚀保护。热镀锌材料不应被钻孔和截短，因为后来的冷镀锌被用于未镀锌的地方时没有热镀锌的抗腐蚀性强。

除了在技术上进行防腐蚀保护，还应注意结构上的防腐蚀保护。应当构造架置系统，这样就不会形成污物、树叶、针状物和其他堆积物可以聚集的角落和隐蔽处，阻止了腐蚀的发生，也避免了积水。

⑤ 屋顶固定。必须在屋顶上制造固定点以固定安装支架。安装支架的选择取决于现有的屋顶覆盖物，有依靠椽子和不依靠椽子两种方案。不依靠椽子的方案是将安装支架固定在屋顶板条上并可在屋顶上提供更多的布置空间，在结构上它们的受力没有依靠椽子情况下的大。

⑥ 瓦片的屋顶钩、混凝土屋顶瓦片、无楞瓦（图8-13)。屋顶钩分为多种多样，图8-14所示为一种新型设计，穿过屋顶覆盖物被螺钉牢靠地拧在椽子上。这样放置屋顶钩（图8-15）后，它们的边缘就可以卡在相应的瓦片下面的凹陷处，与表面和正面的距离为5mm，它们应该不能对瓦片施加压力，如果有必要，屋顶钩上必须使用木垫片。瓦片覆盖的屋顶钩突出的地方必须切掉，可使用角向磨光机或锤子。对于无楞瓦屋顶，要么在每个瓦片覆盖屋顶钩的地方切除，要么使用一半大小或三分之一大小的瓦片。在每个切除的地方，屋顶钩下方需要安装合适的钛锌板片，这样在每一侧都至少有2cm的交叠，或者在屋顶钩的下面和上面插入特殊的金属片。不同屋顶覆盖物所用的屋顶钩如图8-16所示。

图8-13 无楞瓦（且有金属片的屋顶钩)

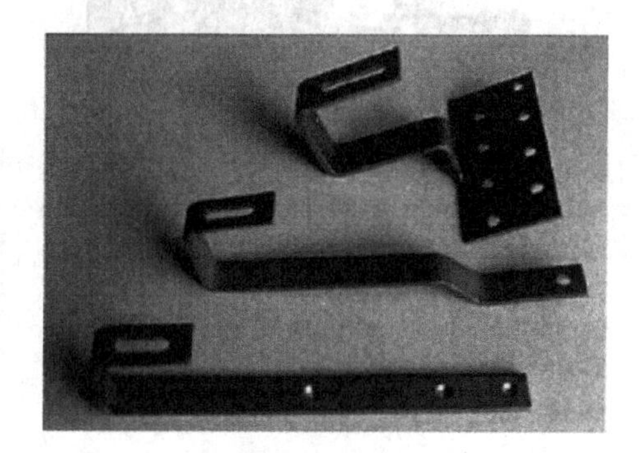

图8-14 屋顶钩

图8-15 固定的屋顶钩

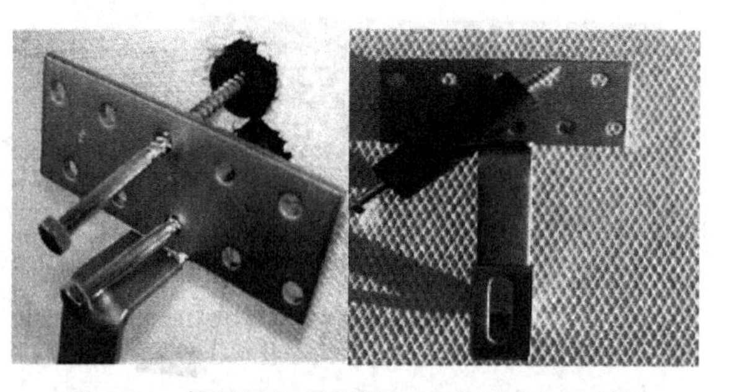

图8-16 倾斜屋顶带有附加绝缘配件的屋顶钩

⑦ 瓷砖瓦片、混凝土屋顶瓦或无楞瓦上的支撑瓦片。各制造商为光伏阵列的固定提供了特殊瓦片。这些瓦片由塑料或金属片制成，它们最初被用于陷雪栅或屋顶分阶炉箅的安装，当它们被安装在屋顶覆盖物内的椽子上并被螺钉固牢，或被楔入板条之间时，支撑瓦片（图 8-17～图 8-19）只适用于有相应设计和尺寸的标准屋顶覆盖物。这些瓦片会在某些位置替换常规瓦片，这就意味着不必去修整屋顶瓦片以使用屋顶钩。这些瓦片仍然是防水并且稳固的，在这些瓦片上使用屋顶钩也不会造成屋顶的破坏，然而在结构上，支撑瓦片不能承受重压。对于无楞瓦屋顶，可使用带有屋顶钩的金属屋顶瓦片（图 8-20、图 8-21），并用螺钉拧在木质模板上。

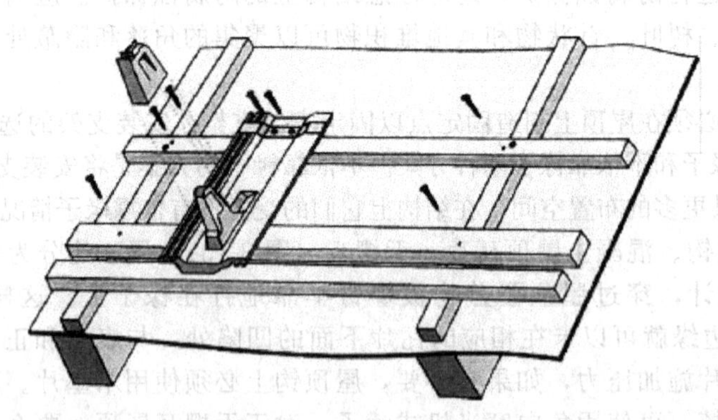

图 8-17 安装支撑瓦片

图 8-18 塑料制成的支撑瓦片

图 8-19 铝制的支撑瓦片

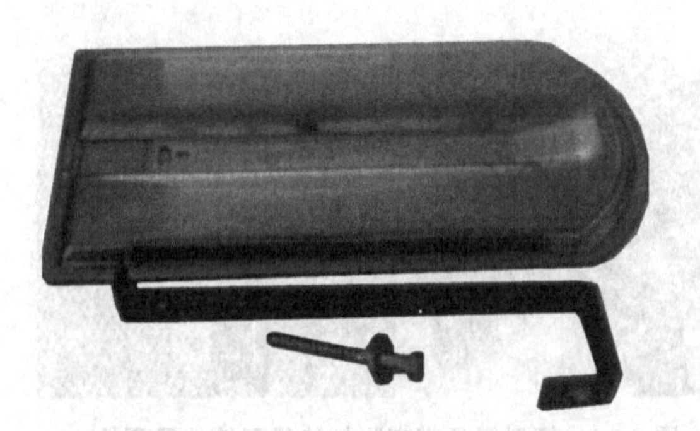

图 8-20 不锈钢屋顶板的屋顶钩

图 8-21 楔入的金属屋顶瓦片

⑧ 金属屋顶使用的边缘夹具。如果接缝是自支撑的，Kalzip 或梯形板屋顶的承重性非常好，可以抵挡风的吸力，支撑框架可以直接固定在其金属部分上。适合用于标准接缝（图 8-22）或圆形接缝的边缘夹具（图 8-23）被安装在板缝处并夹紧。通常，夹具应当被安装在每两个标准的接缝处（图 8-24）。对于梯形板屋顶，可用特殊的以自钻孔螺钉固定的夹子（图 8-25）。使用夹子和卡钉提供的孔洞，框架可以被牢固地拧紧。这种类型的屋顶支架不能承受过大的结构压力。

图 8-22 标准接缝的夹具

图 8-23 正面的圆头夹具

图 8-24 标准接缝屋顶

图 8-25 自钻孔螺钉和封铅的金属盖板夹具

⑨ 波纹状石棉水泥瓦和梯形金属片屋顶使用的悬挂螺钉。波纹状石棉水泥瓦和梯形金属片屋顶使用的是悬挂螺钉（图 8-26），这种屋顶装置是由不锈钢制成的，特别为波形或梯形屋顶盖片设计的，适用于各种片状类型的屋顶。屋顶覆盖物在固定点处被钻穿，悬挂螺钉（图 8-27）从穿孔中拧入椽子内，在螺帽较低的地方将一个密封垫圈压在屋顶覆盖物上以密封钻孔。支撑轨道到屋顶的距离使用两个埋头螺母来确定，它们固定安装板和安装角以稳固框架（图 8-28）。在结构上，这种类型的屋顶固定方式比边缘夹具方式能承受更大的外力。在石棉瓦上安装（图 8-29）时，需遵循国家法律法规，比如在德国，要对石棉瓦板进行钻孔或做其他处理时，须取得由经验丰富的专家授予的个体许可证。

⑩ 穿透金属屋顶。穿透金属屋顶的结构如图 8-30 所示。如果因为结构原因，有必要将光伏阵列固定到金属屋顶的支撑结构上，钻孔点必须与屋顶覆盖物的工程指示一致被密封。

图 8-26 波纹状石棉水泥屋顶螺钉

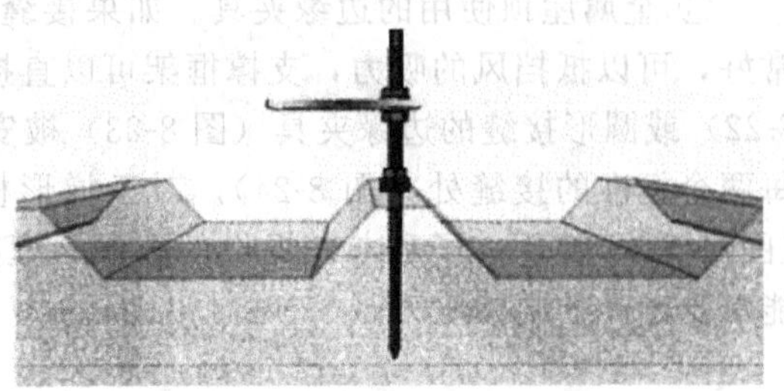

图 8-27 固定轨道的悬挂螺钉

图 8-28 稳固框架

图 8-29 石棉瓦上安装

图 8-30 穿透金属屋顶的装配支架，在穿孔处焊封以确保屋顶仍然防水

⑪ 轨道系统。轨道被安装在屋顶的固定点上（屋顶钩、支撑瓦片等）以支撑光伏组件，组件的支撑轨道直接安装在屋顶钩上或在第二层轨道上十字交叉。为了获得平整的光伏阵列表面，屋顶上已存在的不平坦必须用倾斜的屋顶机架将其铺平。因此，应该在铺平之前探查是否有必要调整高度（取决于安装系统，可以使用可调整的屋顶钩或使用垫片和衬垫垫塞）以及横向轨道的安装是否需要妥善地解决。在倾斜屋顶机架上应能轻易地移动各个组件，因为可能会对组件下的屋顶进行维修或更换有问题的组件。

在最简单常用的安装方案中，每一行组件在两条水平平行的支撑轨道上垂直铺设（图 8-31），且大多在四个点上固定（比如在组件框架的固定孔上）。轨道间的距离取决于可能的屋顶固定点（比如瓦片行之间的距离以及组件制造商提供的说明书上所要求的组件的固定点）。

如果要将组件水平安装，或如果屋顶构架是水平方向的，则将组件支撑轨道水平安装在屋顶固定物上更为方便。在很多阴影情况下，组件水平安装（图 8-32）更有利。

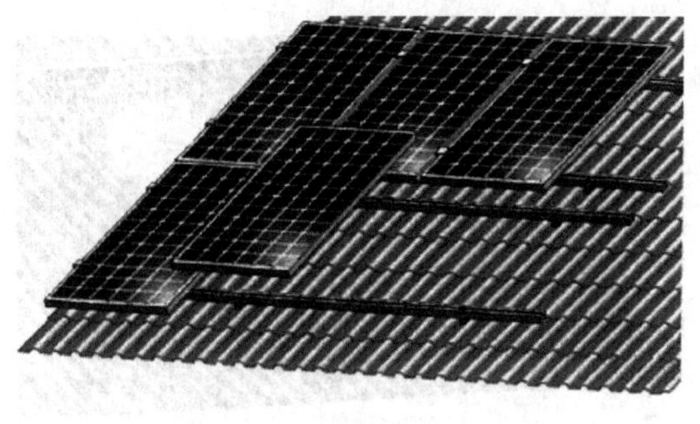

图 8-31 垂直安装的组件

图 8-32 水平安装的组件

如果屋顶构架没有为所要求的轨道间距提供任何合适的固定点，或者屋顶表面非常不平坦，则推荐使用以直角安装的第二轨道系统。这种交叉轨道支架使得构造平整的组件阵列表面更为容易。屋顶固定点有时可以不用考虑，因为它们之间的距离不会影响到组件的大小，这就意味着可以从结构上考虑允许的最大间距。使用交叉轨道（图 8-33）通常会有更大的材料开销。

组件的装配在大规模阵列情况下非常敏感。在这里，数片光伏组件被预装在轨道上并布线（图 8-34），轨道和组件的排布可以旋转 90°，这项工作可以在地面进行。使用起重机或倾斜的升降机，将以这种方式预装的组件组提升到屋顶并安装在较低的轨道系统上。组件的安装需要交叉轨道。

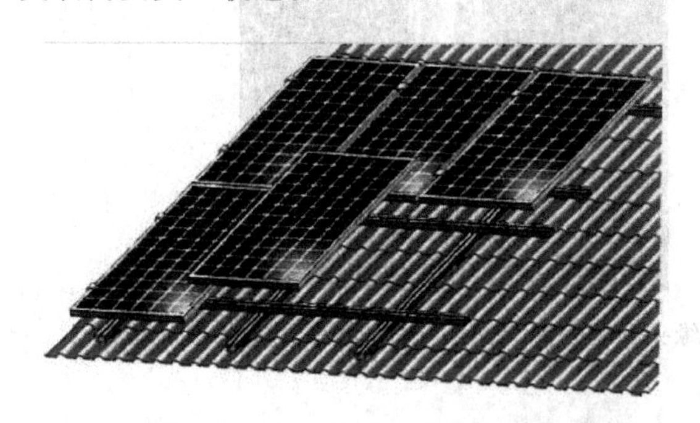

图 8-33 交叉轨道上的组件安装

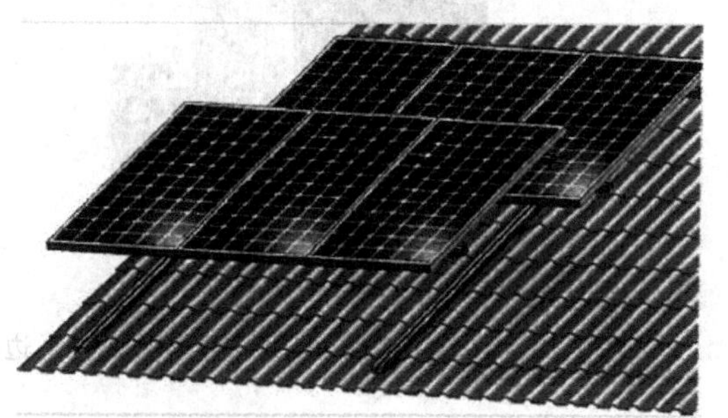

图 8-34 装配时预装的组件

对于组件被嵌入支撑部分或直线型钳住的系统安装（图 8-35），有必要使用双层轨道系统，因为支撑部分的间距正好与组件长度一致。额外材料开销的减少与组件行的数量成反比。

⑫ 组件固定。

a. 点夹具。在两块组件之间的双侧中心夹（图 8-36）以及在组件外侧位于每一行末尾的单侧边缘夹（图 8-37），通常使用滑块、T 形头螺钉或螺纹板来夹住支撑轨道的槽以固定组件。螺钉的长度或理想的夹子（图 8-38）高度需根据组件框架的高度来选择。

通常，需安装防滑装置（比如在组件框架的安装孔上装上阻挡架或简单地拧上一颗螺钉）以使得安装和更换组件时组件不会在轨道上滑动。这使得排布组件更加容易，因为在安装时可先将它们松散地放到轨道上，然后根据要求移动到相应的位置上。

b. 线夹具。除了使用点夹具，还可以使用夹条（图 8-39）将组件连续夹住。使用制造商提供的装配说明书，检查组件是否可以被安装到通常设想的安装区域以外的区域很重要。使用夹条的优点包括美观和安装简单，以及组件可以被轻易地嵌入（图 8-40），而且不会滑动（塑胶树脂作为垫片），也不必一块一块地排列和固定，然而，需要设计更为精良的双层轨道系统。

图 8-35 交叉轨道系统上直线型安装的组件

图 8-36 中心夹

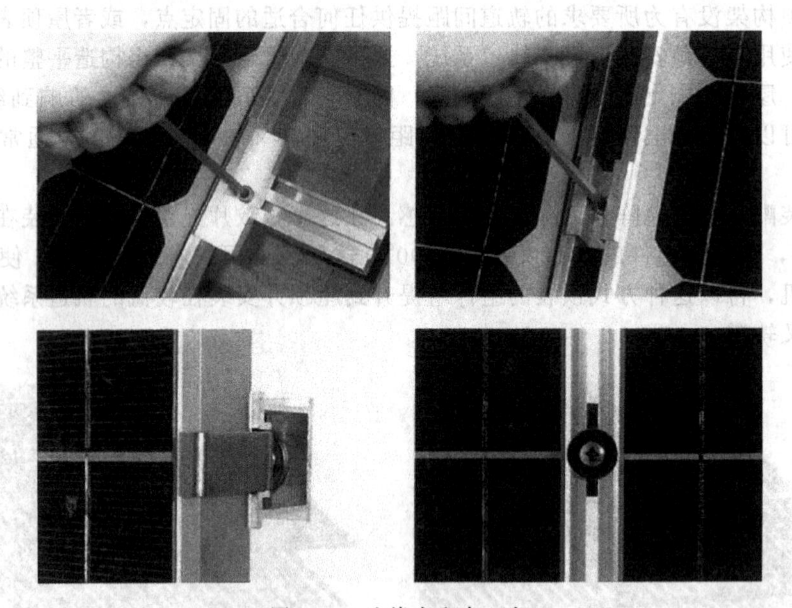

图 8-37 边缘夹和中心夹

图 8-38 用于无框架组件的层压夹

⑬ 平整系统。平整系统与夹条安装方式有类似的优缺点。在这种安装方式中，组件被嵌入支撑部分，并且不使用夹具和螺钉，它们自身的重力和摩擦力阻止了被绷紧，这就意味着不需要使用工具来安装组件，并且能轻易地更换它们。由于在组件下面没有横向轨道阻止它们滑动（它们被排布在同一水平上），所以通风性很好。然而，这种系统有由于污物堆积或雨水不能排泄（比如通过排水孔或其他结构设施）导致的霜冻破坏的风险。组件的边缘必须支持线型安装。

图 8-39 夹有覆盖型材的夹条

图 8-40 使用夹条安装的组件

⑭ 悬架系统。在悬架系统中，组件被嵌入悬置支护夹具的固定架上（图 8-41）。即使有大幅的温度波动，组件仍然保持自然的张力，并且不会承受任何机械应力。然而，由于成本较高，悬架系统很少被使用。

图 8-41 使用固定夹将组件框架拧在支撑结构上

⑮ 防盗。对于用螺钉固定的组件，各种安全部件被用来保护光伏组件不被盗窃（图 8-42，图 8-43）。比如，使用只可以拧进去而须使用特殊工具拧出的安全螺钉，或使用标准的带有安全装置的凹头螺钉以保护组件不被松动。

⑯ 倾斜屋顶上安装的外屋顶系统。在市场上有各种倾斜屋顶结构。如果在屋顶上安装

图 8-42 拧松的螺钉用以防盗

有很多问题且耗费时间，则可考虑安装一种省材省时的新系统。其支撑轨道包括简单的方形、U形、C形和L形部分（例如Halfen轨道或更精良的带有特殊部分的轨道），需要准备合适的螺钉、夹子、夹条、钩和防盗夹等。各处使用不同的系统时，应选择不同的组件（类型和大小）。标准材料是铝和不锈钢，偶尔会用到的镀锌铁。由于镀锌铁在与铝框架直接接触时有接触腐蚀风险，以及在活性空气中被腐蚀（工业气体或靠近海洋）的风险，即使镀锌也不推荐使用。

对于外屋顶上的安装（图8-44），可以使用无框和有框的玻璃薄膜组件或玻璃-玻璃组件。通常它们被端到端排列，但也有无框组件像瓦片那样从上到下交叠排布的系统。在维护和维修时是否可在光伏阵列上行走，取决于所使用的组件。在任何情况下，确保鞋底没有粘有石子或金属碎屑非常重要，因为这样能避免组件表面被刮伤。

图8-43 压上不锈钢球防盗

图8-44 桶状屋顶上的光伏系统

2. 内屋顶系统

对于内屋顶系统（图8-45），组件位于屋顶平面并取代了传统的屋顶覆盖物，整个屋顶表面或部分屋顶区域被组件覆盖。光伏阵列具有双重职能：发电和抵御天气变化。因此在安装组件时，需要在组件的边缘做好防水工作。对于传统的冷屋顶，至少需要有一层衬垫层。如果安装的倾斜度小于指定的最小屋顶倾斜度，或者有其他要求，则认为该结构不再有良好的防水性，这就需要附加诸如亚屋顶等设施。为了避免水汽凝结在组件背面损坏屋顶，必须保证组件背面能有效通风。虽然使用斜屋顶结构的冷屋顶通常是通风的，但通风空间通常小于屋顶安装系统。

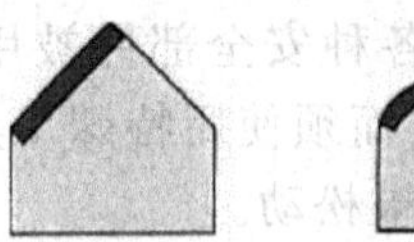
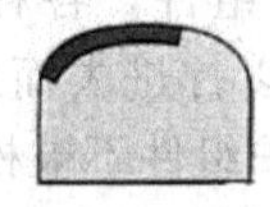

太阳能屋顶元素　组合太阳能光热系统

图8-45 内屋顶或屋顶集成系统的安装

① 标准组件的型材系统。用于有框和无框压片的型材系统（图8-46）由非自支撑的固定到已有的屋顶构架上的有框结构组成，这通常需要附加屋顶板条以使型材可被独立地安装到已有的板条和椽子空间中。组件以点型或线型方式固定到框架结构中。使用重叠压板以隔板方式抵御天气变化，用橡胶封条将压板接缝密封，或者在压板接缝下方安装排水通道以排除漏下的雨水，在有些系统中，组件下方铺设了有接缝的衬板。由于传

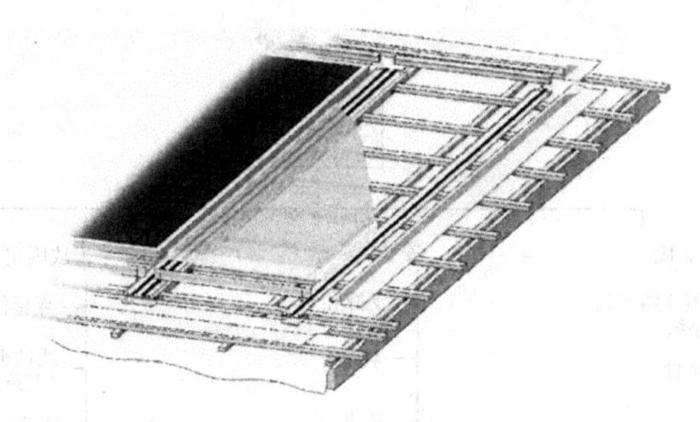

图 8-46 屋顶集成系统的型材

统的屋顶覆盖物在屋顶构架和沟道的平面上，所以组件也可以以相同的方式通风。对于大面积的光伏阵列表面，为了使空气能够流通，必须确保有足够大的通风横断面。边缘、屋脊和屋檐的封闭，以及与传统屋顶覆盖物之间的连接，可使用特殊的封带和连接片。使用标准组件有利于合理和实惠地安装，特别是阵列表面积很大时，特殊和定制的组件只在个别情况下使用。

② 太阳能屋顶元件。

a. 有屋顶覆盖物特性的特殊组件。太阳能屋顶元件，俗称太阳能瓦，有两种不同的安装方法。与传统的屋顶覆盖物相比，它们是在形式和功能上经过改良的特制组件，有很大的尺寸，所以它们可以取代数片屋顶瓦和面板以及减少电线的数量。常规的屋顶瓦在瓦片的两侧与其上方和后方的瓦片交叠，以使雨水从上方流过。交叠的方式（凹槽和水沟）使得飘动的雪花和大雨不能渗入到屋顶覆盖物下面，所以瓦片下方没有水流。为了改良光伏组件，人们尝试使用这种原理开发了一种特殊的搭接框架，它们一般都可以直接安装在现有的屋顶板条上。与传统的屋顶瓦相比，传统瓦很重，在暴风雨情况下通常也比较安全，而光伏组件较轻，所以还需将其机械固定。消除框架系统的承受强度和小尺寸组件，可以简化安装。组件的典型输出为 $50W_p$ 左右。

b. 使用集成光伏组件覆盖屋顶。另一种方法是先在车间里将光伏组件装配好后再覆盖到屋顶上。屋顶材料被用作集成光伏组件的机械支撑物并起着防水的作用，因此与传统屋顶覆盖物相比也有不渗透性。组件的背面贴在屋顶覆盖物上，大多数情况下用胶水粘合。由于在光伏阵列平面上没有其他结构，故其自清洁性很好。

组件通风在屋顶结构的平面上进行。如果组件背面被固定盒、框架等盖住，为了确保电池能有效地降温，安装额外的通风通道非常重要。如果只有部分屋顶覆盖了组件，则应当注意的是，不是所有系统都能和所有屋顶覆盖物以及所有倾斜度的屋顶结合的。在传统屋顶覆盖物情况下，为了保证屋顶仍能防水，必须确保保持许可的最小屋顶倾斜度。如果要减小倾斜度，必须根据盖屋顶者的规则采取额外措施。

c. 光伏和光热的组合系统。组合系统通常是基于天窗的探明系统。由于这个原因，窗户制造商也开始进入这一领域，它们以相同的尺寸和相同的封盖结构提供天窗、光伏组件和集热器，它们大多数是完整的系统。此外，新建筑上的组件和集热器或完全的屋顶翻修，也已经可以在工厂里被集成进预制的屋顶中。

四、 平屋顶

1. 平屋顶上的外屋顶系统

与在斜屋顶上安装的系统相比，在平屋顶上安装系统时组件被安装在已有屋顶表面的金

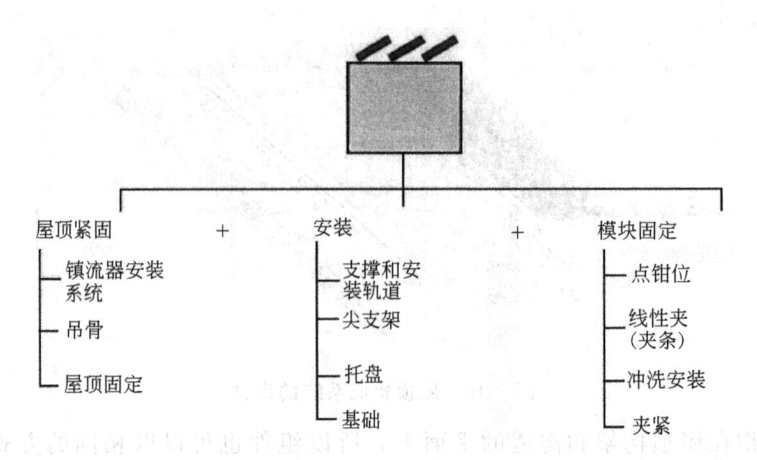

图 8-47 外屋顶系统的安装

属支架上，组件在支架上以一个有利的角度倾斜（图 8-47)。在安装光伏系统之前，应确保在光伏阵列使用期内屋顶的作用仍能被维持。该系统的一个优点是组件的阴影降低了屋顶的热负担，因此能延长其作用。根据金属的组成，同样应当采取与前面所讲的一样的防腐措施。

2. 屋顶固定

应当对平屋顶上组件的安装方式足够重视。因为光伏阵列的外露面积很大，在保护阵列时必须考虑大风的作用力。固定方式的选择取决于屋顶的结构，屋顶是否可以承受更大的作用力，决定了系统是否可以自由摆放（压载型系统安装）或固定在屋顶上（锚定)。对于型材板屋顶，支架可直接固定在屋顶覆盖物上。

3. 压载型系统安装（自由摆放安装）

对于压载型系统，在平屋顶上安装并不会锚入屋顶。混凝土块、厚平板或底座被放在平屋顶上并且不用固定，支架被螺钉锚定到它们上面。如果用混凝土材料，可使用标准建筑材料如路缘石、铺路板或特制的基础底板（图 8-48～图 8-50)。另外，混凝土板的重量可以附加在支架的通道上。

图 8-48 安装在基础底板上

图 8-49 安装在条形基板上

不同轮缘长度的混凝土基也常被用来支持支架。它们包括特意为光伏系统安装设计的混凝土板（图 8-51）或当地建筑材料供应商提供的标准 L 形板（图 8-52)。须用固定夹将组件直接或通过支撑轨道固定在基板上。

在那些使用混凝土板或砾石作为填充物的屋顶上，有时可以将它们用作压载物。砾石覆盖物的重量可达 90kg/m²，甚至更大，混凝土板可达 125 kg/m²。支架可以直接固定在基板

图 8-50 锚定混凝土板上

图 8-51 混凝土基系统

图 8-52 标准 L 形板

图 8-53 屋顶上的托盘系统

上，或将基板和砾石作为压载物。放在屋顶上的托盘（图 8-53）由抗紫外光的塑料或纤维水泥制成，并填充砾石或路缘石以达到必要的重量。对于这种托盘系统，可以考虑将组件通过支撑轨道固定在已填满的托盘上或直接固定在支架上。这种系统的优点是容易将设备移动到屋顶上，因为压载物是现成的。

对于草坪屋顶系统，塑料板被植被层覆盖，组件被固定到向上延伸的不锈钢支架上，这也是支架被锚在基板或塑料板上的系统的优点。基板被放置在屋顶表面或保护层上并使用砾石覆盖，在草坪屋顶的情况下，使用植被覆盖。

如果植被被栽种在屋顶上，它们生长的最高高度不能超过组件的最低边缘。植被的降温效应增大了夏季组件的效率，因为植被屋顶的表面温度在盛夏时能达到 45℃，低于未被保护的屋顶。

压载系统最主要的优点是不用穿刺屋顶。然而，光伏阵列和压载物必须足够重以确保安装时可牢靠地固定，即使在强大风力下也不动摇。必要的重量取决于建筑物的高度、地区以及屋顶特性（支架和屋顶表面的摩擦系数）。在这里，一定要遵守适用的建筑法律法规。作为产品的一部分的结构说明书，很多系统安装商会在其中提供算出的必要的压载物重量的表格。压载物的重量不包括系统施加的重量，必须根据场地的具体情况得出，有可能必要的压载物重量（指导值：$100kg/m^2$）会超过屋顶结构所能承受的压力。可以从任何现有的结构图计算出屋顶结构所能承受的压力，如果有疑问，则应当咨询结构工程师。

4. **锚固**（固定系统）

如果因为结构原因不太可能使用压载系统，光伏阵列必须牢靠地锚定到屋顶结构上。在这里，支架被安装到横梁上，而横梁可固定在屋顶上或屋顶栏杆上。在屋顶上被钻孔的地方，必须小心地密封锚定点以防水，在进行设计时，钻孔点的数量应尽可能少。在整修平屋

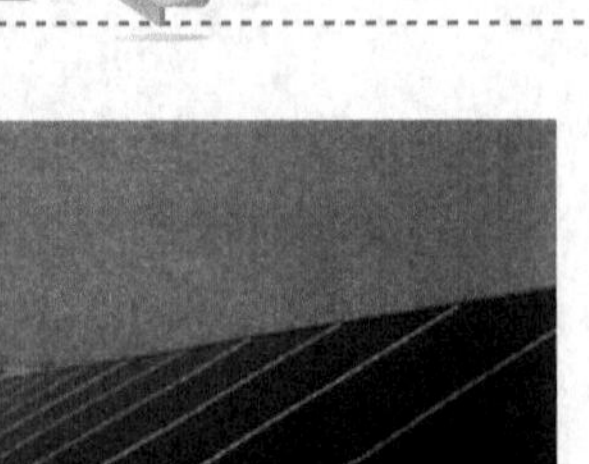

图 8-54 后续的锚定点密封

顶时，可以轻易地看出锚定点并同时密封太阳能支撑物的着力点，如图 8-54 所示。

屋顶上的光伏阵列预计与屋顶栏杆齐平，建筑师期望的横梁美观导致了邻近组件之间的阴影。但通过使用优化的组件排布方式，可以把产能的降低减小到 10%以内。

光伏阵列被安装在底部的支架上，底部支架被螺钉拧在水泥屋顶上并支撑标准钢结构。屋顶区域位于组件之下是很环保的。

虽然屋顶有轻微的倾斜，横跨设计的光伏阵列很容易被看见。增高的光伏阵列高度使得屋顶表面下钢结构承受的作用力也增大了，如增大的风的作用力。

5. 固定在屋顶覆盖物上

严格地讲，从结构点的角度来说金属屋顶并不被认为是平屋顶，虽然型材板起了防水作用，但并非完全的防水覆盖物，它们通常有细微的倾斜角度，接缝或垂直折痕可被用来直接固定到型材板上，可以使用安装倾斜屋顶时用到的夹具进行固定（图 8-55，图 8-56）。如果金属型材盖板以及它在屋顶上的固定方式能够承受安装组件导致的额外的风的作用力，则可以使用平屋顶安装方式，以希望的倾斜角度并相应地使用更多的屋顶固定点进行安装。

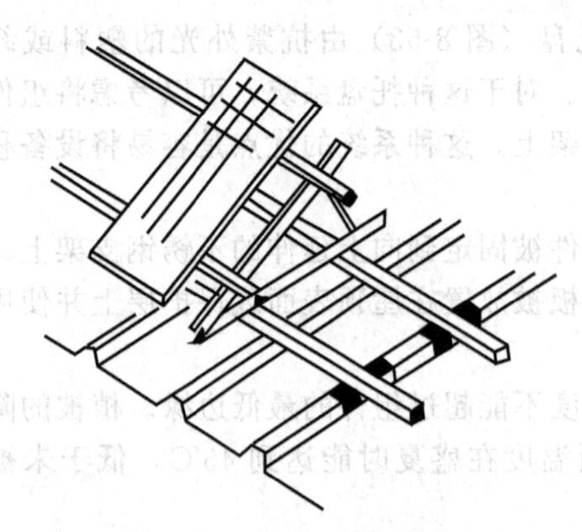

图 8-55 支架安装到较低的轨道

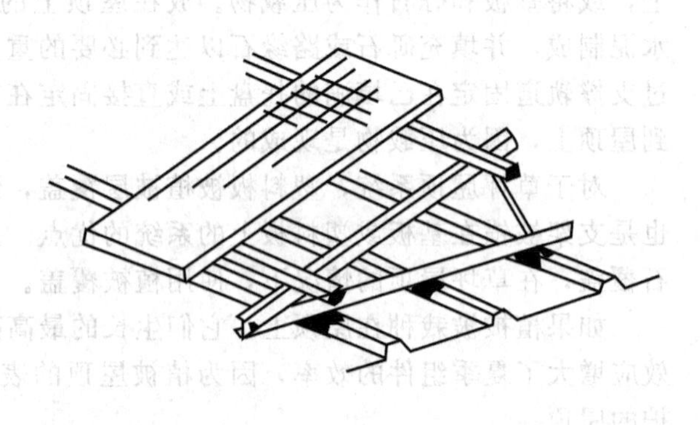

图 8-56 支架直接安装到梯形板上

市场上有众多的用于平屋顶的安装支架出售。通常，倾斜屋顶上使用的轨道可以用于定制的支撑系统中，除了常见的固定的支架外，也有个别系统可以参考季节性的太阳高度。有些平屋顶安装方式具有较低的支撑平铺组件的总体高度，还有的具有较高的总体高度，后者增大了组件的倾角或者支撑了数片纵向排布的组件列。在有些情况下，低水平支撑用掉了更多空间，但优点是它们在屋顶上分布的结构作用力更好；低水平支撑的另一个好处是在地面看不到屋顶的组件。屋顶上组件行距的选择应当根据构架的高度（图 8-57），使组件之间不要相互产生阴影。

建筑物的所有节点都应免于有任何结构以使它们不受作用力。在多雪的地区，组件较低边缘之间的间距应当很充足，并且屋顶表面的设计应当与冬季雪水平一致，这样雪就可以从屋顶滑下使组件不被覆盖。

6. 附加风力

为了减小风的作用力，确保地面足够干净是很重要的，因为这样可以使风在组件行列之间自由流动。此外，组件与建筑物长边的最小距离（图 8-58）应为 1.2m，短边 1.5m。

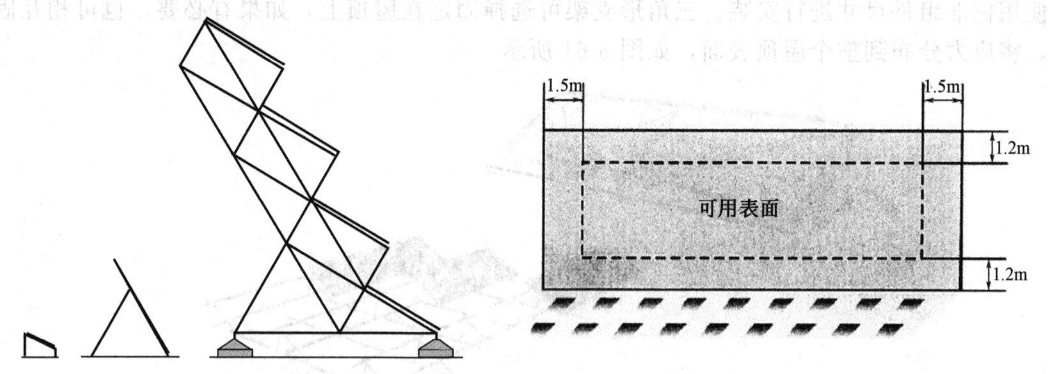

图 8-57 不同构架高度的支架

图 8-58 阵列到平屋顶边缘的距离

根据空气动力学原理，倾斜组件构成的板状表面阻挡了空气的流动。空气冲击受风面并形成一片高压区域，而在背风面，流动的空气形成了低压区，组件两侧压力不同，使得系统必须能承受这种压力差。

阻力和剪切力与组件无关，它们大大小于压力。所以，只要组件表面的气流不是太大，它们通常不必考虑，就像单列组件排布时的情况一样。根据德国 DIN 1055-4 号标准，风作用力（图 8-59）的大小取决于构形（组件行列）以及风速。风在组件行列上的作用力可用如下公式计算：

$$F_{w}=c_{f}\times q\times A_{ref}$$

式中，c_{f} 代表参考表面 A_{ref}空气的力系数。这是根据构架的形状来考虑的，除了考虑压力外，还考虑吸力和阻力。对于空气以某一倾角在板状表面流动，比如太阳能阵列上，DIN 1055-4 并没有提供力系数，所以必须确定相似受力情况下的力系数。如果所使用的力系数是空气流动方向与构架矩形截面垂直情况下的，即在组件垂直安装时，力系数 c_{f} 为 1.26。然而，无论是在风有倾角时还是对于在安装组件的建筑物上，这个值都不会被考虑。当使用根据风洞实验得到的其他公认的力系数来源时，其值可能偏低。

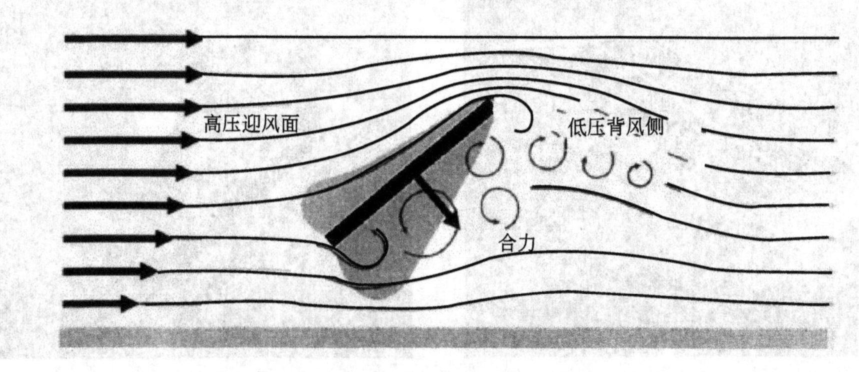

图 8-59 风对组件迎风面作用力的示意图

Erfurth 和他的合作伙伴 Beratende Ingenieure 有限公司推荐，在与屋顶边缘的距离保持在 1.5m 时，对应的压力和吸力的力系数分别为+1.2 和−1.8。

7. 系统安装

很多平屋顶上的系统都是以标准组件倾角30°的三角形支撑方式安装的。在这里，三角形支架（图8-60）是由根据组件尺寸和倾角变化的分开的轨道组成的，可根据场地配置或者使用标准组件尺寸进行安装。三角形支架可选择固定在屋顶上，如果有必要，也可相互固定，将应力分布到整个屋顶表面，如图8-61所示。

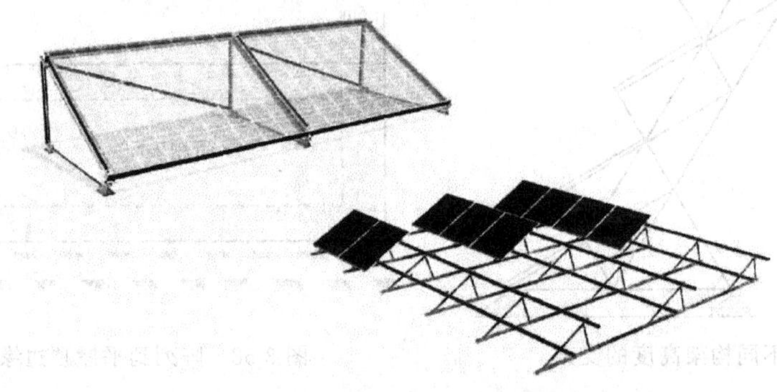

图8-60 轨道结构上的三角形支架

图8-61 没有使用轨道的组件直接安装在三角支架上

也有用弯曲管子、平整材料、排架或者切割金属片以固定的安装角度制成的角支撑，如图8-62所示。

如果使用有压载物的托盘或基板，它们的形状也提供了一个特定的倾角。

图8-62 固定倾角下的角和弯曲支撑

8. 组件固定

组件的固定类似于在斜屋顶上使用支撑轨道的安装方式。在这里，它们不是固定在屋顶钩上，而是固定在三角支架、载体、托盘或底座上。在有些情况下，组件可以不使用轨道而直接夹在支架上。

9. 大规模与轻屋顶情况下的安装方案

从最优成本角度考虑，大面积的屋顶提供了最划算的光伏系统场地，特别是对于大型社区和公共光伏发电站。工厂、学校和行政大楼、多层停车场、文娱体育活动场所以及农用建筑物等，通常提供了很大的邻近表面区域，但不是所要求的固定标准光伏组件系统的结构，它们要求单位面积的块数少，锚定点少，以及相应的宽间距。之所以要求宽间距是为了扩展通常距离较远的各屋顶结构的构件（椽子、檩子和桁架）以及允许合理的屋顶系统安装。在这里，倾斜屋顶和平屋顶上的标准系统大多被进一步地精良制作（比如更牢靠地支撑轨道或轻微倾斜屋顶上的斜角架）并适合各自的屋顶。然而，这意味着需要对各种结构进行测试。

10. 平屋顶上的跟踪系统

平屋顶上的跟踪系统有允许用户手动调整以跟踪季节性倾角的系统，以及可以自动跟踪的单轴和双轴跟踪器系统，如图 8-63～图 8-65。

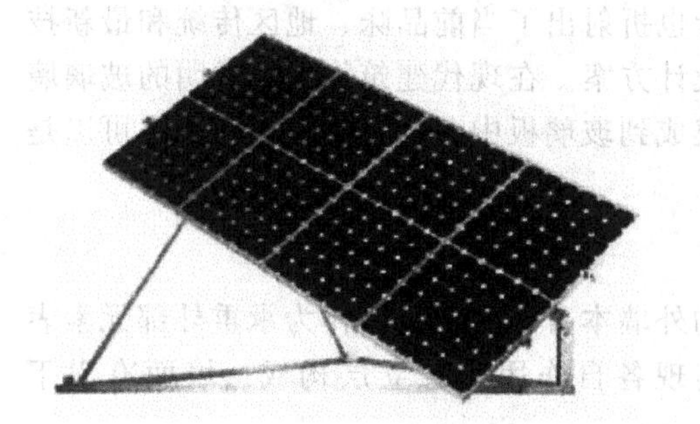

图 8-63　带三脚架的跟踪支架

图 8-64　Sincro Sun System 3S 跟踪系统

图 8-65　可以手动调整倾角 10°～60°的平屋顶支架

11. 屋顶集成系统

在平屋顶上安装集成系统的后果是光伏阵列通常倾角很小，并且组件温度很高。与优化倾角和方向的情况相比，该系统有较弱的光照和较低的产能。但从另一方面来讲，薄膜电池可以很好地发挥它们的优势。另外，自清洁能力差可导致组件很脏，需要定期清洗阵列。屋顶表面也有好处：水平安装使得 W_p/m^2 形式的能量输出更大，并且不论建筑方向如何，都可以将组件平行排布到屋顶边缘；由于不需要支架，屋顶集成系统（图 8-66）还可以节约成本。

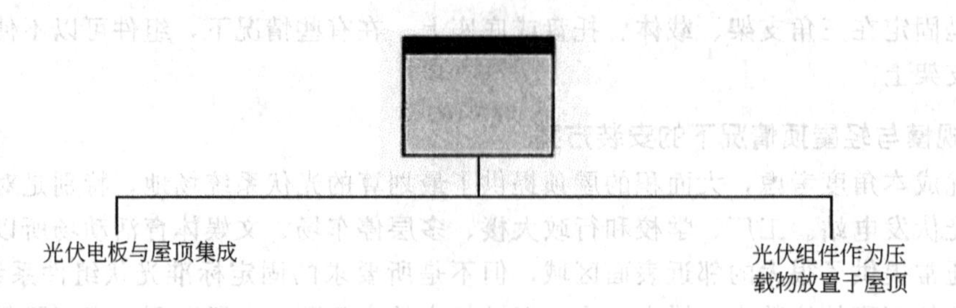

图 8-66 内屋顶或屋顶集成系统的安装

任务二 设计 BIPV 的幕墙结构

一、墙面基础

墙面是建筑物给人的第一印象。建筑师和建造者为之倾注了很大的精力以使墙面的代表性外观传达出他们的风格与哲理。同时墙面的设计也折射出了当前品味、地区传统和最新技术。在本节内，作为墙面元素的光伏组件将丰富设计方案。在现代建筑物中，透明的玻璃墙面将室内和室外连接起来。新式的光伏电池可以集成到玻璃板中。所有的墙面构成也可以是光伏组件。

1. 外墙结构

墙面构成了固定到支撑结构上遮风挡雨覆层的外墙本身，也构成了作为承重外部元素表皮的外墙结构。现在的外墙由数层相互结合并实现各自作用的独立层构成。墙面有以下功能：

① 建筑物的外部轮廓和可见的保护层；

② 屏蔽外界环境对室内的影响（热、湿气、噪声、防火以及电磁屏蔽等）；

③ 利用日光并屏蔽日光伤害（刺眼和过热）；

④ 决定建筑物的外观以及对城镇风光的影响；

⑤ 转换热能和电能。

墙面只支撑自己和风的作用力；承重结构（坚固的强或构架）支撑整个建筑物的应力（屋顶、楼层和恒载）。随着时间的推移，传统的承重墙结构（单层、不通风结构）转变成了多层通风结构。在承重墙结构中，所用的建筑材料起了多重作用，而在多层结构中，不同的功能是由不同的层来承担的，具体作用如图 8-67 所示。

① 承重墙结构。传统上，在中欧气候环境下的外墙是由砖石承重结构建造的，首先是石头，然后是砖块，灰泥被用来将它们相互连接并密封石头。为了防止砂浆接缝处的灰泥掉落，通常会进行打底。窗户被安装或整合到承重外墙中，可以是单闩或组合的连续窗带。除了传统的砖石，现在的承重墙也使用混凝土建造。随着建筑的逐步工业化，预制施工法变得流行，如使用大尺度、自支撑墙和屋顶板的系统建筑房就是一个很实际的例子。

特别是在潮湿的气候下，暴露在大雨中被湿气损坏的一侧最终导致了空心墙的引入。在这种墙中，湿气由外向内的渗透被内外表面的空气带阻断，同时，通风促进了干燥，也不必对外部打底了。虽然空心墙结构比较复杂，但它的隔热、防潮和隔音效果更好，空气带（不要完全填充）额外的隔热作用更进一步增强了该结构的质量。

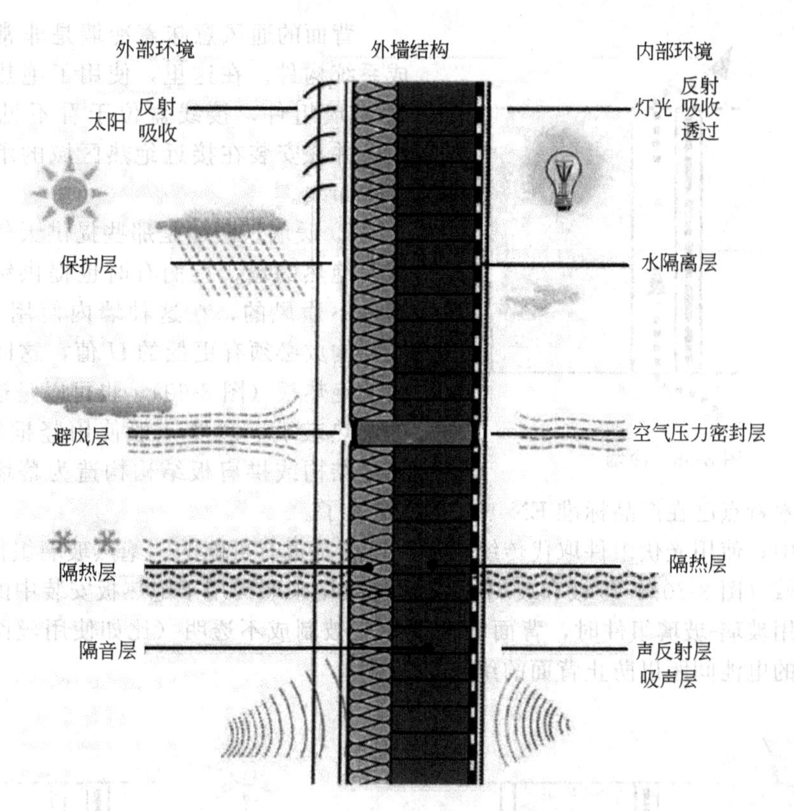

图 8-67 外墙中每一层的作用

同样的效果可以通过使用不同类型的覆层作为外部层获得。最初被用作覆层的材料有石板、瓦片和木材；现在，石头或塑料板、纤维板、金属板、彩色玻璃板，还有光伏组件（用得越来越多）都可被用作覆层材料。与实心的外部层相比，这减小了墙的深度。此外，风化的或过时的墙面可以被轻易地替换。从结构上讲这是一种具有通风覆层的被称作雨屏障的单层实心墙。

② 框架结构。框架结构长期以来在木材结构中被使用。高层建筑物也构造框架结构，例如在很多工业和行政大楼中，不再是实心墙，而是使用钢筋、钢筋混凝土或木材构造框架结构来承载建筑物的应力。构架由支柱、梁、桁架和屋顶构件构成。内部空间被作为封壳结构的非构架墙面封闭，并作为封皮保护室内不受外界气候和其他环境影响。轻型墙构成也被称作墙面构成，只支撑它们自身的恒载并抵御风力，防止水渗透和隔热。玻璃装配、单个窗户和窗户带可以整合到墙面构成中，这种类型的结构被称为幕墙。与承载墙结构相比，在相同的隔热效果和承重能力下，这种结构大大减小了墙的厚度和结构重量。由于钢筋和混凝土的承载能力强，这就使得有可能建造摩天大楼。

在很大程度上预制提供了很多优势，通风的雨屏障墙面和带幕墙的框架结构都提供了快速与天气无关、成本有效和精确构造以及展开的多样化设计可能性。部件结构原理允许不同的结构构成和材料相互组合在一起。

2. 墙面类型

① 冷墙。冷墙（图 8-68）为空心墙结构。外层由覆层或砖石墙面组成，提供天气防护并展现了建筑物的建筑学外观。承重外墙位于其后，提供结构支撑并具有隔热作用。在这两层墙之间的是空气带，可以疏散湿气和水蒸气。外墙结构的所有部分在建造时都不具有任何隔热作用，它与建筑物的暖区域没有联系。在结构上，它们大多是通风的雨屏障墙面。

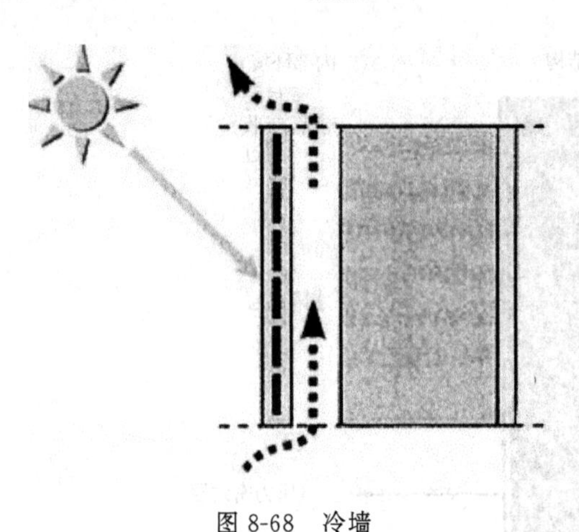
图 8-68 冷墙

背面的通风意味着冷墙是非常好的光伏集成系统构件。在这里，使用了绝热的压板或玻璃-玻璃组件，接线盒位于看不见的组件的背面，并在安装在接近绝热区域的承重墙内的线管中布线。

② 暖墙。暖墙是那些提供天气和噪声保护以及绝热的墙，它们有时也提供结构支撑。暖墙是不通风的，在这种墙内使用了绝热的区。墙面构成必须有更低的 U 值，这既可以是不透明的绝热板（图 8-69），也可以是透明或半透明的绝热玻璃。暖墙一般使用竖框横梁棒系统、组合结构或拱肩板结构构造为幕墙。幕墙结构最重要的技术特点已在产品标准 EN 13830 中定义了。

在暖墙中，使用光伏组件取代传统的隔热玻璃是很有可能的。绝热玻璃组件被用在透明或半透明区域（图 8-70）。压板和玻璃-玻璃组件可用来取代用于绝热板安装中的不透明拱肩玻璃。在使用玻璃-玻璃组件时，背面的玻璃板应被制成不透明（比如使用丝网印刷术）的或具有很窄的电池间距以防止背面的绝热层可见。

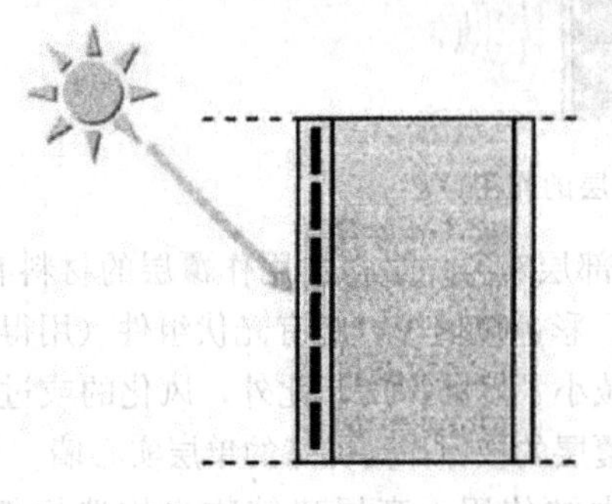
图 8-69 不透明的暖墙

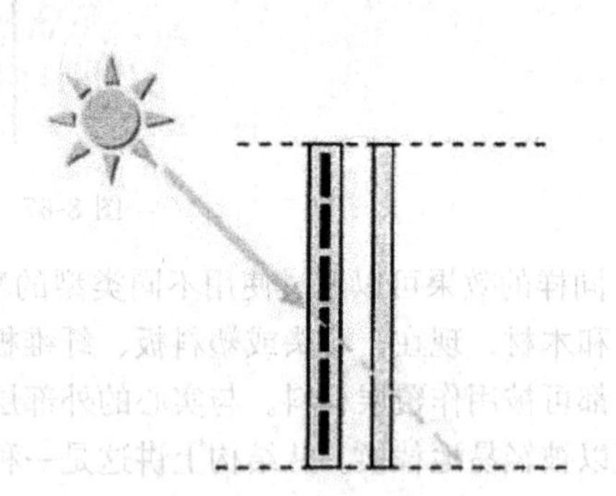
图 8-70 透明的暖墙

通常，不会使用传统的背接线盒方式布线，而是从侧面布线，有时还使用线管保护。为了容纳旁路二极管，这对墙面又特别重要，所以使用了固定在墙侧面并与组件厚度一致的很小的接线盒，这只在组件电能输出和二极管数量有限时才有可能。另外，使用外部容易接近的接线盒或在光伏阵列组合器/接线盒内安装旁路二极管也是可能的，不过成本稍有增加。

在暖墙中电缆与墙面合为一体。由于需要在墙面上钻孔，所以应特别注意确保调节内外蒸汽压均衡，以避免墙内的分子内缩合增大。

③ 双壳层墙（双面墙）。在这种类型的墙中，附加的透明玻璃封壳被架设在现有的完整墙面外，以改善建筑物隔绝气候或热的能力。在墙内的隔热层和外壳层之间是不隔热的缓冲区域，如有需要，该层可以通风并能与太阳阴影区域一致。双面墙适用于易变的环境并能平衡季节性气候的波动，图 8-71 使用了三种不同类型的电池集成到外层墙上，并使用了热转换系统吸热；图 8-72 光伏组件被集成到外层组合墙面中，光伏组件与太阳阴影处的电缆连线一起被隐藏在拱肩区域，因此热、冷、光和风可以被调节达到一个很舒适的平衡点，并且不需要任何复杂的技术和消耗能量。有时对腔内热能的利用不只是被动的，也可以是主动的。外层墙面非常适用于集成光伏系统，因为它由单一的玻璃构成，而组件也可以提供太阳阴影。

图 8-71 双壳层墙面设计的办公大楼

图 8-72 双壳层结构翻修后的墙面

3. 墙面建构和建筑方法

① 通风的雨屏障墙面。通风的雨屏障墙面涉及外墙用到的通风覆层。雨屏障墙面（图 8-73）被挂在承重的外墙上，由支持结构和锚固定，除绝热层外，还有通风腔、覆层和固定元件组成。

② 墙面覆层。作为天气防护和设计元素，墙面覆层构成了建筑物的外壳，多数情况下被固定到承重墙结构上以被支撑。图 8-74 所示墙面设计使用了不同类型的覆层，有单晶光伏组件、陶瓷板和铝制型材板。在有覆层时，大小构件是有区别的。小的石板、纤维水泥或木料等小覆层板的排布方式与屋顶覆盖物相似，并使用钉子、螺钉或夹具固定。光伏组件被视为较大的覆层板，大的覆层板和片可以使用不同的形状和材料，比如纤维水泥、压板、陶瓷、玻璃、金属、塑料或石头。平的、弯曲的或型材材料都可以以敞开、封闭或重叠的方式贴上。每种覆层材料都被单独地固定。

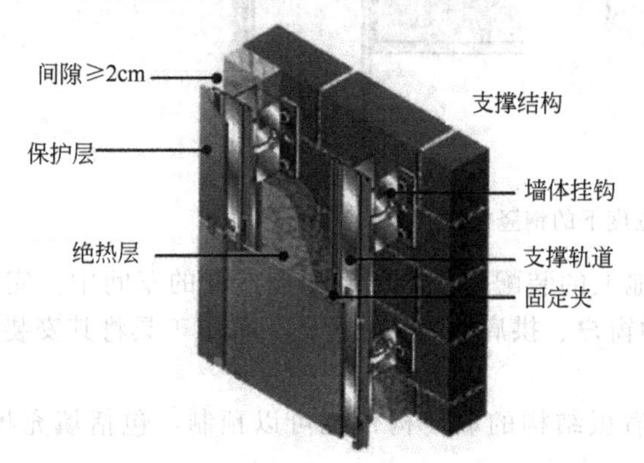

图 8-73 通风雨平面墙的结构

图 8-74 公共运输公司

国家建筑法律法规包含了建筑物覆层和墙面，所以在建筑时需要参考并遵守相关法律法规，通常还需通过规划审批。

③ 连接和固定覆材。金属连接物和覆层元素将覆层和支持物相互连接起来。固定方式及类型应与建筑法律法规一致。

④ 隔热层。只有标准的或通过审核的材料才能被用作隔热材料。绝热板通常被机械固定到外墙背面或粘在外墙背面。

⑤ 支持结构。支持物构成了连接承重外墙和覆层的结构。因此，需要特别确定它与建筑物相关的尺寸并证实其结构稳固性。它可以由木料或金属（钢或铝）构成，并且要能消除壳结构中的偏差和不均衡。同时，支持结构也支撑了绝热层并形成了通风空间。连续的气体空间除石板覆盖物（10mm）外，至少有20mm，金属型材片覆层可以带状覆盖。在固定的头部和脚部，沿着墙面每平方米的通风孔大小为50cm^2，并使用防昆虫网覆盖。支持物的选择取决于覆层的类型和壳层结构，因此市场上有多种系统。支持结构必须与技术规范一致并遵守国家建筑法律法规。

⑥ 锚定固件。墙扣件（卡钉）或墙构架可将支持物锚定在墙上，如果没有支撑结构，则可直接将覆层固定到墙上。有时必要的固定物已集成在墙面结构中（比如内含锚定板或杆），或者之后被钻入销钉系统，需要进行热隔离，以免出现导热桥。

⑦ 竖框横梁棒系统。对于这种墙面系统，支持物和螺钉插缝连接构成一种框架结构。竖柱（竖框）是连续的，通常被固定到楼板上，偶尔也固定到承重栏杆或支柱上并成为建筑物构架的一部分，水平构件（横梁）插入竖框之间。所有交叉点和钻孔在处理后可以在工厂内使用粉末覆盖以防腐。填充物通常被使用旋压盖装在竖框横梁型材上，如图8-75所示，图中玻璃板被压盖安装在竖框和横梁型材上。对于提供水蒸气均衡和排放分子内缩合到外界的排水系统，玻璃板、墙面板或光伏组件能有效地缩减水分。连续的硅树脂或三元乙丙橡胶（EPDM）密封剂阻挡了水的渗透。竖框横梁幕墙可被用作冷墙和暖墙。

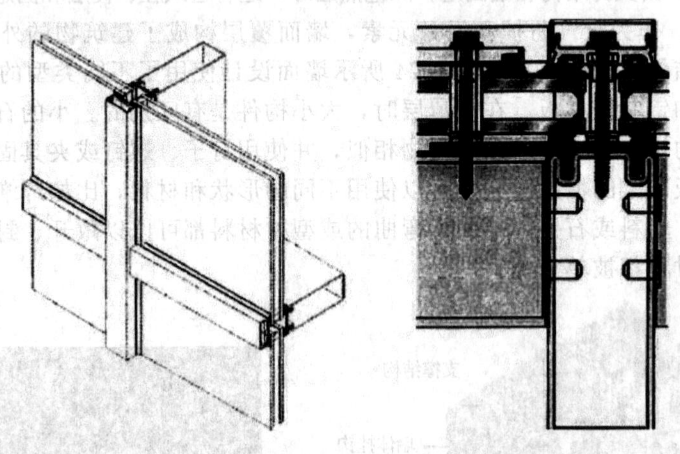

图8-75 狭窄表面宽度下的钢竖框横梁棒系统

⑧ 组合墙面。组合墙面将很多建筑工地上的装配工作转移到了制造商的车间中。完整的一个或多个层高的墙构件，包括已提供的窗户、拱肩板等，只需使用锚定工具将其安装到建筑的壳层结构中。

⑨ 拱肩板结构。与组合墙面一样，拱肩板结构的墙面构件也可以预制，包括填充板，但板部件的层不高。

⑩ 轻质结构玻璃系统。为了提供尽可能轻并且透明的玻璃墙面，开发了更轻结构的玻璃系统，其应力的分布使得支持结构减得很小。

开发的第一步是20世纪60年代使用的悬置玻璃系统。悬置玻璃系统使得所有玻璃墙面不必使用竖框横梁型材来支持。其中，大玻璃板被悬挂在锚定连接装置上，该装置上方的楼板使用硅树脂密封垂直的接缝，这使得大面积的玻璃被高于10m支持。并且也可能使用钳位片悬挂数片层叠的玻璃板，就像锁子甲外套，上面的板支持了整个墙面。

悬挂的玻璃系统通常由内部支持并被玻璃肋限制。其中，板通过齐平的固定点相互连接并被张紧的缆绳和杆构成的网绷紧。支架或弹簧可以用来吸收张力，并非上方的楼板。

现代的墙面结构为了设计得更透明，使用了张紧的钢板或玻璃板以获得硬化。在这里，这些板的四个角都被固定到缆绳网上，来自水平缆绳的很大张力被邻近的墙吸收。图中垂直和水平张紧的不锈钢缆以一定间隔作网球拍状连接，玻璃装配为 2.7m×1.8m 的层压安全玻璃，内部的玻璃带纯粹起装饰作用，它们被浇铸成两种颜色。

这些轻质墙面还没有被集成到光伏电池上。它们的高透明度和无影玻璃表面提起了光伏行业对它的潜在兴趣。

4. 固牢

固牢涉及到墙面构架、墙面覆层和支持结构三者的固定。固牢必须有足够的稳固性并能防止生锈和电学腐蚀，而且要容易安装。固牢的方式取决于墙面系统，并且在固定时需要与构架匹配。幕墙墙面的玻璃是线状支持的，然而对于通风外墙的板，通常使用点固定和螺栓固定支持系统。对于板、盒或重叠覆层，设计隐蔽固定点非常容易。

① 线支持固定。在这里，需要区别两侧、三侧和四侧支持。通过使用将边缘夹在相应位置的夹具的压板框架，构件的边被拧入支持结构中。对于四侧支持，玻璃可以比两侧或点固定方式更薄。木质结构具有夹紧螺钉可在任何点使用的优点，而金属系统则需要预制螺纹，比如在竖框和横梁中。如果想隐藏固定点，墙面构架可以重叠安装。固定光伏组件的常用方法是使用镶玻璃条、压板和具有结构密封玻璃系统的压焊。

② 点固定。在点固定中，覆层被夹具、贴片、铆钉、钩或螺钉固定。被固定的构件位于接缝点或钻孔点处。被钻孔的板被安装在螺钉钳位板或埋头螺钉上。为了使用隐蔽的底切锚固定(图 8-76)，没有把板完全钻穿，而在背面形成蘑菇状的孔时停止钻孔，然后在里面插入销钉。这样做可以密封固定点。在光伏墙面上，点固定大多沿着组件的边缘，很少在背面或钻孔。

5. 接缝与接缝密封

① 接缝。为了将墙面构件尽可能准确地相互连接起来，同时也为了调整尺寸上的偏差，邻近的构件上形成了接缝。它们也可以调节机械移动（湿气、温度和地面形变可导致场度的变动）以防止出现裂缝。

接缝必须满足与构件同样的要求，即要求接缝也应具有防水、挡风、抗紫外线辐射、绝热、防火、隔音以及具有气密性等功能。为此，接缝作为一个潜在的弱点，必须可靠地密封，如图 8-77 所示，允许材料压缩和伸展移动。在墙面结构中有多种解决方案。

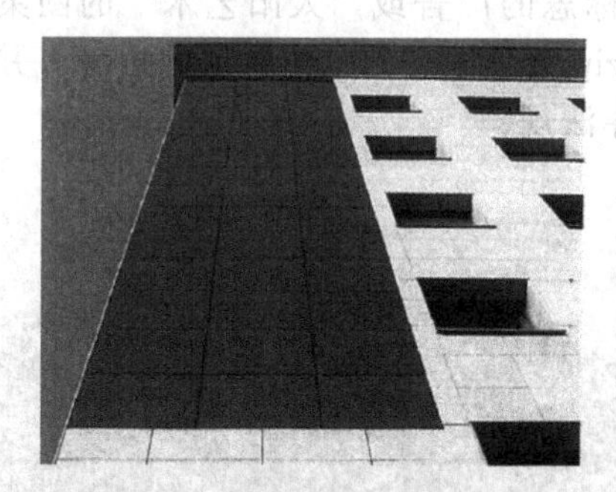

图 8-76 在陶瓷板上隐蔽固定点

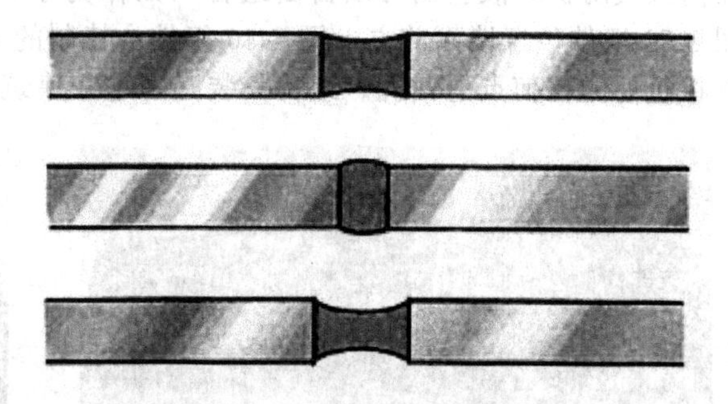

图 8-77 永久弹性密封剂粘合密封

a. 重叠（对于玻璃构件不适用，即光伏组件）。

b. 使用三元乙丙橡胶（氯丁橡胶）接触密封剂作为永久弹性密封材料，它可以在构件的边缘或唇缘形成一个齐平的连接（要求有足够的接触压力和清洁的玻璃表面），或作为局

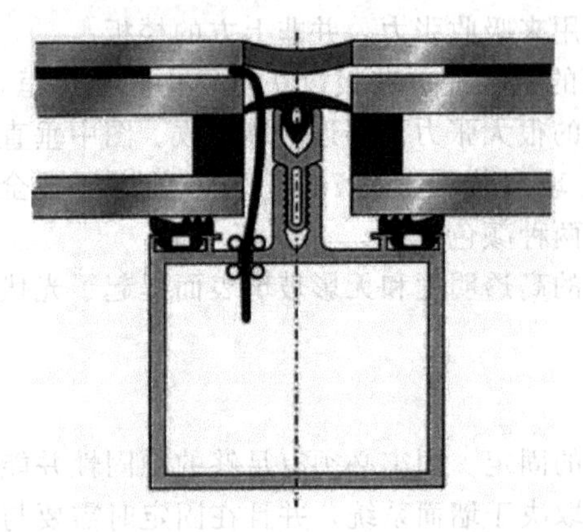

图 8-78 使用硅树脂材料进行液态密封

部预压缩的密封带在嵌入后扩展到整个接缝宽，在重叠中也有用到接触密封。

c. 使用永久弹性密封剂（如硅树脂）进行粘合密封。

② 硅树脂密封光伏组件。在夹层安全玻璃的安装中，使用硅树脂连接光伏组件时应确保硅树脂没有进入接触层与玻璃-玻璃组件的丙烯酸间隔区或压片膜（EVA/PVB）反应。因此，硅树脂材料必须被嵌入接缝并作为间隔垫片，然后使用液态硅树脂将接缝密封（图 8-78）。当使用绝缘玻璃组件时，则更应该注意接缝，因为沿着玻璃边缘布线必须穿过组件、接缝直至支持结构。绝缘电缆不能直接与硅树脂接触。

如果壳层结构可隔绝风、雨和热，大块片和板的通风雨屏障墙面也可以设计为开放接缝结构。小尺寸的板有必要附加额外的对大雨的防护（如削减接缝或梯状接缝）。对于某些组件固定系统（如镶玻璃条、压板系统或玻璃结构密封剂），固定装置也有接缝。

二、光伏墙面

光伏组件可以在墙面的前方使用。虽然与优化表面倾斜度的组件相比，相应的光照强度和预期的产能会偏低，但墙面也提供了一些好处。如果使用光伏组件替换诸如石板和不锈钢等昂贵的墙面，则额外成本很低，光伏组件具有增值价值，从经济角度来看这样的系统也让人很有兴趣。

组件的使用提供了很多设计的可能性。它们可以被制成各种形状和尺寸，并可以提供普通玻璃所具有的所有视觉效果和功能。光伏组件的固定方式也与常用的玻璃一样，这不仅具有一侧和两侧支持的可能性，而且可以使用点固定以及粘合在玻璃结构系统上。在使用光伏组件时，同样要确保布线、电气接点和旁路二极管容易接近，在出现故障时便于维修。

1. 已有墙面上的组件安装

在已有墙面上安装光伏组件是很容易的。大型工厂和工业区的防火墙或无窗墙提供了很多可能。如果对组件的形状和尺寸没有特殊要求，则最好使用标准组件。由于组件不必提供任何天气防护，故它们可以自由组合（如作为字样和标志的广告或“太阳艺术”的图案），图 8-79 组件位于墙面前方，图 8-80 组件由特制的 Kalzip 夹具固定到金属屋顶的边缘，并没有在组件的任何点上钻孔。组件安装必须遵守建筑法律法规。

图 8-79 光伏组件位于墙面前方

图 8-80 夹具安装组件

2. 安装集成组件的墙面

对于墙面集成系统，组件取代了墙面构架并具有冷墙或暖墙的作用。对于冷墙，它们取代了外部覆层；对于暖墙以及不热区域的前方，它们甚至完全取代了外部壳层。组件可以覆盖部分或整个墙面。光伏阵列起了三个作用：发电、外部封壳（天气防护、可能的隔热性等）和营销工具。光伏组必须满足同样的构造、结构以及法律要求，还要满足传统墙面构件所具有的防腐保护和经久耐用的特点。

关于结构、热保护、防潮、绝热和建筑物的能量消耗以及防火等要求，应参照建筑法律法规。在结构上，墙面必须能承受自身的恒载、温度以及风力。

3. 组件固定

组件固定系统如图 8-81 所示，下面的光伏暖墙和冷墙的举例根据常用的玻璃墙面结构的固定方式分类：镶玻璃条、压板、结构密封玻璃、两侧线支持固定、接缝处和组件上的点固定以及墙面的加框标准组件。各类组件的固定必须遵守各自的相关规定。

4. 镶玻璃条

使用镶玻璃条将玻璃固定到石板墙内是最常用的窗户结构的安装方式。板的重量被垫板转移了，镶玻璃条为板提供了机械固定和密封。如果组件构件被用来代替常规的、单一的或绝热的玻璃，必须在木质框上钻孔以便于布线，如图 8-82 所示。图 8-83 所示的系统由透明暖墙、Solarwatt 公司的绝热玻璃组件、Hiibner 公司的玻璃构件组成，图 8-84 所示为电缆穿过推进螺旋在木质框架上钻的孔。

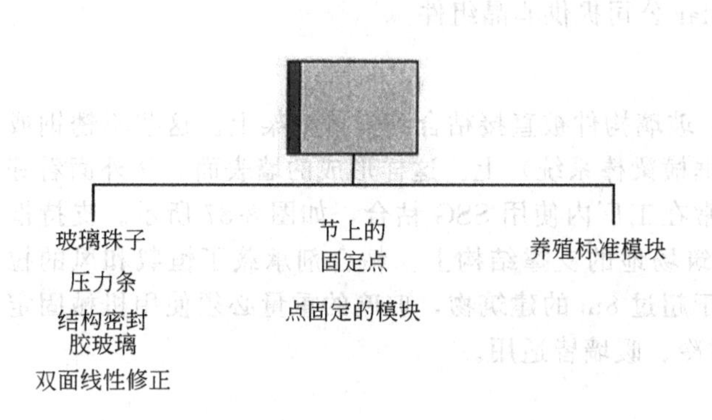

图 8-81　墙面光伏组件的固定系统

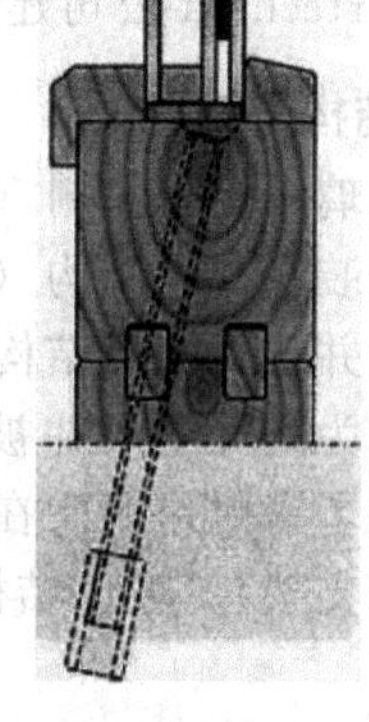

图 8-82　穿过木质结构（部件）的线管

图 8-83　多种玻璃构成的系统

图 8-84　电缆穿过在木质框架上钻的孔

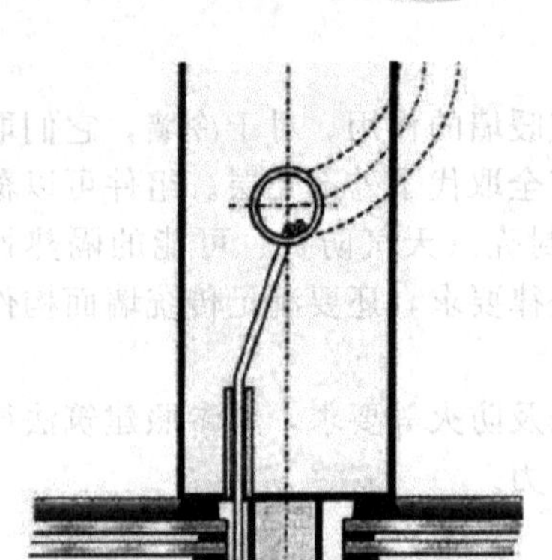

图 8-85 在型材中布线的竖框横梁棒系统

5. 压板

光滑的“压墙”框架系统是前面所述结构的进一步发展，使用玻璃镦设计的幕墙结构。在这种固定方式中，构件被从外面对相邻玻璃板和支持框架施加线状压力，通过调整块吸收每块板的重量。嵌入的密封带确保了防水性。由于在光滑的压墙系统中，支持结构位于玻璃板后方（图 8-85 中是竖框横梁结构），面宽和覆条可以相应地细小一些，这在使用光伏构件时很重要。它们必须又窄又平以确保电池边缘不被覆盖或遮挡。对于倾斜墙面，水平构件也应倾斜以使雪可以滑落。为了固定绝热玻璃，压板必须能从支持结构上散热。

载流电缆与金属墙面的任何电气接触，电缆必须沿着尽可能短的路线布线并远离玻璃的锋利边缘，同时还不能有任何机械应力（如在线管中）。如果在组件背部装接线盒，在规划时应查明接线盒是否会与竖框构件冲突。

对于在绝热板上使用透明玻璃-玻璃组件的情况，电池间距狭窄以至于看不到绝热层。低处的组件使用了合成玻璃单元结构以提供额外的抗破坏保护。施工实例如德国汉诺威市政公用事业透明的倾斜暖墙、Scheuten Solar 公司的绝热玻璃组件、Gartner 公司的竖框横梁棒系统，图 8-86 为德国汉诺威 2000 年博览会时的 7 号展览馆，墙面设计为幕墙，由 Poburski Solartechnik 公司建造、BP Solar 公司提供非晶组件。

6. 玻璃结构密封剂

在使用玻璃结构密封剂（SSG）时，玻璃构件被直接粘合到支持框架上。这些不锈钢或铝制结构被安装在支撑结构（通常为竖框横梁棒系统）上。这样形成的墙表面，从外面看好似没有框架，并且无支撑结构，连接通常在工厂内使用 SSG 粘合，如图 8-87 所示。支持框架和玻璃被作为构件生产并被安装到建筑场地的支撑结构上。粘合剂承载了恒载和风的拉力，同时也起了密封作用。在德国，对于超过 8m 的建筑物，玻璃的重量必须使用机械固定来承载（比如支架）。玻璃结构密封剂对冷、暖墙皆适用。

图 8-86 7 号展览馆

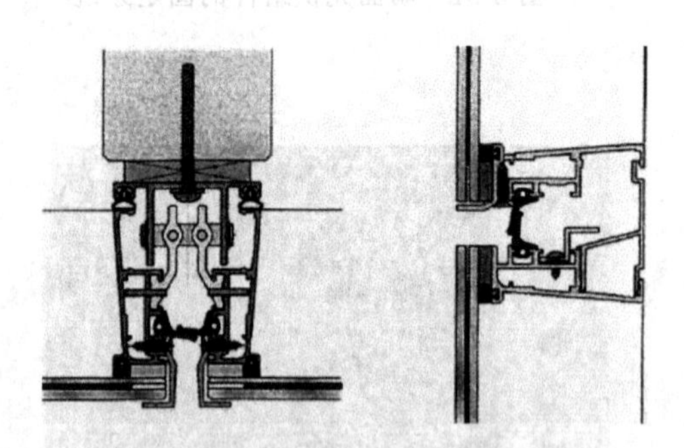

图 8-87 在 SSG 墙面上安装玻璃-玻璃组件

玻璃结构密封剂非常适合光伏安装，因为没有遮挡组件边缘的外部框架。工厂内的预制使得组件的配线更方便，并减小了在建筑场地破坏昂贵组件的风险。在 SSG 墙面上可以使用压板、玻璃-玻璃和绝热玻璃组件。当使用压板时，在重叠后背面 Tedlar 层必须沿边缘碾磨以确保使用的铝制框架结构可靠地接合。对每一个个别情况，SSG墙面需要获得建筑当局的批准。施工实例如图8-88所示，为德国北威州内政部培训学院的透明冷墙、Scheuten Solar公司的玻璃-玻璃组件、Wicona公司的SSG系统，图8-89为德国海德堡的拉米书写工具制造商的不透明暖墙、西门子公司的压板、Rinaldi公司的SSG系统。

图8-88 SSG系统（一）

图8-89 SSG系统（二）

7. 两侧线支持固定

对于两侧线支持固定，无框压板或玻璃-玻璃组件在较高和较低的边缘上被玻璃棒支持。它们被拧在构件上，依次被线状支持或点固定到墙面支持结构上。没有被支持的边，可以使用硅树脂密封剂将它们相互齐平接合。

对于通风雨屏障墙面，DIN 15516-4规定，框架覆盖玻璃的深度必须根据玻璃的厚度以及扩展范围来确定，且至少为15mm。对于四侧支持的结构，10mm就够了。图8-90（a）为德国柏林海伦妮-韦格尔广场的住宅大楼（墙面穿孔结构），（b）为住宅大楼（冷墙，Saint Gobain公司的玻璃-玻璃组件）。在柏林的海伦妮-韦格尔广场（Helene-Weigel-Platz），玻璃棒被拧在垂直的使用悬架固定的铝制构件上，这使得玻璃被挂在带有水平悬挂轨道的墙面构架上。

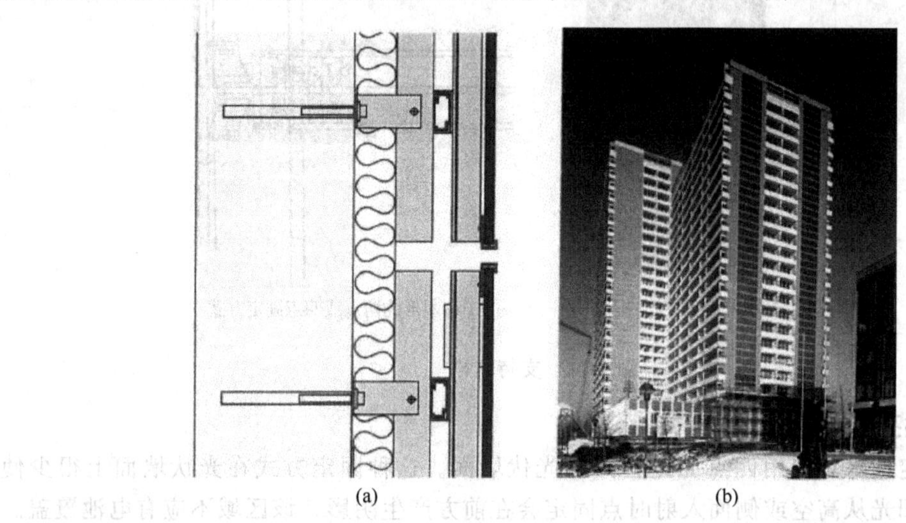

(a) (b)

图8-90 海伦妮-韦格尔广场住宅大楼

8. 沿着边缘的点固定

点固定装置比线固定装置隐蔽。接缝处较小的固定装置通过狭窄的边缘承载了玻璃板的线压力，即夹板承载了板的垂直压力。根据DIN 18516-4，对于点固定的玻璃板，夹紧面覆盖的玻璃面积至少要达到1000mm^2，覆盖玻璃的深度至少要达到25mm。如果固定装置装在角上，则需要非对称的夹紧区域。

9. **组件背面的点固定**

对于使用Fischer ACT公司制造的Fischer Zykon板锚具固定玻璃（FZP），玻璃-玻璃组件由背部的根切锚（图8-91）支持。与连接的SSG墙面相比，这样可形成隐蔽的机械固定。在这里，根切凹孔在退火前被从支持玻璃［10mm或12mm厚的热处理钢化安全玻璃（HSG）或安全玻璃］背部钻孔。带有金属销钉和塑料帽的FZP锚具（图8-92）被插入蘑菇状的孔内被牢牢固紧。它们可以不用在玻璃上钻孔而支持组件，并且它们不使用外部的扩展螺钉而被固定在支撑结构（图8-93）上。从前方仍然看不到固定结构，并且不需要框架。该系统只适用于冷墙的集成组件。作为一种支持结构，可能使用悬挂或星形固定方式。

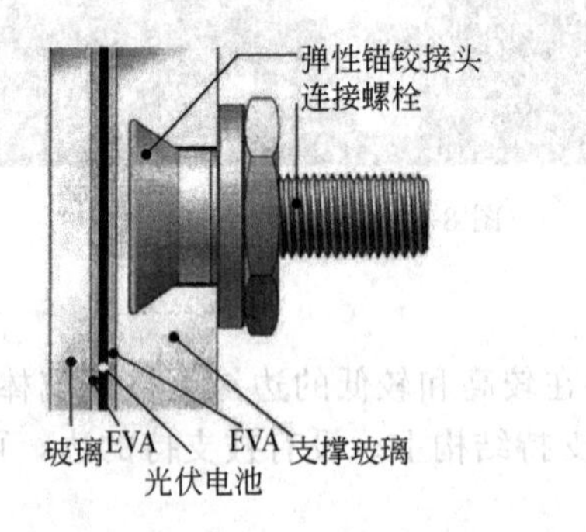

图8-91 根切孔上的组件锚

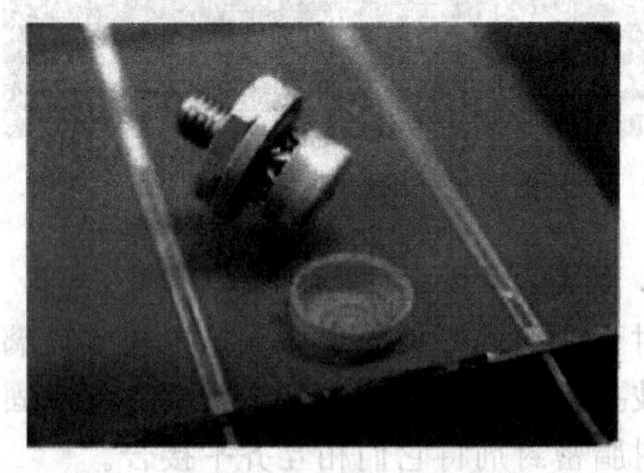

图8-92 钻孔墙面组件的带塑料帽的板锚具

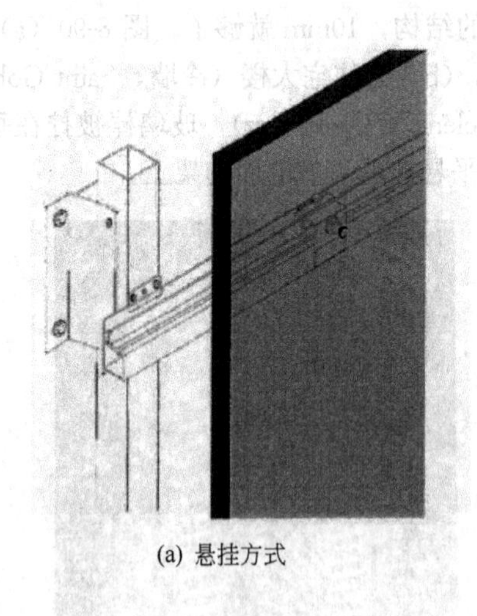

(a) 悬挂方式

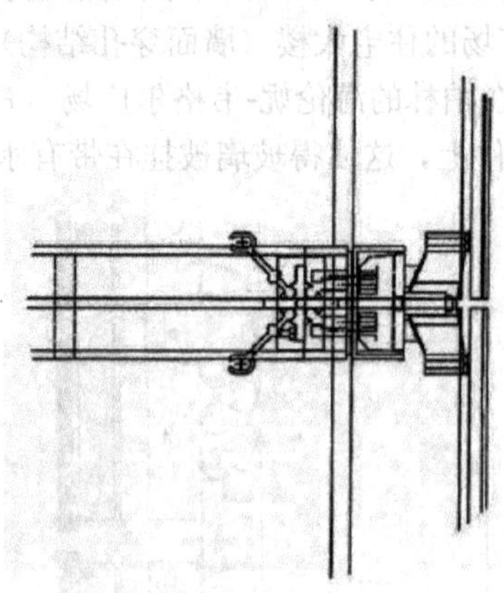

(b) 星形的两点或四点固定方式

图8-93 支持结构

10. **使用钻孔的点固定**

钻孔点固定技术是使用四点固定方式的光伏墙面。这种固定方式在光伏墙面上很少使用，原因是当阳光从高空或侧面入射时点固定会在前方产生阴影，该区域不应有电池覆盖。

11. **盒固定**

Biohaus公司与Sykon公司合作开发了Biosol太阳能墙面，提供窗户、门和墙面。基于非晶的标准压板（glass-Tedlar）墙面组件被嵌入一个特制的铝制框架，并以盒的形式悬挂在墙面支持结构上，如图8-94所示。支持结构包括在U形截面上带有定位螺钉的垂直构件。组件使用安全螺钉固定以防止它们振动。根据DIN 18516的规定，所有支架构件都基于冷墙面系统。Biosol 墙面也可以将半透明组件作为外部壳层并构成双层墙面一起使用。

图 8-94 盒固定

三、玻璃屋顶

玻璃屋顶结构用在那些楼顶需要使用日光照明的建筑上。在这里，可以使用与玻璃墙面相同的材料和竖框横梁构件。由于较大的热应力和不同的机械压力，需要采取特殊的结构措施。排水系统也必须以适当的倾斜度调整，将水平压板整平以改善排水。另外，可以使用轻质的屋顶结构（比如弧形桁架屋顶）。

玻璃屋顶往往配备有额外的阳光保护设施以防止过热或下方空间刺眼，于是可能使用光伏元件以遮光和炫目保护。特别适合于未加热区域（比如楼梯和前庭）上方的半透明屋顶以及露天场所（比如铁路站台和车棚），这些地方较低的组件温度意味着较高的预期产能。

组件的安装应遵守所有的安全要求以及在架空区域安装玻璃的建筑法规。固定的类型（两侧、三侧或四侧）和扩展决定了玻璃合成物的必要厚度。此外，只能使用特制的玻璃类型。

光伏组件只在下列两种情况下可用：建筑法规许可与线支撑玻璃装配技术规范（到目前为止市场上只有一种此类产品）一致时；组件被安装在以夹层安全玻璃（LSG）作为窗格玻璃的绝热玻璃结构上或者组件背面由夹层安全玻璃制成时。对于后者，组件包含了三层玻璃板。然而装配的唯一可能是使用树脂封装电池的组件，因为夹层安全玻璃中的 PVB 夹层在使用 EVA 层压电池和前面的玻璃板时会变软。另外，必须采取适当的措施以防止较大的玻璃部分塌下（比如安装网或格栅）。在使用半透明玻璃屋顶时这会特别显眼。这种方案不那么令人满意的其他原因是整个玻璃的厚度和板的重量都很大，因此，组件和支撑结构的价格都会更高。

所以，如果屋顶下方受热（暖屋顶），上方装配的光伏元件大多采用绝热玻璃结构，对于冷屋顶情况，可以通过获得个案批准或证实其持续结构性能后进行安装。如图8-95为德国汉诺威（Hanover）的洗礼堂：四片十字形的组件被只有一半电池可见的方式覆盖，使用的是以 LSG 作为内部板的绝热玻璃组件，Solarnova 竖框横梁棒系统由木料制成。

图 8-95 德国汉诺威的洗礼堂

1. 受热空间上的架空玻璃安装

位于卢森堡（Luxembourg）Strassen 的疗养院：暖屋顶、Saint Gobain 公司提供的绝热玻璃组件、Schuco 公司提供的竖框横梁棒系统。由于疗养院扩展超过了 4m，所以有必要将玻璃区域分为两部分。为了使水流在倾斜天窗上流动轻缓，组件之间的接缝使用了硅树脂密封。另外，组件被设计为阶梯状绝热玻璃板以使水在屋檐处时也能轻易流走。位于德国 StAugustin 的波恩莱茵西格应用科学大学：暖屋顶、Saint Gobain 公司提供绝热玻璃组件、Schuco 公司提供带有不锈钢棒和铝制压板的木制构架。

2. 开放空间上的架空玻璃安装

开放空间上的架空玻璃安装如图 8-96 所示，图为德国柏林的柏林中央火车站，由 Scheuten Solar 公司提供玻璃-玻璃组件（由热钢化玻璃制成），所有组件都有不同的尺寸（取决于它们的位置），它们被排布在硅树脂型材上并使用压板将它们的边角拧在栅格节点上。

图 8-96 柏林中央火车站

3. 列出的建筑物的天窗

图 8-97 为锯齿形暖屋顶，由 Saint Gobain 公司提供绝热玻璃组件。图 8-98 为锯齿形冷屋顶，由前 Atlantis company 公司提供压板、Eberspacher 公司提供竖框横梁棒系统。从上述图中可以看出，从柏林中央火车站到柏林体育场，绝热玻璃组件都被集成在了天窗上。为了满足列出的建筑物的要求，在其背面使用了织构玻璃。

图 8-97 德国柏林体育场

图 8-98 瑞士伯尔尼的 SBB 机务段

四、日光保护设备

现代建筑中墙面和屋顶广泛应用玻璃（比如全玻璃墙面），对建筑物内的环境有很大影响。冬季的太阳辐射可用于被动供暖，而玻璃窗面向南方则会导致夏季的室温很高。在使用大规模外部玻璃窗时，为了防止不必要的冷应力过高，有必要使用定制的遮蔽构件进行日光保护。在这里，外部日光保护设备，比如外部百叶窗、天篷和遮帘等，通常比玻璃内的构件（比如内部百叶窗）更有效，因为它们阻挡日光射入室内并转换成热量。

尽管日光遮蔽设备提供了日照保护，但光伏组件还是需要阳光。这些表面上的矛盾可以以面对太阳的优化方向将它们组合起来。综合外部光照遮蔽设备和光伏发电有很多好处，因为对应于相当昂贵跟踪系统的结构和技术，光照遮蔽设备也是成本密集成分。如果提供遮蔽的玻璃和金属构件被光伏组件取代，也不会大幅增加总成本。另外，优化的倾角和良好的通风可保证高产率。所以，从经济角度来看，这些光伏日光遮蔽设备会是不错的选择。

如果是对接到空间的规划，则日光遮蔽设备应与架空玻璃安装的安全要求一致。使用热钢化玻璃（双层结构）的玻璃-玻璃组件和层压板或夹层安全玻璃（三层结构），前者总是要求个案批准。对于 glass-Tedlar 层压板的热钢化玻璃，个案批准已经获得了许可。

日光遮蔽设备有固定的，也有跟踪的。跟踪情况下，遮蔽效果和产能可以得到优化，可使得产率增长 30％。实例如图 8-99 所示，为在建筑物上部分固定的日光天篷以及光伏百叶窗单轴跟踪日光，为低楼层提供遮蔽。

1. 组件固定

通常，墙面上的日光遮蔽设备使用相同类型的组件。此外，也经常使用钻孔方式的点固定。

① 利用钻孔的点固定。百叶窗通过玻璃上的钻孔被固定。在极端情况下，甚至可能在电池上钻孔，这可以导致电池无效。对于组件和玻璃安装，使用钻孔的点固定通常是个例，如图 8-100 所示。

图 8-99 为低楼层提供遮蔽

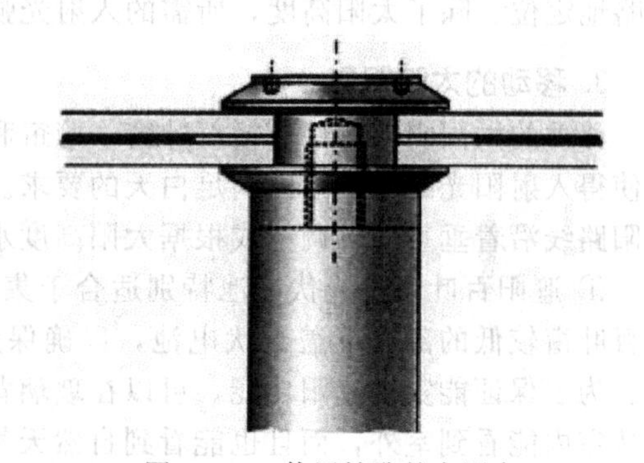

图 8-100 使用钻孔的点固定

② 利用组件夹具的点固定。使用这种固定方式，组件被特制的夹具和弹性封块支撑，这可以使得玻璃和组件框不受钻孔破坏。这种固定方式也要求个例，如图 8-101 所示。

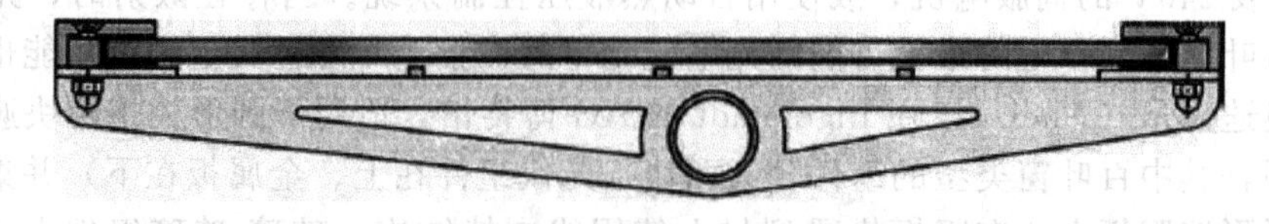

图 8-101 利用组件夹具的点固定（横断面）

③ 线支持。使用两侧线支持的系统很容易获得个案批准，因为两侧线支持是受建筑类型名单管理的。在寻求批准时，四侧线支持的系统所遇到的困难会最小。图 8-102 为荷兰伦布兰特学院，由 Schuco 公司提供四侧线支持固定的天篷、由 Saint Gobain 公司提供玻璃-玻璃组件。然而，这会使得材料成本很高，并且通常看起来很乱。

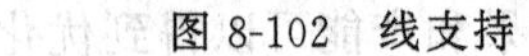

图 8-102 线支持

图 8-103 线支持固定的天篷

2. 固定的太阳阴影

① 天篷。虽然固定的天篷是墙面上最简单的日光遮蔽设备，如果细致地安置会非常有效。夹层安全玻璃中光伏组件的装配可以使用固定槽和悬臂屋顶支架固定，以提供优化太阳倾角的天篷。如果在装配玻璃时使用了正确尺寸和正确距离以遮阳，天篷可以遮挡很高的夏季日光，而在冬季可让低高度日光散射并穿透天篷深入建筑物内部。图 8-103 为瑞士 Monthey 的市政厅：由四侧线支持固定的天篷、由 Scheuten Solar 公司提供的玻璃-玻璃组件。

② 其他日光遮蔽设备。屋顶表面也可以使用这种固定日光阴影的方式进行保护。除了常用的水平排布，阴影构件也可以垂直使用。然而在所有情况下，固定日光阴影只能被非常粗略地定位。除了太阳高度，所需的入射光强度只能由构件的透明度决定。

3. 移动的太阳阴影

移动的太阳阴影构件包括百叶窗、遮帘和扩展天篷，它们可被调整为垂直的或水平的，并使得入射阳光的量调节以满足白天的要求。通常，它们都是单轴倾斜度调整（也就是根据太阳路线沿着垂直的轴调整或根据太阳高度水平调整）。

① 遮阳百叶窗。光伏电池特别适合于集成到活动的遮阳百叶窗中。当层叠排布时，只在百叶窗较低的部分覆盖光伏电池，以确保无论倾角大小，它们也不会被上层的百叶窗遮挡。为了保证能实现遮阳功能，可以在玻璃背面着色或丝网印刷。百叶窗的半透明特性，使得从室内能看到室外，而且也能看到自然天气和天空状况。

物框的百叶窗可以使用点或线支撑安装到悬臂固定物上或连续支撑管上，其作用力可以通过窗户和墙面竖框或通过悬臂支架转移。棒和杆系统使得所有百叶窗可以被同时调节。百叶窗跟踪系统应与当前太阳位置和白天的要求一致并配备连接动力控制系统，大多为每一列配备 230V 或 240V 的伺服电机，或使用自动热液压控制系统。当存在散射时，光亮的传感器可控制百叶窗转到预定的最大可能的光电转化率的位置上，各种其他控制功能也可得以实现。德国奥迪公司（Audi）设在 Ingolstadt 的 AG 博物馆，适用于圆形建筑两块遮阳板，全程跟踪日照，其中百叶窗类型的组件分为两块（光伏组件在上、金属板在下）并集成在屋顶上的移动弧形遮阳板上，在竖框横梁型材上使用线支持结构，玻璃-玻璃组件由 Solon 公司提供。图 8-104 为德国柏林的 Paul-Ldbe-Haus，其中位于中央休息厅玻璃锯齿形屋顶上的垂直百叶窗，沿着短边使用夹具线支持固定，夹层安全玻璃（三层结构）的非晶半透明（10%）组件由 Solon 公司提供。

② 独立安装的机架系统。如同光伏组件固定在建筑物上那样，独立安装需要有牢固并且能抵御气候的支撑结构。支架和安装方式的选择以及可用性取决于地基的质量、应力和

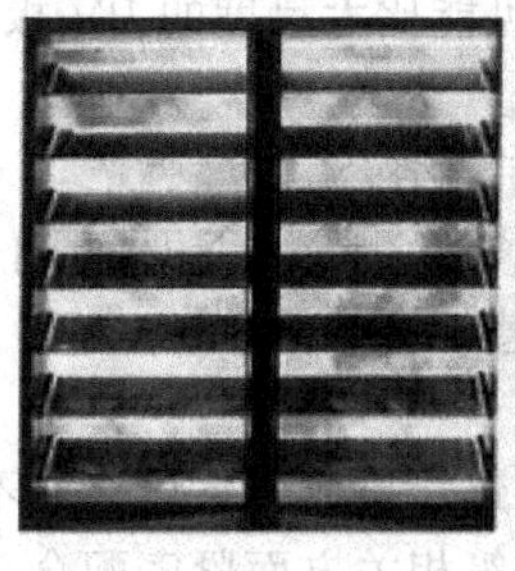

图 8-104 德国柏林的 Paul-Ldbe-Haus

pH 值。如果光伏设施将被安装在以前的垃圾填埋场，则也有其他特殊环境可以考虑，比如浅土层。

石头、水泥板和混凝土板常被用作垫式基础，它们可以是预制的，也可以是原地的。与它们相比，木桩或不锈钢螺钉基础降低了地面的紧密性和密闭性，并且容易移动和排布。石头和混凝土板不容易发生热散射，不需要向它们装入土方，它们可以直接承受作用力。然而，它们不适合于所有类型的地面，并且要求有足够的深度。

支架可以是木制的或金属制的。良好的能量平衡和对未处理木材的简易加工，需要认真权衡成本利益，使用标准和大量生产的预制金属框架快速安装。对于大面积的邻近组件表面区域，应在组件之间预留足够的空间以使雨水能流出发电场，确保没有排水障碍。支架也应当有足够的高度以允许使用机械割草或允许农场牲口吃草。铝制支架如图 8-105 所示。

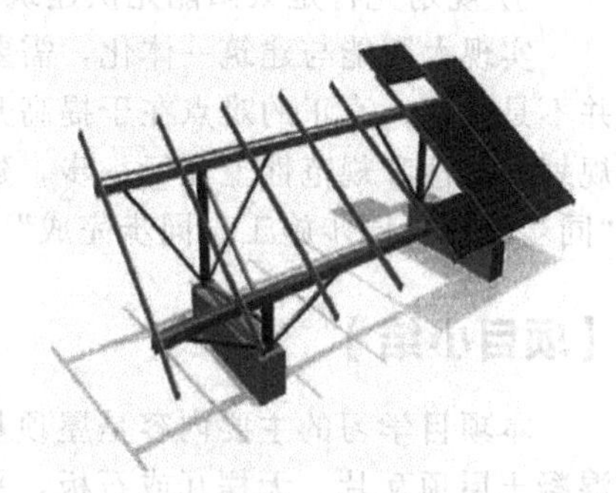

图 8-105 混凝土板基础上的铝制支架

【扩展阅读】

太阳能光伏建筑一体化原则

① 生态驱动设计理念向常规建筑设计的渗透

建筑本身应该具有美学形式，而 PV 系统与建筑的整合使建筑外观更加具有魅力。建筑中的 PV 板使用，不仅很好地利用了太阳能，极大地节省了建筑对能源的使用，而且还丰富了建筑立面设计和立面美学。BIPV 设计应以不损害和影响建筑的效果、结构安全、功能和使用寿命为基本原则，任何对建筑本身产生损害和不良影响的 BIPV 设计都是不合格的设计。

② 传统建筑构造与现代光伏工程技术和理念的融合

引入建筑整合设计方法，发展太阳能与建筑集成技术。建筑整合设计是指将太阳能应用技术纳入建筑设计全过程，以达到建筑设计美观、实用、经济的要求。BIPV 首先是一个建筑，它是建筑师的艺术品，其成功与否关键一点就是建筑物的外观效果。建筑应该从设计一开始，就将太阳能系统包含的所有内容作为建筑不可或缺的设计元素加以设计，巧妙地将太阳能系统的各个部件融入建筑之中一体设计，使太阳能系统成为建筑组成不可分割的一部分，达到与建筑物的完美结合。

③ 关注不同的建筑特征和人们的生活习惯、合适的比例和尺度

PV 板的比例和尺度必须与建筑整体的比例和尺度相吻合，与建筑的功能相吻合，这将决定 PV 板的分格尺寸和形式。PV 板的颜色和肌理必须与建筑的其他部分相和谐，与建筑

的整体风格相统一。例如，在一个历史建筑上，PV 板集成瓦可能比大尺度的 PV 板更适合，在一个高技派的建筑中，工业化的 PV 板更能体现建筑的性格。

④ 保温隔热的围护结构技术与自然通风采光遮阳技术的有机结合

精美的细部设计不只是指 PV 屋顶的防水构造，而要更多关注的是具体的细部设计，PV 板要从一个单纯的建筑技术产品很好地融合到建筑设计和建筑艺术之中。

⑤ 光伏系统和建筑是两个独立的系统

将这两个系统相结合，所涉及的方面很多，要发展光伏与建筑集成化系统，并不是光伏制作者能独立胜任的，必须与建筑材料、建筑设计、建筑施工等相关方面紧密配合，共同努力，才能成功。

⑥ 建筑的初始投资与生命周期内光伏工程投资的平衡

综合考虑建筑运营成本及其外部成本。建筑运营体现在建筑物的策划、建设、使用及其改造、拆除等全生命周期的各种活动中，建筑节能技术、太阳能技术以及生态建筑技术对建筑运营具有重要影响，不仅要关注建筑初期的一次投资，更应关注建筑后期的运营和费用支出，不但要满足民众的居住需求，也要关注住房使用的耗能支出。另外，还应考虑二氧化碳排放等外部环境成本的增加等。

⑦ 规划先行是太阳能光伏建筑一体化的关键

实现太阳能与建筑一体化，需要做到建筑设计与太阳能施工的协调统一，其实在技术上并不是难题，真正的难点在于提高开发商的利益和公众的节能意识，这迫切需要政府部门在规划预见性和规范性上先行一步，建议政府建设行政部门提出或规定房屋建设与太阳能施工“同步设计、同步施工、同步完成”的要求。

【项目小结】

本项目学习的主要内容是屋顶基础，屋顶结构，屋顶设施和上层建筑，瓦片的屋顶钩、混凝土屋顶瓦片、无楞瓦或石板，平屋顶上的跟踪系统，光伏和光热的组合系统。墙面只支撑自己和风作用力，承重结构（坚固的强支架或构架）支撑整个建筑物的应力（屋顶、楼层和恒载）。随着时间的推移，传统的承重墙结构（单层，不通风结构）转变成了多层、通风结构，暖墙是提供气候和噪声保护以及绝热的墙。

【思考题】

1. 简述如何在平屋顶上做光伏跟踪？
2. 简述支撑整个建筑物的应力有哪些？
3. 传统的承重墙结构是怎样的？
4. 简述暖墙的构造。

项目九

中大型侧并网光伏电站建设现场勘测

【项目描述】

本项目主要讲解中、大型侧并网光伏电站建设现场场地勘测与阴影分析，并网光伏系统的设计与规模确定，重点讲述了中、大型侧并网光伏电站建设设计中如何规避阴影以及在施工中如何避免阴影给光伏电站带来的影响。本项目分两个任务来完成相关的知识学习。

【技能要点】

① 学会在场地勘测中如何发现暂时阴影，并会在设计中规避。
② 学会在场地勘测中如何发现自身阴影，并会在设计中规避。
③ 学会在场地勘测中如何发现附近建筑物阴影，并会在设计中规避。
④ 学会在场地勘测中如何发现直接阴影，并会在设计中规避。
⑤ 学会在场地勘测中如何与客户交流，并根据客户要求确定光伏系统的设计与规模。

【知识要点】

① 熟练掌握大型侧并网电站现场勘测各方面的因素。
② 熟练掌握场地勘测的方法和各种阴影的类型。
③ 熟练掌握阴影分析的方法。
④ 熟练掌握与客户沟通的方法，并通过与客户沟通，从客户处获取更多的电站建设的要求与因素，以更贴近客户要求设计光伏电站规模。

【任务实施】

任务一 场地勘测与阴影分析

一、 现场考察与场地勘测

为了启动设计并网光伏系统并提供一张报价单，场地的考察是必不可少的。这是对光伏系统进行估价的基本条件。

首先，确定建筑是否适合安装光伏系统是非常重要的。一次彻底的初步调查可避免设计错误和报价表中的误算。经过这样的调查后，光伏阵列的安装、安装场地（比如逆变器）、架线线路、实际电缆铺设以及仪表柜的扩展或更改，都可以被更好地估价并与客户达成一致。

在进行规划以前，还应当询问客户愿意接受的价格，并且考虑可能的补助金额，因为这些因素都将决定光伏系统的大小。对于房顶上的安装工作，可以从屋顶建造者那里获取报价。对于屋顶公司选择，应当征得房屋所有者的同意。

1. 在现场考察并记录数据

① 客户的要求与组件类型、系统概念以及与安装方法有关的愿望。

② 期望的光伏能量或期望的电能产量。

③ 财务架构应当考虑各自的补助条件。

④ 可用的屋顶、正面以及露天空间表面。

⑤ 方向和倾角。

⑥ 屋顶的形状、结构、基础以及材料的类型。

⑦ 可用的屋顶开口（包括通风瓦片、空闲的烟囱管道等）。

⑧ 与阴影有关的数据。

⑨ 安装地点的光伏组合器/接线盒、绝缘设备和逆变器。

⑩ 仪表柜和额外的仪表空间。

⑪ 通道，特别是在安装光伏阵列需要某些装备时（比如起重机、脚手架等）。

在本任务的结尾将给出场地勘测的清单信息。这些清单有利于现场考察时记录数据，可以将其打印出来，带往考察地点并现场填写。

2. 对规划很有帮助且在申请补助和向电网经营者登记时是必需的

① 用于确定方位的建筑位置图。

② 用于确定屋顶斜面、可用面以及电缆长度的建筑结构图。

③ 屋顶图片和电表位置。

3. 现场考察

① 记录建筑勘测的清单（建筑勘测清单见附件）。

② 有关光电的信息。

③ 可能相关的任何政府方案的总说明。

④ 公司说明书和产品说明。

⑤ 现有的光伏系统的照片。

⑥ 指南针。

⑦ 带有铅锤的量角器，用于测量屋顶的倾斜度。

⑧ 折尺。

⑨ 卷尺。

⑩ 手电筒。

⑪ 阴影分析仪（图 9-1）或醋酸盐上的太阳位置图（阴影分析，使用软件的阴影分析工具）。

⑫ 照相机。

二、与客户协商

光伏系统的规划和建设通常由询问客户开始。和报价表一样，在试运行建筑上的光伏系

图 9-1 使用带有特殊光线装置的照相机进行阴影分析

统之前，与客户协商是一个很重要并且必不可少的环节。

在与客户的对话中，光伏系统的安装人应当告诉自己客户的需要和期望。在这种情况下，首先并且最重要的是要帮助客户下决心。

当谈及光伏发电技术时，专家的意见和建议对客户来说通常是至关重要的。就像光伏技术知识关于结构、功能、大小和光伏系统的安装一样，光伏系统的安装商也应当拥有与成本、补助以及利用太阳能的全球性意义方面的知识。

这样做的目的是让客户积极参与对话，并以一种易于理解的非专家的方式回答他们的问题。作为一种辅助说明，图表使用是很有帮助的。

你应当准备好回答客户的以下问题：

① 光伏组件和太阳能集热器有什么不同？

② 光伏电池是怎么工作的？

③ 我的光伏产品一年能发多少电？

④ 如果没有光照，电能的供应会发生什么情况？

⑤ 如果是阴天，光伏系统又能发多少电？

⑥ 哪里可以使用光伏系统所发的电？

⑦“千瓦峰值”功率是什么意思？

⑧ 我的房顶是否适合安装这样的系统？

⑨ 如果组件被弄脏了，被雪或者灰尘覆盖了会怎么样？

⑩ 冰雹会打坏组件吗？

⑪ 在组件上安装跟踪阳光装置是否值得？

⑫ 组件的颜色除了黑色和蓝色是否还有其他颜色？

⑬ 我是否需要获得建筑许可？

⑭ 我的系统花费有哪些？包括安装费吗？

⑮ 可以获得哪些补贴？

⑯ 你们可以帮助我申请补贴吗？

⑰ 我可以从流入主栅极的电力中获得多少回报？

⑱ 你们可以向电网运营商提出电能回流的申请吗？

⑲ 光伏系统的成本回收期大概有多长？

⑳ 可以获得什么回报？

㉑ 需要考虑什么税务方面的问题吗？

㉒ 这个系统需要维护吗？

㉓ 阳光会损坏这个系统吗？

㉔ 这个系统可以使用多久？

㉕ 你们是怎么计算保修期的？

三、阴影类型

理想情况下，光伏阵列应当安装在没有阴影的地方。然而，并网系统通常可以在城市和郊区找到，并且组件通常是安装在屋顶上，而这些地方的阴影有时是不可避免的。阴影会显著减少光伏阵列的输出，理想情况下是应当避免的。所以，这个问题将被深入地探讨，并且本节涉及的主要是并网系统（孤立系统的光伏阵列通常存在于乡村并且通常是地面式阵列，房屋周围具有充足的地面可用，所以阵列可以安装在没有阴影的地方）。

和太阳能热系统相比，投在光伏系统上的阴影对电能的产量有更大的影响。从德国百万屋顶计划中获得的运营结果显示，由于场地环境导致的局部阴影大约是所有系统的一半。这些系统中的大多数，由阴影导致的年电能产量的减少在5%到10%之间。阴影可分为暂时的、由位置和建筑造成的以及系统本身导致的（self-shading）。

注意：直接阴影可对光伏阵列的输出产生严重影响！

1. 暂时阴影

典型的暂时阴影因素包括雪、树叶、鸟粪以及其他类型的污物等。雪是一个很重要的因素，特别是在多山的地区。工业区的粉尘和烟灰或森林中的落叶也是重要因素。雪、烟灰和树叶堆积在光伏阵列上便可造成阴影。如果阵列能自我清洁，这些因素所造成的影响就不会很大（也就是阵列可以被流动的雨水清洗）。通常倾角为12°或更大就足以达到这样的效果，更大的倾角会增大雨水的流速，因此有助于冲走污垢粒子。这种类型的阴影可以通过增大光伏阵列倾角的方法来减少。光伏阵列上的雪融化速度比周围的雪快，所以阴影通常只出现少数几天。

在多雪的地区，标准组件水平排列［图 9-2(a)］可以减少因雪带来的损失。通过这种方式，雪导致的阴影一般只能影响每个组件的两行而不是垂直排列［图 9-2(b)］情况下的四行。

由树叶、鸟粪、空气污染物以及其他污物导致的阴影具有更顽固和更持久的影响。如果系统被这些因素严重影响，经常清洁光伏组件将显著增加发电量。在常规的地点并且倾斜充

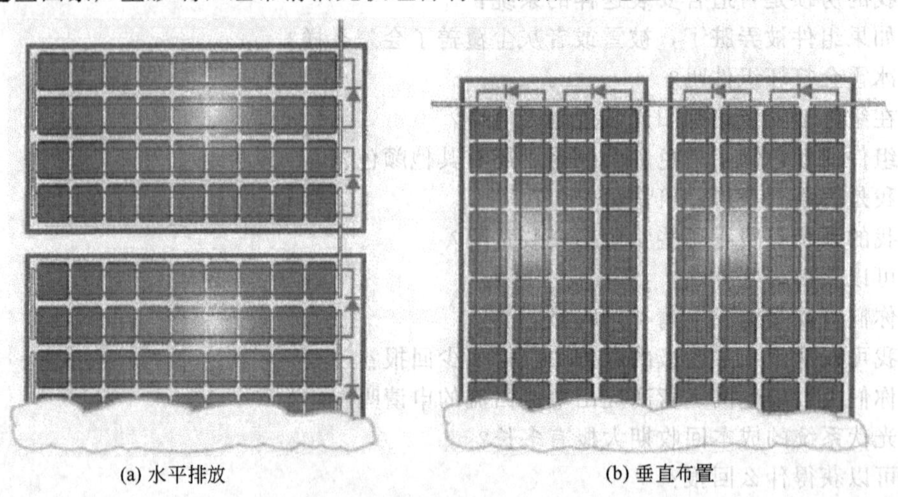

(a) 水平排放　　(b) 垂直布置

图 9-2　倾斜光伏组件在有雪情况下的排列

分，可以假定由污物导致的电能损失在2%到5%之间。通常情况下，这一点损失是可以接受的。

如果存在顽固污物，就需要用水（用软管浇水）并使用柔软的清洁工具（海绵抹布）清洗，不能使用清洁剂。为了防止表面擦伤，不能在没水的情况下使用清洁工具刷和擦洗。

2. 由所在位置导致的阴影

由所在位置导致的阴影包括了所有由建筑物环境带来的阴影。邻近的建筑物、树、甚至远处的高大建筑物都可能遮挡光伏系统，或者说至少是会导致水平方向变暗。由于树和灌木的生长，植被可能在两年内就会遮挡光伏系统，这个因素也是应当考虑到的。架空电缆跨过建筑物上方也会产生负面影响，会在光伏系统上投上虽小但影响却不小的移动阴影。

3. 由建筑物导致的阴影

由于建筑物导致的阴影包括直接阴影，应当引起特别的注意。例如应当特别注意烟囱、天线、避雷装置、圆盘式卫星电视天线、屋顶和墙面的延伸物、横向偏移的建筑结构、屋顶上层建筑等造成的影响。有的阴影可以通过移动光伏组件或者导致阴影的物体（比如天线）而避免，如果实在不能移动，可以考虑利用系统概念来选择电池和组件的接线方式，以尽量减小阴影造成的影响。

4. 自身阴影

在架式安装的系统中，组件的自身阴影可能是由组件前方的组件行列投下的，可通过优化倾角和组件行列间的距离来最小化空间的需求和产生的阴影。在倾斜的屋顶上安装不当设计和装配的组件（图9-3）时也可能导致细微的阴影（图9-4）。

图9-3 不良的组件布置导致的阴影

5. 直接阴影

直接阴影，是一种可以导致大量能量损失的阴影。距离阴影投射物越近，阴影就会越暗，因为组件被核心阴影覆盖，所以到达光伏组件上的散射光也就很少，以至于附近物体的投射的核心阴影在电池片上造成的能量减少大约在60%到80%之间，虽然也有部分的阴影导致的能量减少仅为50%。离阴影投射物越远，阴影就越明亮，阴影造成的损失也随之减少。图9-5展示了核心阴影和局部阴影。

图9-4 由组件夹具（左）和突出的螺帽（右）导致的可避免的细微阴影

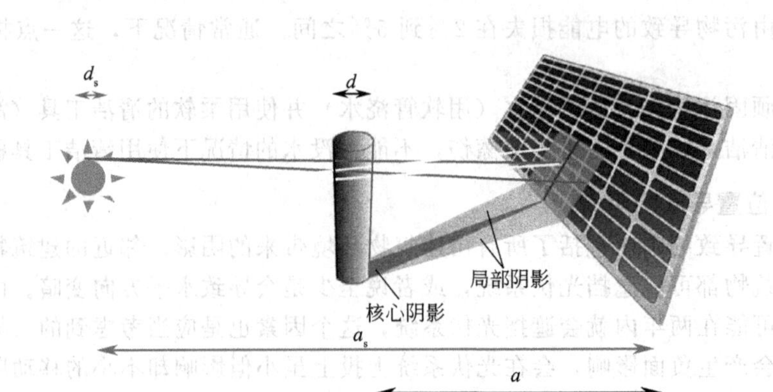

图 9-5 核心阴影和局部阴影

根据投影物体的厚度 d，可以计算出距组件的最优距离 a_{opti}。由于阳光是平行光，可以根据阳光在投射物上的切线的相似三角关系来计算该距离。离组件的最优距离 a_{opti} 由下式决定：

$$a_{opti}=\frac{(a_s+a_{opti})d}{d_s}\approx\frac{a_s d}{d_s}$$

式中，$a_{opti} \ll a_s$。a_s 为地球到太阳的距离，$a_s=1.5\times10^8$km。d_s 为太阳的直径，$d_s=1.39\times10^6$km。

上式可简化为：

$$a_{opti}=\frac{a_s d}{d_s}=108d$$

举例来说，假设架空电缆的直径 $d=5$cm，则距组件表面的距离至少要达到 5.4m 才不会出现核心阴影。

对于很宽的投影物体，在一定的距离下核心阴影的宽度超过电池片宽度（图 9-6）是不允许的。如果电池宽度为 10cm，则距离大概需要缩短 1m；如果电池宽度为 20cm，则距离大概需要缩短 2m。

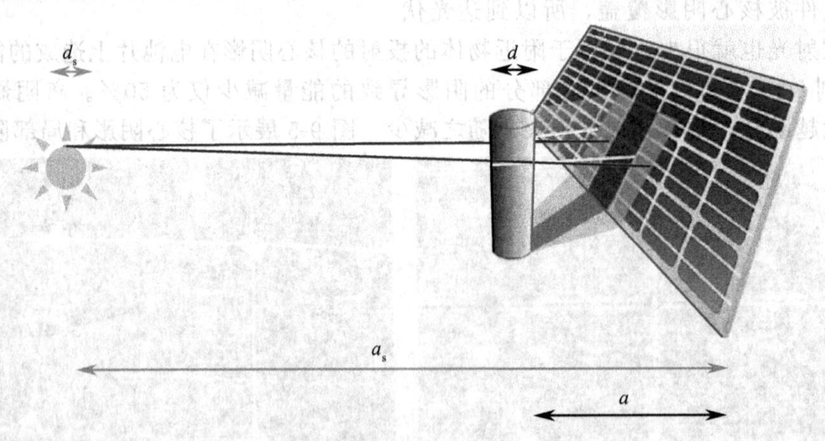

图 9-6 核心阴影的宽度等于电池片宽度

在任何情况下都有必要减少直接阴影。阴影面积的波动依赖于季节和白天的时间，因此导致的损失可以使用相关的程序来计算。

四、 阴影分析

为评估由位置所带来的阴影，使用了一种阴影分析法。为此，周围环境的阴影轮廓在系统中被标记为一点，这一点通常在光伏阵列的中央。

在系统较大或者要求更精确的情况下，阴影分析应当在多个点上进行。

周围环境的阴影轮廓可以通过下面的数据和设备取得：

① 位置图和太阳位置图；

② 醋酸盐上的太阳位置图；

③ 阴影分析仪（数码相机和软件，或者阳光探测器）

1. 使用位置图和太阳位置图

当使用位置图和太阳位置图时，需要测量距离和投影物的尺寸。根据这些信息可以计算出方位角和仰角（图 9-7）。

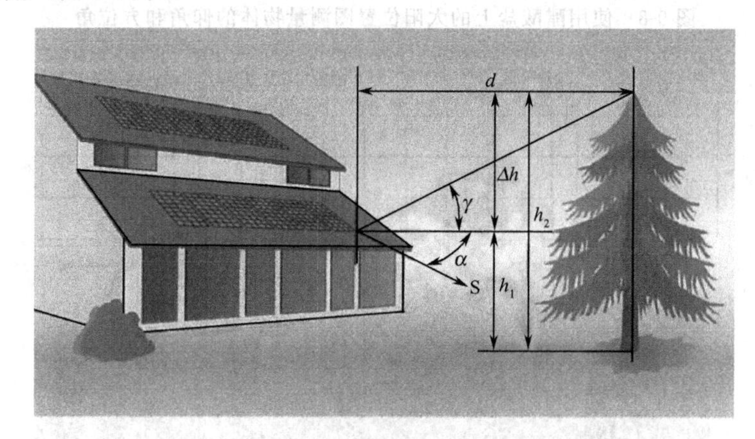

图 9-7　物体仰角和方位角的计算

仰角 γ 由光伏阵列的高度 h_1、投影物的高度 h_2 和它们之间的距离 d 计算出来：

$$\tan\gamma=\frac{h_2-h_1}{d} \quad \rightarrow \quad \gamma=\arctan\left(\frac{h_2-h_1}{d}\right)=\arctan\left(\frac{\Delta h}{d}\right)$$

利用这种方法可以计算出太阳能系统周围所有障碍物的仰角，前提是要从观测者那里取得物体的高度以及它们之间的距离。障碍物的方位角可以直接从位置图或草图上得到。

2. 使用醋酸盐上的太阳位置图

具有高度轴的太阳位置表也可辅以三角分割法来测量角度，这被印在醋酸盐上并以半圆规律排列。观测者在光伏系统处透过图表看障碍物，可以直接读出并记录下仰角和方位角。为了记录下更精确的观测角，还可以使用广角镜头，这也被用在门的窥视孔上。图 9-8～图 9-10 说明了这种简易的阴影分析法。

以下是由树导致的阴影的透射系数：

① 针叶树 $T=0.30$；

② 冬季中的落叶树 $T=0.64$；

③ 夏季中的落叶树 $T=0.23$。

透射系数指出了太阳辐射对树的透射率。在有的仿真程序中应当考虑到这个因素（比如 PV-Sol）。

阴影分析的结果是周围环境在太阳位置图上产生的阴影轮廓图。

从图 9-10 中很容易读出指定月份的阴影水平。在该图中，我们可以看出 12 月 21 日该

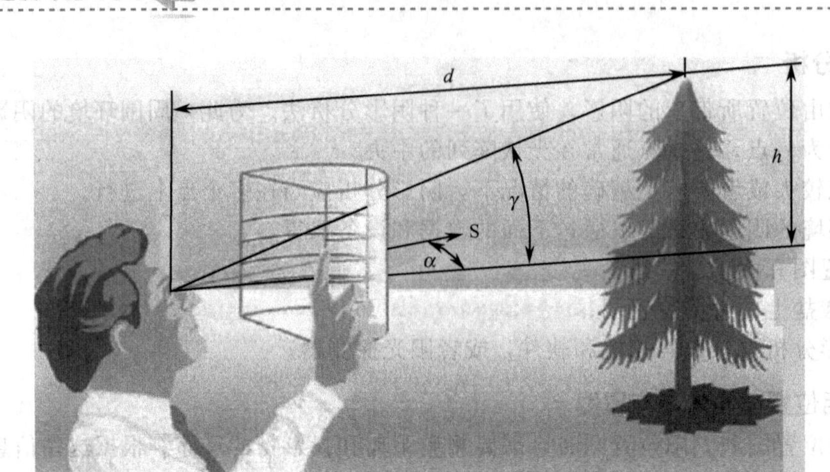

图 9-8 使用醋酸盐上的太阳位置图测量物体的仰角和方位角

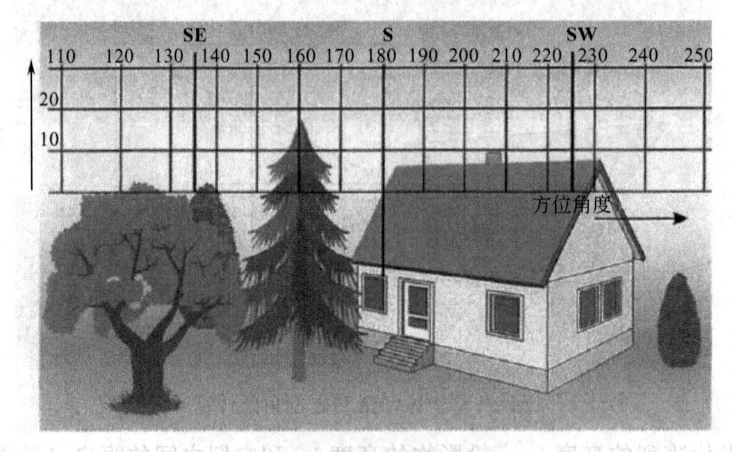

图 9-9 周围环境的角度栅格

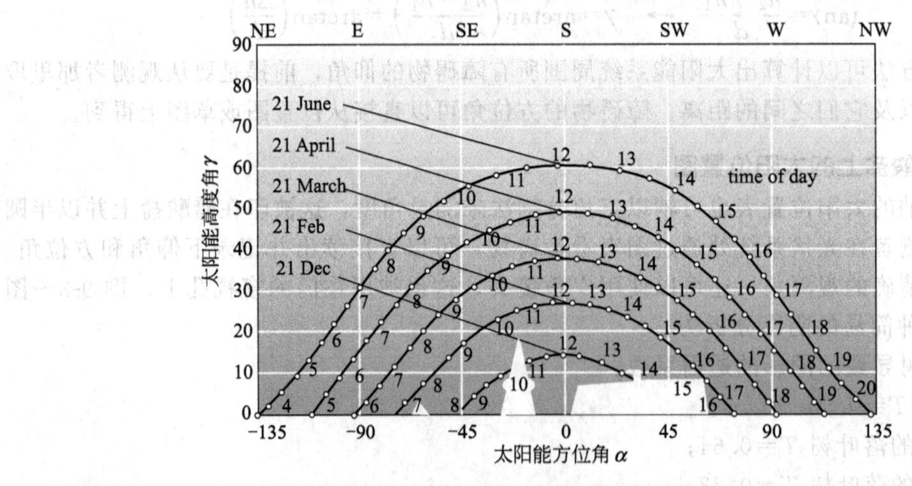

图 9-10 带有阴影轮廓的柏林的太阳位置图

地的阴影有 50%，上午和午后这两个时间段阳光的穿透时间大约为 1h。2 月 21 日以后不会再出现更多的阴影，而且在 3 月到 10 月这段时间没有阴影。

更深入的评估可以以图形方式进行，通过计算或使用仿真软件（比如 SUNDI、PV-Sol、

PVS 和 SolEm）进行分析。光伏阵列的几何形状以及组件的连接方式只有在更复杂的仿真程序（比如 PV-Cad 和 PV-SYST）里才被纳入考虑范畴。

如果没有仿真软件，则需要知道安装场地每个月的辐射总量。这样才能从阴影率中估算每个月的辐射损失，其中阴影率是根据太阳位置图计算出来的。

五、 带软件的阴影分析工具

有多种带软件的阴影分析工具可供使用。使用它们可以进行更准确的分析而不会像手动分析那样经常出错。

阳光探测器使用了一块高度抛光的、透明的、凸起的塑料顶盖，它可以成像出周围环境的全景。所有的树、建筑物和其他障碍物都可以在顶盖上被反射并清晰可见。由于它使用的是反射原理而不是显示实际阴影，所以只要是白天就可以使用，无论是晴天还是多云。用它对场地进行分析时，太阳的实际位置与之是毫不相关的。正确地设置好阳光探测器（图 9-11）后，就可以手动或者自动采集阴影数据了。如果手动采集，在顶盖上看到的地平线反射的轮廓，可以通过在单位那一侧的小孔里插入一只白色标记笔（探测器自带的）并在下方的表上跟踪到，跟踪曲线能正确地表示何时某障碍物将在某处投下阴影。可用数码相机对顶盖拍照，并使用软件对照片进行分析。通过这种方法，可以很简单并且很快速地对场地进行评估。

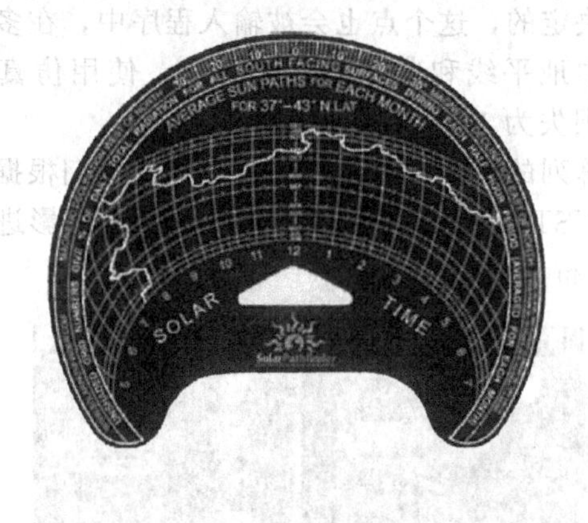

图 9-11　阳光探测器

Panorama Master 和 HORIcatcher 提供了一个修正数码相机和相应软件的系统，该系统可以自动生成地平线。利用阴影分析仪（带软件数码相机），可以确定物体的仰角和方位角。但照片必须水平拍摄，在安装点以至少 180°或者使用鱼眼镜头进行拍照（图 9-12）。

Panorama Master 是一个用来保持并校正数码相机的水平系统。用它可以在 360°内以特定的角度对周围的环境进行多次拍摄。经过特别设计的软件 Horizon 被用来缝合单张的照片以形成一幅完整的图像，它还可以自动查找并把地平线拖到一起（图 9-13）。然后地平线会被输出为适宜的文件格式并在仿真软件（例如 PV-Sol 和 PVS）中被处理。这就意味着设计者不用再辛苦地手动输入数据了。HORIcatcher 使得将球面镜拍摄的单张地平线照片数字化成为可能，所提供的软件还允许其数据被输入到其他仿真程序中。

图 9-12　拍照以评估一处地面系统的地平线

图 9-13 使用 Horizon 程序生成地平线

阴影分析的结果为由周围环境在太阳位置图上所导致的阴影的轮廓。从图上可以很快地读出特定月份的阴影水平。

在 Horizon 的举例中，在冬季的一天中，场地中央被高层建筑物投影的时间恰好在 2h 以下（从上午 9：30 到 11：20）。另外，在日出和日落时阴影大概会出现半小时。从 3 月到 9 月，右侧建筑物在下午 5：00 之后投下的阴影穿过场地的时间为 1～2h。

使用合适的仿真软件可以对图表进行更进一步的评估。很多仿真软件都可以计算辐射损失，并根据这些近似值得出能量损失（比如 PV-Sol、PVS 和 SolEm）。在这里，阴影轮廓是由光伏阵列上的一个点（通常为阵列中心点）决定的，这个点也会被输入程序中，在多数情况下这样做的精确性是足够的。对于图 9-13 中地平线和典型的光伏系统，使用仿真软件 PV-Sol 计算出的辐射损失为 9%，导致的能量损失为 10%。

然而，这同样是基于阴影能完全覆盖光伏阵列的假设。能量损失通常会比我们根据阴影面积所推测的要大。更复杂的仿真软件如 PVSYST、PVCad 和 3DSolarwelt，对阴影进行三维分析（图 9-14），同时还能把不均匀的阴影分布考虑在内。

图 9-14 使用 3DSolarwelt 分析阴影的过程

六、阴影、光伏阵列的构造和系统概念

阴影对光伏系统的影响取决于以下因素：

① 被阴影覆盖的组件数目；

② 电池和旁路二极管的互联方式；

③ 阴影的明暗程度；

④ 空间分布以及随着时间推移阴影的移动路线；

⑤ 组件的互联方式；

⑥ 逆变器的设计。

如前面的任务中所讲的那样，计算电能产率时辐射损失通常由光伏阵列的范围（也就是光伏阵列）所决定。然而这样做没有考虑到光伏阵列由阴影导致的 *I-V* 特性曲线的改变，它会导致最大功率点（MPP）的转移。逆变器的工作点会跟踪最大功率点，最大功率点的改变将会决定与无阴影的光伏阵列相关的功率损失，逆变器的输入电压范围决定了组件的互联方式。对于串联的具有高输入电压的逆变器，通常所有的组件也是串联的，如果逆变器的输入电压很低，光伏阵列则应当以几个并行串联的方式使用。

柏林科技大学（Technical University Berlin）就阴影问题对不同的系统设计进行了科学研究（Siegfriedt，1999）。使用了 PSpice 电子仿真软件来确定光伏阵列的 *I-V* 特性曲线，并在不同的阴影情况下预测功率损失。构造了两种阵列进行比较，第一种是将 20 片组件串联形成光伏阵列；第二种是将每 4 片组件串联在一起，这样 20 片组件就能串联出 5 串阵列，再将这 5 串阵列并联成最终的阵列。光照强度为 1000W/m² 时，当分别有 2 片、4 片、6 片和 8 片组件被遮挡以降低组件上的光照强度至 500W/m² 时，对于串联阵列，特性曲线并不以组件的遮挡位置为转移，而对于并行连接的光伏阵列，不同的遮挡情况导致的特性曲线也不同。

图 9-15～图 9-17 表明，随着阴影的改变，功率曲线最大时电压很低，而在第二大时电压也只高了一些。这些因素从一开始就指出了最大功率的位置；不管这些因素存不存在，可能它们只是导致了特性曲线上一处细微的波动；最大功率点在何处，是否完全脱离了逆变器的跟踪范围。在被遮挡的情况下功率损失的多少取决于逆变器输入电压的范围。此外，逆变器对最大功率点的跟踪原理是具有决定性的，依赖于跟踪原理和阴影随时间的移动路线，系统在这些最大功率处运行。串联和并联有着根本的不同。

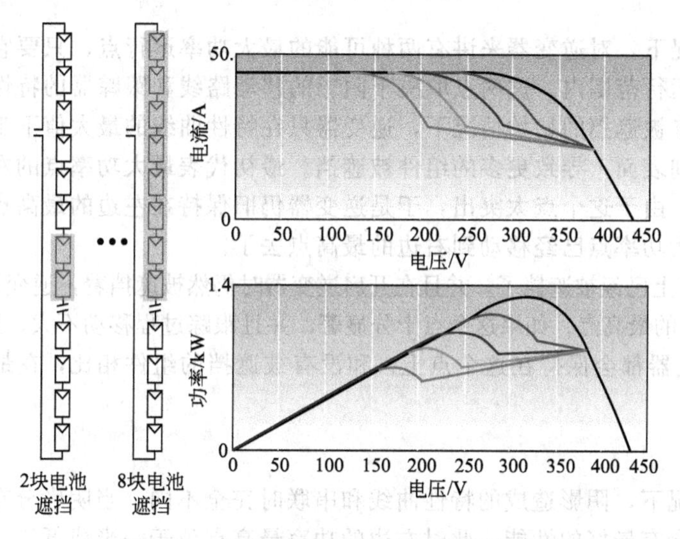

图 9-15　串联时的阴影情况和 *I-V* 特性曲线

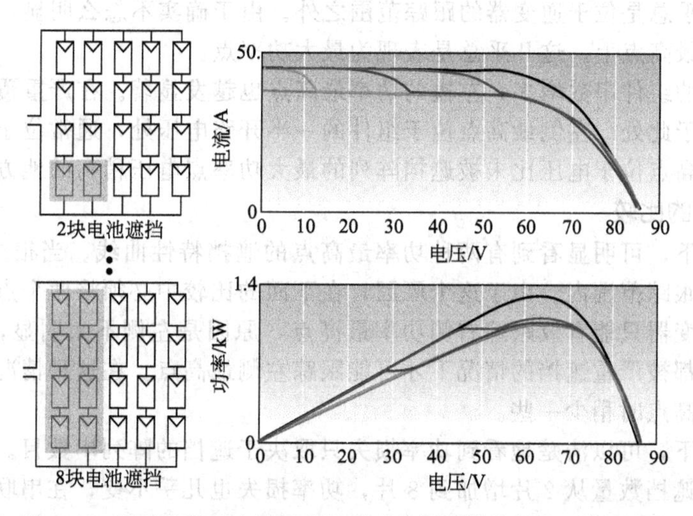

图 9-16　并联情况下遮挡两串阵列时的阴影情况和 *I-V* 特性曲线

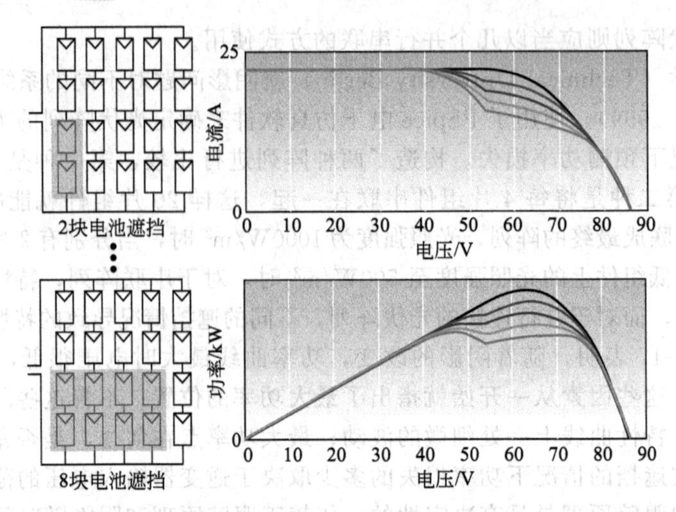

图 9-17 并联下遮挡 1 到 4 串阵列的 2 片组件时的阴影情况和 *I-V* 特性曲线

1. 串联特性

在串联的情况下，对逆变器来讲有两种可能的最大功率运行点，只要它们在逆变器的最大功率跟踪器的运行范围内。这两点取决于阴影的移动路线和跟踪器的特性。

在光伏阵列未被遮挡的初始情况下，逆变器只在特性曲线的最大值下工作。然后阴影逐渐扩大并穿过阵列表面，导致更多的组件被遮挡。最初代表最大功率点的左边的最高点朝低电压的方向移动。由于这个点太突出，于是逆变器仍旧保持在左边的最高点上，当更多的组件被遮挡时，最大功率点已经移动到右边的最高点去了。

如果组件在早上已经被遮挡了，并且在开启逆变器时仍然被遮挡着，逆变器将会从开路电压开始跟踪到达右边的最高点。如果这个点十分显著，并且跟踪过程移动不大，则无论最大功率点有没有移动，逆变器都会保持在这个点上。和没有被遮挡的组件相比，在最高点上电压略微偏大。

2. 并联特性

在并联的情况下，阴影造成的特性曲线和串联时完全不同。当阴影分布在同一串或很少几串组件上时才会有最好的性能。此时左边的功率最高点位于一半或低于一半阵列开路电压的地方，因此几乎总是位于逆变器的跟踪范围之外。由于确实不怎么明显，所以逆变器几乎总是跟踪到右侧最高点上，这几乎总是表现为最大功率点。

随着被遮挡的组件串数增多，左边的功率最高点也越发显著。在严重覆盖的情况下，最大功率点可能位于此处。左侧最高点位于组件的一半开路电压处，通常位于逆变器的工作范围之外。右侧最高点位于电压比未被遮挡阵列的最大功率点电压稍高的地方。

3. 连接规则的比较

在串联情况下，可明显看到有两种功率最高点的遮挡特性曲线。当很少组件被遮挡时，电压在逆变器的跟踪范围内。由于这个原因，在下面的比较中必须将两个点都考虑在内。在并联情况下，逆变器只能有效跟踪右侧功率最高点，原因是左侧不太明显，并且电压太低。只有在多串阵列都被严重遮挡的情况下才可能跟踪左侧最高点。在这种情况下，功率的损失会比跟踪右侧最高点时稍少一些。

在并联情况下，可以清楚地看到功率损失只取决于遮挡的阵列串数目。当遮挡两串阵列时，即使组件的遮挡数量从 2 片增加到 8 片，功率损失也几乎不变，在串联情况下则表现为大量的功率损失。在左侧最高点，随着遮挡组件数目的增加，功率的损失也在增大，而在右侧最高点，与大面积阴影相对的是更恒定的功率损失。

电能产量减少的多少取决于一年中阴影穿过的持续时间。图 9-18 在墙面系统上就阴影对串联结构和并联结构的影响作了比较。为了便于比较，使用了同一个墙面系统，并在两种结构中切换。为了限制并联构造的电流，在每片组件上均接入了 DC-DC 转换器，并通过直流总线与中枢逆变器相连。DC-DC 转换器也负责跟踪最大功率点，并且是跟踪原型。在这种墙面系统中，和串联结构相比，并联结构多出的电能产量高达 30%。通过 DC-DC 转换器对单串阵列最大功率点的跟踪，串联阵列也可以使用了。

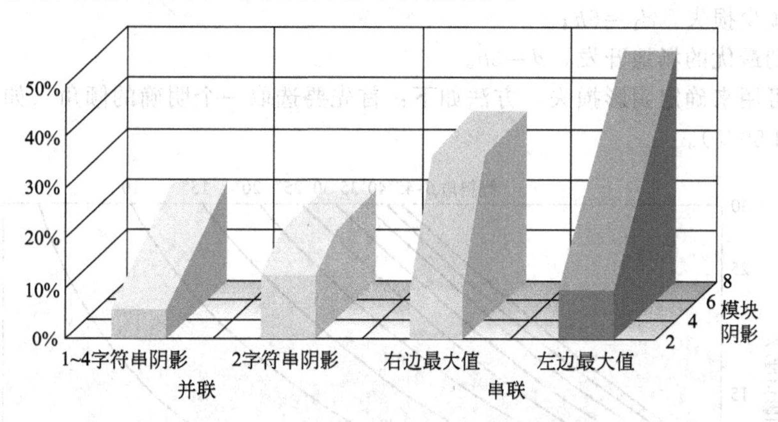

图 9-18　在不同连接规则下的功率损失

在没有遮挡或有小面积遮挡的情况下，可能的电能产率不会取决于光伏阵列的构造。在这里，如果想使用更简单更经济的装备，各串阵列上的逆变器可以提供更经济的解决方案。如果遮挡不可避免，则应当更细心地设计以使得阴影只在最少的阵列串上出现。这种构造的缺点是增加了安装费用和产生了由大电流导致的电缆开销等，这些花费要比电能的增多带来的补偿更多，特别是其他减少电能的因素，诸如失配等，对串联构造的影响比对并联构造的影响更大。标准的仿真软件是不可能充分考虑到这些复杂情况的，因此特别是在出现直接阴影时，需要谨慎判断仿真结果。

七、自由分布、架式光伏阵列的阴影

通常光伏阵列被安装在平坦的地方（如屋顶平台和露天场所）。它们可以被水平安置，但只有在最优倾斜时才可获得最高的电能产率。与水平安装相比，倾角为 30°可使得电能产率增长 12.5%。另外，水平系统需要更频繁的清洁，否则会因为污染导致大量能量损失。

为了指定特殊场地的使用，场地开发因数被利用起来，它被定义为组件宽度与组件行间距的比率：

$$f=\frac{b}{d}$$

这通常会使得场地的开发因数介于 0 和 1 之间，或者说 0% 和 100% 之间。100% 的场地开发因数会导致单个组件行大面积的相互阴影（图 9-19）。

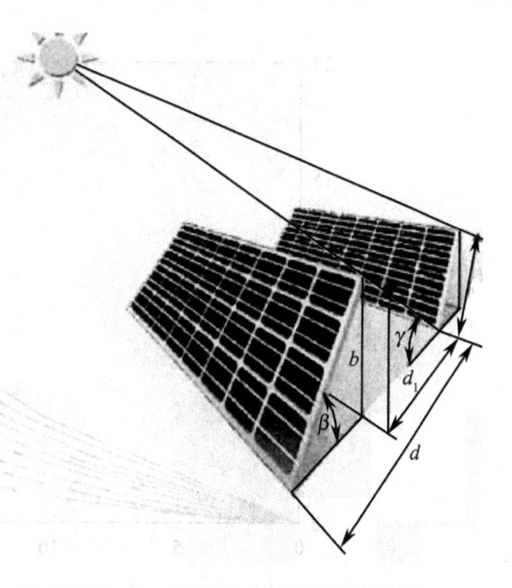

图 9-19　架式光伏阵列下的阴影

在倾角β很小时，阴影也会比较少，场地得到了较好的开发，然而一年中的电能产率也随之降了下来。由于这个原因，通常会选择30°的倾角，此时的场地开发因数在30%到40%之间。组件行距除了取决于组件宽度外，也取决于倾角和阴影角度：

$$d=b\times\frac{\sin(180°-\beta-\gamma)}{\sin\gamma}$$

作为一个较好的折中处理，阴影角度通常会选取冬季太阳的天顶角。

一般而言，倾角为$\beta=30°$时以下两点经验已得到证明：

① 为了减少损失，$d_1=6h$；

② 考虑到最优的场地开发，$d=3b$。

图9-20可用来确定阴影损失。方法如下：首先要选取一个明确的倾角（如30°）和场地开发因数（如50%）。

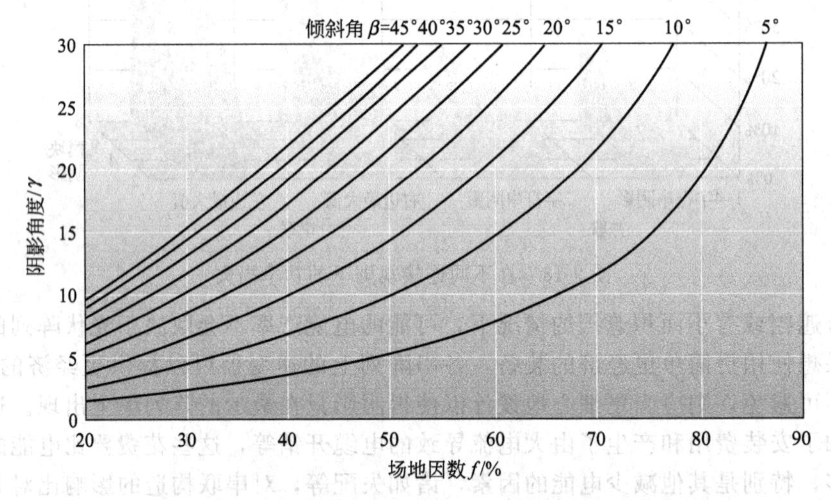

图9-20 阴影角度作为场地因数f和倾角β的函数

在$\beta=30°$的那条线和开发因数为50%的那条线的交汇点可看到阴影角度为24°。有了这个值，就可以在图上找到阴影损失的交叉点（在图9-21中，$\beta=30°$可以看到阴影损失为12%）。得到的产率损失也受到电池和组件的阴影以及系统设计的影响。

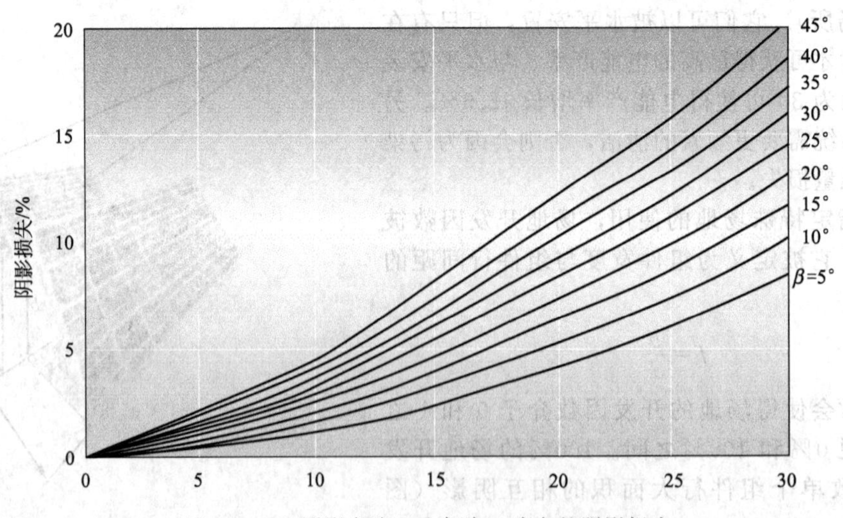

图9-21 由阴影角度γ和倾角β确定的阴影损失

一般来说，如果场地开发因数降到 33%以下，则通常不可能增加电能产率。另外，还建议在开发因数大于 50%时只在 30°以下减小倾角。

八、 建筑物勘测清单

下面的清单是为单户和双户房顶的并网光伏系统设计的。如果可能，还需要从客户那里获取一份建筑文档（楼面的布置图、截面图、屋顶图和位置图）。更大的光伏系统需要更详尽的勘测。如果有必要，可以根据该模型设计自己的清单，如果系统被局部遮挡，还可以使用附加的清单。

为了评估阴影对光伏系统的影响，最好是做一张草图，如图 9-22 所展示的那样。这样可以根据指南针的方位和位置图对场地的阴影清单进行补充。对于新建筑，必须考虑包括将来在附近是否会种树或盖新建筑在内的附加因素，另外，树生长所延伸的范围也应考虑在内。

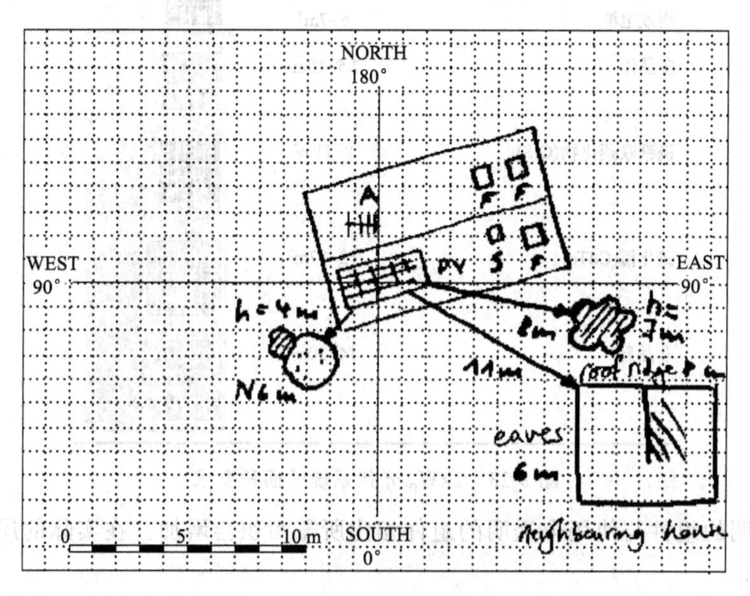

图 9-22　草图

下面的要点应当在草图或者位置图的拷贝上标记下来（如果有必要，照片上也要标记）：

① 带有方位标记的屋顶区域；

② 可用的光伏系统区域；

③ 烟囱、天线和圆盘式卫星电视天线；

④ 邻近建筑物的位置（大概距离和高度）；

⑤ 树（大概距离和高度），如落叶树（D）和针叶树（F）；

⑥ 遮挡光伏系统的架空电缆（输电线和电话线）；

⑦ 其他遮挡物，如建筑物的突出部分、天窗等。

任务二　并网光伏系统的设计与规模确定

一、 系统规模与组件选择

一个合适的光伏系统场地是在现场考察时与客户协商而确定的。建筑勘测的清单包括系统说明书、方位、倾角、可用区域、装置类型、阴影、电缆长度、逆变器位置等。

根据以下要求选择组件：

① 电池材料，如单晶、多晶、非晶、CdTe 或 CIS、薄膜；

② 组件类型，如有/没有框架的标准组件，glass-glass 组件，光电瓦片等。

一个具体的组件类型是由这些规格确定的，组件的技术规格将决定之后的系统规模。首先要根据场地大小确定组件的大概数目，这个数目可以用来计算光伏系统的大概总功率。

经验公式为：

$$1\mathrm{kW_p}=10\mathrm{m}^2 \text{ 光伏阵列}$$

根据不同的电池材料，图 9-23 可用来更准确地估算特定功率所需的面积。

电池材料	$1\mathrm{kW_p}$所需面积
单晶	7~9m²
高效电池	6~7m²
多晶体	7.5~10m²
铜铟联硒化物(CIS)	9~11m²
碲化镉(CdTe)	12~17m²
非晶硅	14~20m²

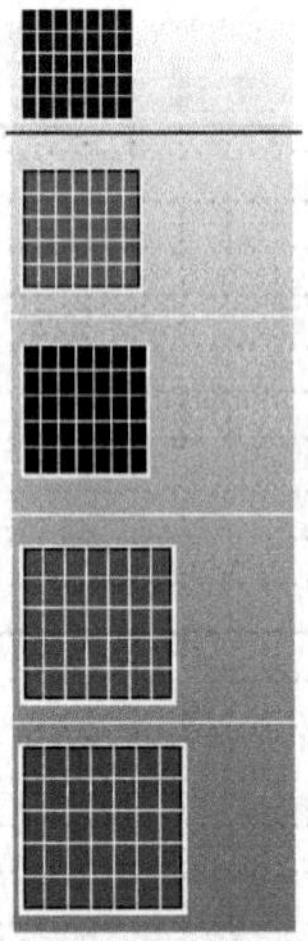

图 9-23 $1\mathrm{kW_p}$ 光伏系统的面积要求

使用半透明的组件与使用全透明的组件相比所需面积会增加。在实际的屋顶规划时，要考虑下面几点：

① 与可用的屋顶宽度和高度相关的组件宽度和高度的乘积用以确定组件数目，这将用来确定组件数目；

② 组件与屋顶边缘的距离，该距离应为组件表面与屋顶垂直距离的 3 倍；

③ 组件间的膨胀间隙，通常在 6mm 到 10mm 之间；

④ 屋顶上层建筑（比如烟囱、通风口和天线等）和它们的投影；

⑤ 周围环境导致的阴影。

二、系统模式

系统模式是由逆变器接入方式决定的，这样又产生了集中和分散系统概念。从组件的串行连接到并行连接，都应在逆变器的调整下进行优化，取决于组件的容差，以及串联时有或多或少的失配损失。Werner Hermann 计算了失配损失对组件容差和预分类组件的依赖程度，结果如图 9-24 所示。

根据图 9-24，如果组件的产率容差为±5%并以串联方式分类，则失配损失小于 1%；如果按电流分类，则失配损失降低到约 0.2%。在产率的变化大于 8%时，标准惯例是以最大功率点的电流分类。

逆变器在整个系统中可用作中央逆变器，在串联阵列中可用作串逆变器，而在单个组件

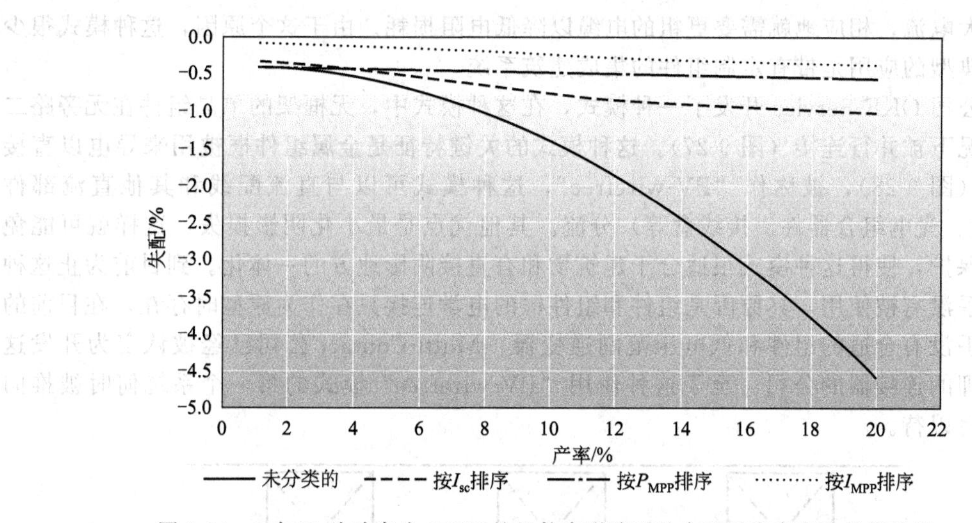

图 9-24　8 串 14 片功率为 150W 的组件串联阵列的失配对产率变化的依赖度

中可用作组件逆变器。这三种模式各有自身的优缺点，选择何种模式取决于使用的方式。对于由不同区域的不同方位和倾角的亚阵列组成的系统，以及有局部阴影的系统，应当考虑中央逆变器模式。

1. 中央逆变器模式

① 低电压模式。在低电压范围内（V_{DC}＜ 120V），在串阵列中的组件数很少（3～5 片标准组件）。与长串相比，当串中的阴影面积很大，决定了整串阵列的电流时，这种短串方式的优点是阴影造成的影响更小。另外，损失还取决于被遮挡串的数量，而被遮挡组件的数目造成的影响就不那么显著了。如果只有少数串被遮挡，损失也保持在很低的水平(图 9-25)。

此外，在电压低于 120V 时，有可能会使用运行第Ⅲ类保护（图 9-26）。这种模式的缺点

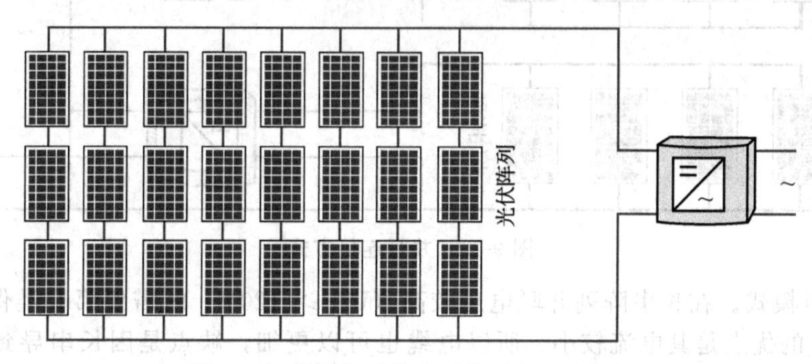

图 9-25　在低电压模式下使用中央逆变器

电气保护类		符号
	设备接地	
Ⅱ类	保护绝缘	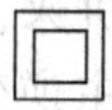
Ⅲ类	安全特低电压(最大 AC:50V；最大 DC:120V)	

图 9-26　保护类型

是会产生大电流，相应地就需要更粗的电缆以降低电阻损耗。由于这个原因，这种模式很少被用到。典型的应用是带有定制组件的集成建筑系统。

荷兰公司 OKE-Service 开发了一种模式，在这种模式中，无框架的单晶组件在无旁路二极管的情况下被并行连接（图 9-27）。这种模式的关键特征是金属组件框被用来导电以直接并联组件（图 9-28），被称作“PV-wirefree”，这种模式可以与直流配线和其他直流部件（如保险丝、光电组合器件、接线盒等）分流。其他优点是最小化阴影损失，这样就可能免去第Ⅱ类保护，使得这种模式很适合于建筑物和有直接阴影地方的一体化。到目前为止这种模式还几乎没有被使用，其原因是组件和组件框的电学连接只在作为原型时存在，在目前的产品中几乎没有合适的组件和低电压范围逆变器。Multi-Contact 公司已经被认定为开发这种连接原理的连接器的公司。至于这种使用“PV-wirefree”模式的第一个系统何时被推向市场，拭目以待。

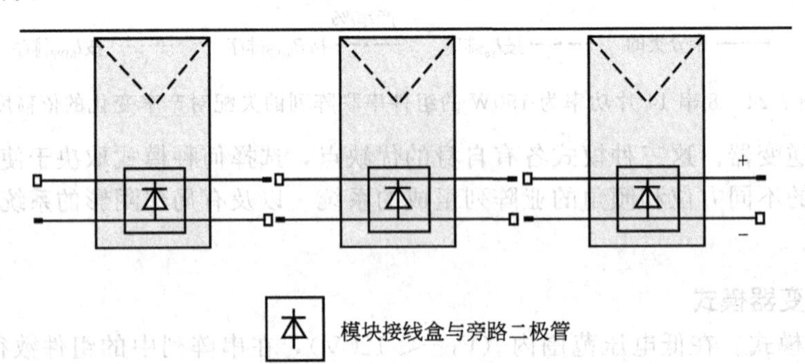

图 9-27 使用 4 条连接电缆的组件并行连接方式

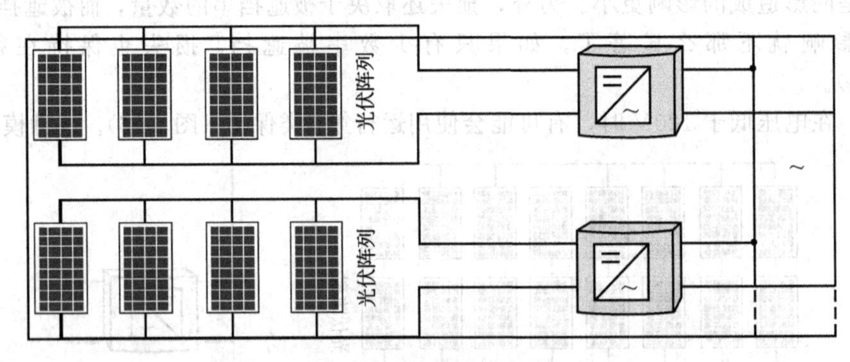

图 9-28 并行连接方式

② 高电压模式。在长串阵列并联电压较高（$V_{DC}>120V$）时需要第Ⅱ类保护。这种模式（图 9-29）的优点是其电流较小，所以电缆也可以更细，缺点是因长串导致的阴影损失较大。

③ 主从模式。较大的光伏系统通常基于主从原理使用中央逆变器模式，这种模式使用数个中央逆变器（通常两三个）。根据系统规模，总功率可被数个逆变器分担。其中一个逆变器被作为主逆变器在弱光照范围下工作，当光照增加时，主逆变器达到功率极限后，从逆变器被接入进来。为了平均分配逆变器的负荷，主从逆变器（图 9-30）在一定的周期内互换（轮流作主逆变器）。

这种模式的优点是在弱光照时只有一个逆变器（主逆变器）处于工作状态。所以和只采用中央逆变器的模式相比，这种模式的效率更高，特别是在低功率范围内，缺点是成本比中央逆变器模式更高。

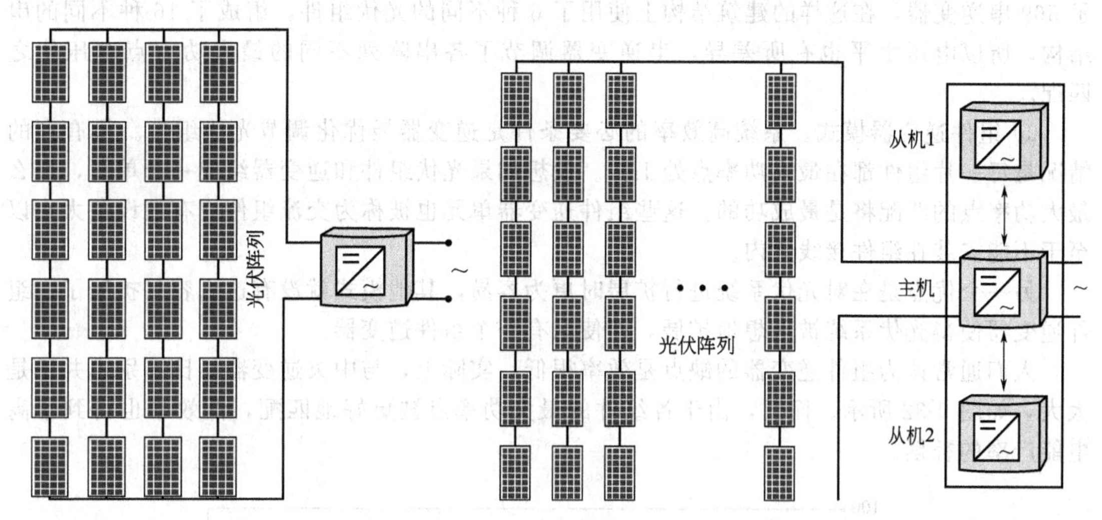

图 9-29　使用中央逆变器的高电压模式　　　图 9-30　具有中央逆变器单元的主从模式

主从模式的使用实例是德国慕尼黑的新杜塞尔多夫展览中心（Neue Messe Exhibition Centre）的 1MW 屋顶光伏系统。

④ 亚阵列和串逆变器模式。输出达到 3kW 的系统通常具有串逆变器。在多数情况下，整个光伏阵列只组成一个单串。中等规模的系统通常有两到三个串与逆变器连接，形成了亚阵列的模式。对于亚阵列的方向和阴影各不相同的系统，亚阵列和串逆变器模式（图 9-31）能更好地匹配各种光照条件下的功率，即在每个亚阵列或串中接入逆变器。需要注意的是只有方向、倾角和被遮挡情况相同的组件才可被连成一串。如果串很长，由于整串的电流由得到最少光照的组件决定，阴影可能导致较大功率损失。

使用串逆变器模式可使得安装更为容易，并大大减少安装费用。逆变器通常安装在光伏阵列附近并被连接成串。目前在 500～3000W 的功率范围内都可以使用。

逆变器直接和组件串相连，和中央逆变器模式相比，有以下优点和成本优势：

a. 省略了光伏组合器/接线盒；

b. 连续连接可以减少组件连线和省略直流主干电缆。

德国北威州的 1MW 光伏系统就是使用亚阵列和串逆变器模式的一个实例。系统中使用

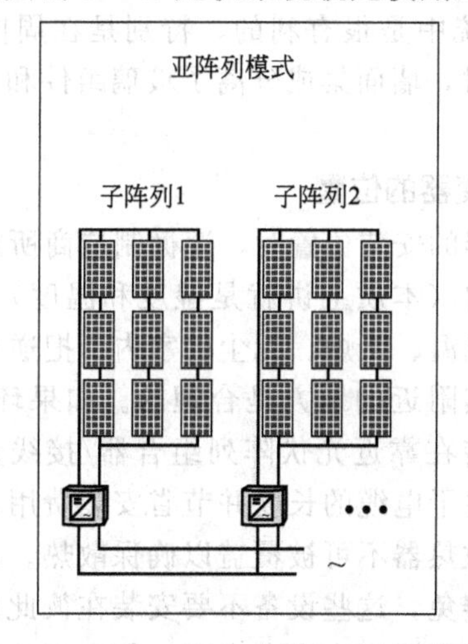

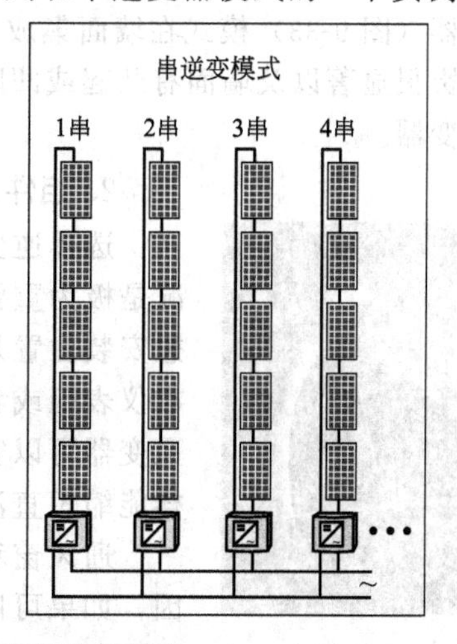

图 9-31　亚阵列和串逆变器模式

了 569 串逆变器，在这样的建筑结构上使用了 6 种不同的光伏组件，组成了 16 种不同的串结构，所以电压水平也有所差异，串逆变器调节了各串阵列不同的最大功率点电压使之匹配。

⑤ 组件逆变器模式。系统高效率的必要条件是逆变器最优化调节光伏组件。最有利的情况是每一片组件都在最大功率点处工作。设想如果光伏组件和逆变器组成一个单元，那么最大功率点的匹配将是最成功的。这些组件逆变器单元也被称为交流组件，有的设备太小以至于不能安装在组件接线盒内。

另一个优点是在对光伏系统进行扩展时更为容易，其他模式就没有这么容易扩展了。组件逆变器使得光伏系统被理想地扩展，即使只有一个组件逆变器。

人们通常认为组件逆变器的缺点是效率很低，实际上，与中央逆变器相比差别也并不是太大，如图 9-32 所示。而且，由于各组件的最大功率点被更好地匹配，低效率也得到了高电能产率的补偿。

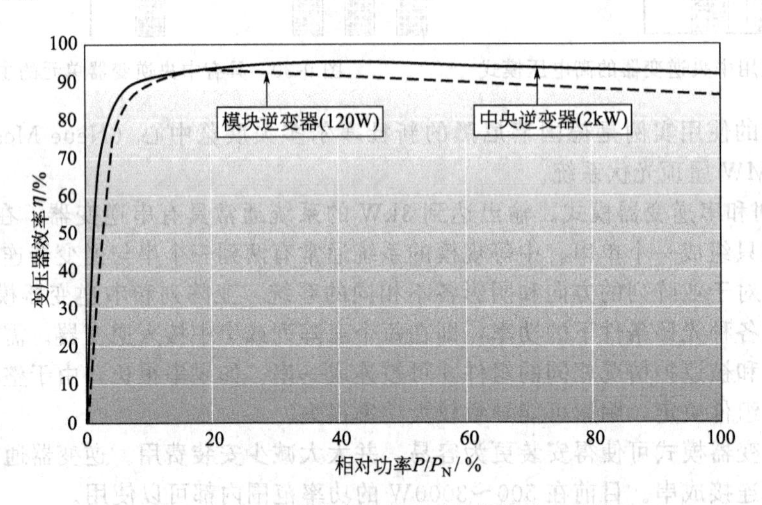

图 9-32 中央逆变器和组件逆变器的效率曲线

安装交流组件时，应确保能快捷地更换有故障的逆变器。这种模式的重点是以记录有关工作数据、故障和故障信号的方式监控各个逆变器并存储这些信息。制造商们会提供可以用计算机监控并以软件显示这些数据的系统。

组件逆变器（图 9-33）模式在墙面集成系统中是很有利的，特别是在周围环境在墙面造成的局部阴影很显著以及墙面有凸起或凹陷时，墙面集成分离了玻璃组件和被投向亚分布单元的组件逆变器。

图 9-33 组件逆变器

2. 组件逆变器的位置

选择逆变器的安装位置时，遵循制造商所规定的环境情况是极为重要的（本质上讲就是湿度和温度）。逆变器的理想安装位置是低温、干燥、无尘的室内。把逆变器安装在紧靠仪表柜或者其附近的地方是合理的。如果环境条件允许，逆变器可以安装在靠近光伏阵列组合器/接线盒的地方，这样能缩短直流主干电缆的长度并节省安装费用。

通风窗和散热器不可被覆盖以确保散热。出于同样的原因，如果可以避免，这些设备不要安装在彼此的顶部。选择逆变器的安装位置时还应当考虑到它们发出的噪声。这些设备应当被保护，不受活泼气体、水蒸气和微粒的损害，例如在畜舍内，产生的氨气会损害逆变器。较大的中央逆变器通常与受保护的设备、仪表和开关设备一起，安装在一个独立的柜子里。

在屋顶外部和其他户外地方，串逆变器正被越来越多地使用。这些设备具有 IP54 保护，故能抵御户外的天气环境。虽然如此，还是建议把逆变器安装在没有阳光直射和雨淋的地方，使其在使用期内发挥最好的作用。另外，逆变器还应当安装在容易接近的地方，这样做的目的是在其出现故障时易于维修。

3. 确定逆变器的大小

逆变器的使用说明书提供了逆变器大小和安装方法等重要信息，在确定逆变器大小时应阅读该说明书。系统和连接方式决定了逆变器的数目、电压水平和功率大小。

① 选择逆变器的数目和功率大小。逆变器的数目和功率大小由光伏系统的总功率和选取的系统模式决定。

依据 VDEW 原则的单相并行供电的视在功率 $S_{AC}=4.6$kV・A 已得到认可，逆变器额定输出功率必须和该值相符，大于 4.6kV・A，则供电必须为多相。如果可能，可以通过并联的单相逆变器在三相之间均衡展开来完成供电（最大不均衡负载为 4.6kV・A）。依据 2004 年 3 月关于 VDEW 原则的 VDN 公告，允许在 10min 内输出最大功率超过逆变器额定输出 10%的功率到电网中（图 9-34）。

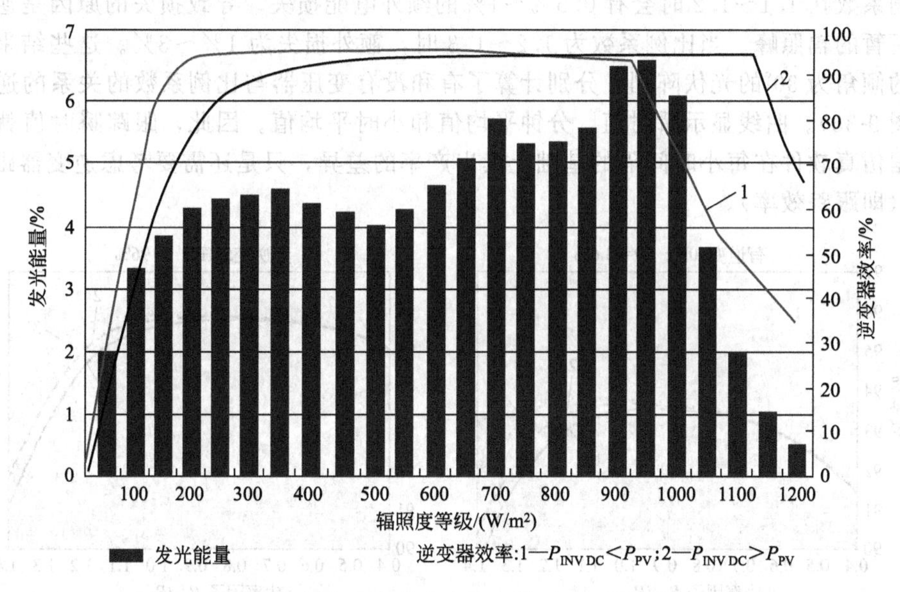

图 9-34　太阳光照的分布及大小逆变器（±10%）的效率曲线

逆变器制造商要保证这些参数与公式相符：

$$逆变器最大输出功率（AC）=5_{max,10min}<1.1S_N$$

光伏阵列和逆变器的输出功率应该被最优地匹配。逆变器的额定功率要能在光伏阵列输出功率±20%范围内变化（在标准测试条件下），这依赖于逆变器和组件技术以及场地环境（如光照情况和组件方向等）。

光伏阵列低于逆变器额定功率 40%以下在过去很普遍，建议在基于使用每小时光照数据时这样匹配。每小时数据表明仅仅只有少量的光能量高于 850W/m² 的光照强度。然而，基于分/秒的光照数据又表明仍然有大量的光强在 1000 W/m² 水平的光可以利用。

作为参考，在确定逆变器大小时，其功率与光伏阵列的功率之比为 1∶1。由于逆变器在特定的功率水平上是可用的，而组件的数目由可用的区域的面积决定，并由此决定了光伏阵列的功率，以 1∶1 估计偏差是常用的原则。然而，制造商所标注的可连接的最大光伏阵列功率通常比较高，而结果却运行在超负荷状态。由功率极限的限制和可能的过早的设备老化导致的电能损失是可以避免的，更可靠的方法就是根据逆变器的标称效率以及交流额定功率计算直流功率。逆变器制造商必须在说明中给出交流额定功率。交流额定功率是指逆变器在环境温度为 25℃（± 2℃）并且没有被断开时可以连续输入到电网中的功率。平均起来，直流功率会比逆变器的交流额定功率大 5%左右。下面的功率范围可以用来选择逆变器的大小：

$$0.8P_{PV}<P_{INVDC}<1.2P_{PV}$$

光伏阵列的功率（W_P）与逆变器的交流额定功率的比值被称为逆变器的比例系数 C_{INV}：

$$C_{INV}=\frac{P_{PV}}{P_{INVAC}}$$

比例系数描述了逆变器的利用率。典型的逆变器比例系数范围为 $0.83<C_{INV}<1.25$。

当逆变器被安装在阁楼或户外时，则需要缩小它们的尺寸，因为环境温度可能会比较高。逆变器不适合安装在那些温度比较极端或其他环境很复杂的地方。

比例系数在 1.1～1.2 时会有 0.5%～1%的额外电能损失，导致损失的原因是逆变器断开期间短暂的辐照峰。当比例系数为 1.2～1.3 时，额外损失为 1%～3%。这些结果基于向南排列的倾角为 30°的光伏阵列，分别计算了有和没有变压器与比例系数的关系的逆变器年效率（图 9-35）。曲线显示瞬时值、分钟平均值和小时平均值。因此，跟踪瞬时值就可以从图上根据仿真软件在每小时间隔的基础上读出产率的差异，只是还需要考虑逆变器跟踪系统的特性（即跟踪效率）。

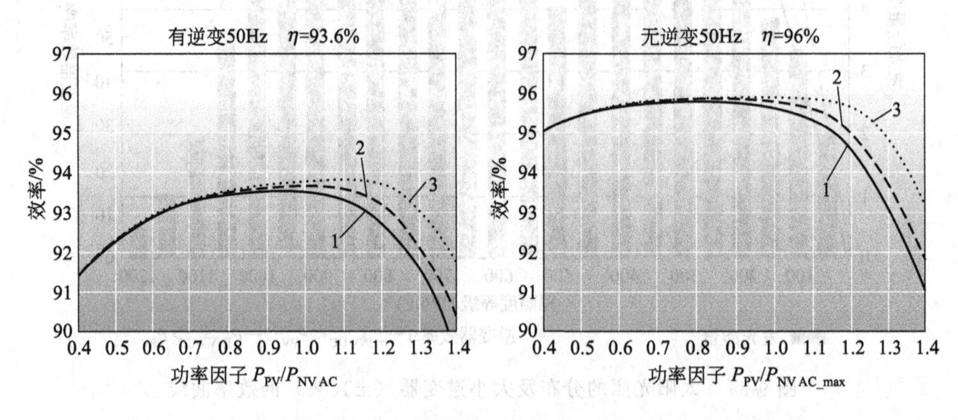

图 9-35 仿真有和没有变压器情况下取决于比例系数的逆变器年效率

1—瞬时值；2—分钟平均值；3—小时平均值

和逆变器跟踪效率一样，导线上的损失以及可能的组件额定功率的反向偏离也还没有被考虑在内。

在没有被优化排列和有局部阴影的系统中，从技术角度和经济角度出发，有时使用较小的逆变器也是可以理解的。应当注意逆变器不同的过载特性，在频繁连续过载的情况下设备的使用期限会迅速缩短。输入电压绝对不能超过逆变器的最大输入电压，这就是为什么下面的考虑对逆变器大小的选择是至关重要的。

使用非晶硅组件时，对于逆变器的选择应当考虑组件的衰减效应。非晶硅组件在使用的最初一个月内，其功率会超过由于光致衰减稳定后功率的15%左右。这样的影响还必须与以后的电压和电流一起考虑来选择逆变器的大小。在这段时间，工作时的电压会比额定值高11%左右，工作电流会比额定值高4%左右。

② 电压选择。逆变器电压的大小是串联组件电压的和。由于组件电压和整个光伏阵列的电压依赖于温度，所以在选择逆变器大小时应当考虑在冬季和夏季极端天气下的运行情况。

为了使逆变器与光伏阵列能最好地匹配，考虑组件温度和光照情况等工作参数则很重要。光伏阵列的电压强烈依赖于温度。逆变器的工作范围必须与光伏阵列的 *I-V* 特性曲线匹配。逆变器的最大功率点范围在不同的温度下都应与光伏阵列 *I-V* 特性曲线的最大功率点一致，如图 9-36 所示。另外，还需考虑逆变器的关断电压和。

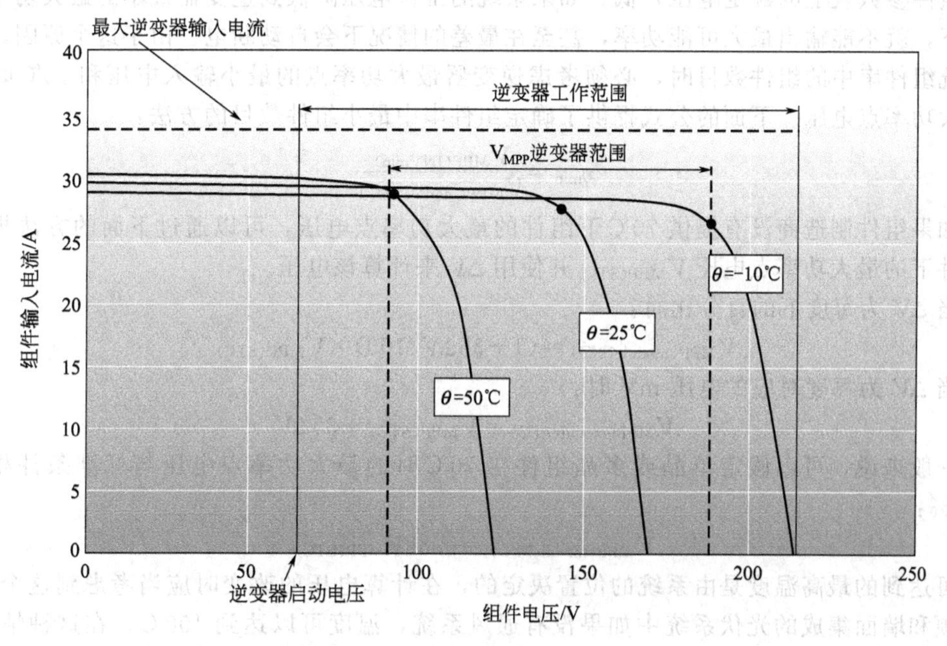

图 9-36 光伏阵列的 *I-V* 特性曲线和逆变器的工作范围

③ 串阵列中的最大组件数。第一个限制是由冬季－10℃的温度决定的。在低温下工作，组件电压会升高，可能遇到的最高电压是开路电压。如果逆变器在阳光充足的冬日断开（例如联网失败），会导致逆变器重新接入时开路电压极高，这个电压必须低于逆变器的最大直流输入电压，否则可能损坏逆变器。因此，串阵列中的最大组件数目应当由逆变器的最大输入电压和组件在－10℃时的开路电压决定：

$$\eta_{\max}=\frac{V_{\max(\mathrm{INV})}}{V_{\mathrm{oc(module-10℃)}}}$$

组件在－10℃时的开路电压并不总是与制造商所提供的数据相符，所以，该电压通常由电压的改变 ΔV 的百分比或者每度对应的电压 mV 来计算。电压的变化一开始是朝负方向的，这使得－10℃时的开路电压可以根据标准测试条件下的开路电压计算出来。

当 ΔV 为每度下的百分比时：

$$V_{\mathrm{oc(module-10℃)}}=(1-35\Delta V/100)\times V_{\mathrm{oc(STC)}}$$

当 ΔV 为每度对应的电压 mV 时：

$$V_{oc(module-10℃)}=V_{oc(STC)}-35\Delta V$$

在这里要确保 ΔV 为负。

如果没有提供数据，可以使用图 9-36 来确定该电压。图中显示，与标准测试条件相比，在－10℃时单晶和多晶组件的开路电压升高了约 14％：

$$V_{oc(module-10℃)}=1.14V_{oc(STC)}$$

4. 串阵列中的最小组件数

在夏季，屋顶上的组件温度很容易上升到 70℃左右。在决定组件串中的组件数目时通常使用这个温度。如果通风系统比较好，可以假定这个温度为 60℃。

在夏季完全光照的情况下，光伏系统由于温度的升高，其电压也比标准测试条件下的电压（组件参数表上的额定电压）低。如果系统的工作电压降低到逆变器最小的最大功率点电压以下，就不能输出最大可能功率，甚至在最差的情况下会自动断电。由于这个原因，在决定系统组件串中的组件数目时，必须考虑逆变器最大功率点的最小输入电压和 70℃时组件的最大功率点电压。下面的公式提供了确定组件串中最小组件数目的方法：

$$\eta_{min}=\frac{V_{MPP(INVmin)}}{V_{MPP(module70℃)}}$$

如果组件制造商没有提供 70℃下组件的最大功率点电压，可以通过下面的方法根据标准条件下的最大功率点电压 $V_{MPP(STC)}$ 并使用 ΔV 来计算该电压。

当 ΔV 为每度下的百分比时：

$$V_{MPP(module70℃)}=(1+35\Delta V/100)\times V_{MPP(STC)}$$

当 ΔV 为每度对应的电压 mV 时：

$$V_{MPP(module70℃)}=V_{MPP(STC)}+35\Delta V$$

一般来说，可以假定单晶或多晶组件在 70℃时的最大功率点电压与标准条件相比降低 18％：

$$V_{MPP(module70℃)}=0.82V_{MPP(STC)}$$

可达到的最高温度是由系统的位置决定的，在计算电压的改变时应当考虑到这个因素。在屋顶和墙面集成的光伏系统中如果没有通风系统，温度可以达到 100℃。在这种情况下，就使用 100℃下的最大功率点电压来确定组件串中的最小组件串数目。在长串系统中，严重的阴影可以导致最大功率点电压的大幅下降，在确定串阵列的组件数目时也应当考虑这点。通过检测电压范围和确定电压产生的频率，仿真程序可以提供最优的确定大小的信息。

5. 电压最优化

在对大小进行优化时，逆变器的效率是由电压决定的。在这里需要用到说明书或电压依赖图。然而目前只有很少的制造商会提供不同逆变器电压下的效率。

由于光伏阵列和逆变器的相近匹配，电能产率可以提高几个百分点。在光伏阵列的额定电压范围下工作的高效率逆变器是很值得购买的。逆变器通常只占并网光伏系统花费的 10％，所以在逆变器上增加的投资可以迅速得到补偿。

6. 确定串阵列的数量

在完成对电流大小的确定时，应当确保光伏阵列的最大电流不能超过逆变器的最大输入电流，串的最大数目为逆变器的最大允许直流输入电流和最大串电流之比：

$$\eta_{string}=\frac{I_{maxINV}}{I_{nstring}}$$

如果逆变器不够大，则应当检查逆变器在过载电流下工作的频率，无论过流很轻微还是很严重都应当评估，这可以通过合适的仿真程序来完成。

7. 使用仿真软件选择逆变器大小

如之前所讲，逆变器的大小可以使用仿真软件来确定，如果超过极限值，仿真软件会给出错误匹配的警告。图 9-37 以举例的方式展示了光伏系统错误匹配时仿真软件 PV-SoL 给出的错误信息。但也不能盲目地信任这些仿真软件。程序中也有错误，即使对工作范围进行了限制，但确定的逆变器大小也未必是最佳的。另外，很多仿真软件只使用每小时数据来确定逆变器的大小。

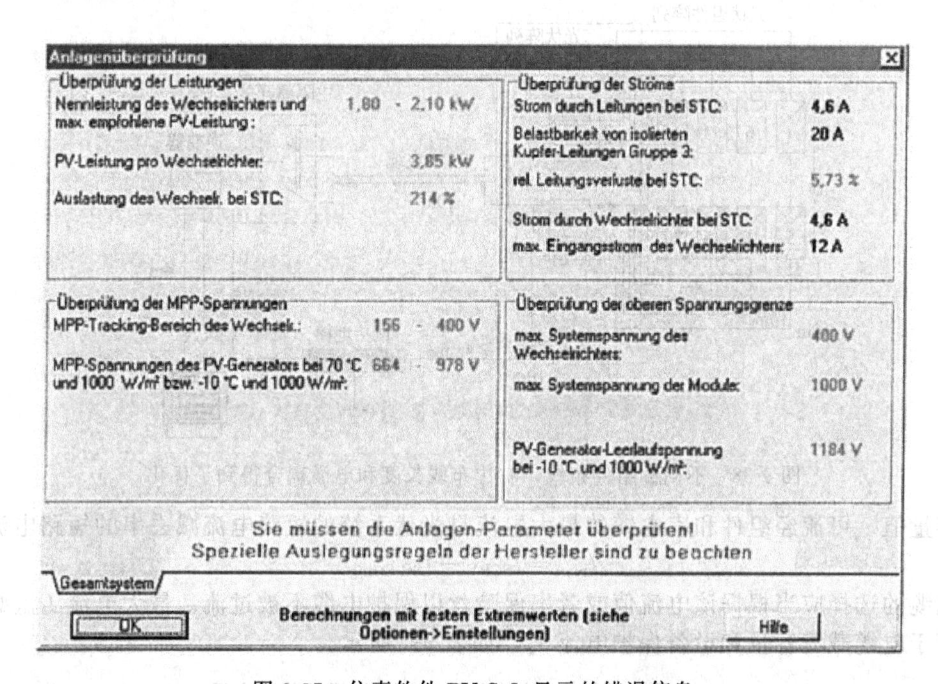

图 9-37 仿真软件 PV-SoL 显示的错误信息

三、 选择和确定并网光伏系统的电缆大小

国家规范与条例指定了并网光伏系统直流电缆的类型和尺寸，选择和确定直流电缆尺寸时应当参考这些规范和条例。

根据屋顶图所显示的组件布局和建筑勘测数据，可以算出大概配线长度，对于组件连线，善于排列组件可以缩短配线长度，因而可以减少电缆上的损失和电涌耦合（图 9-38）。

在安装前应当画出布线图，这样在安装过程中就对其有所了解并可作为系统说明的一部分。

在决定电缆粗细时，应当遵守三条最根本的原则：电缆的额定电压、电缆的载流容量和尽量减小电缆上的损失。

1. 电缆的额定电压

光伏系统的电压一般不能超过标准电缆的额定电压（一般在 450V 到 1000V 之间）。在大型光伏系统和长组件串中，应当查看电缆的额定电压，考虑组件串或串阵列连接起来的光伏阵列的最大开路电压（温度为－10℃）。

2. 电缆的载流容量

电缆横截面大小可根据最大电流来选择。在这里，必须遵从 IEC 60512 第三篇所给出的

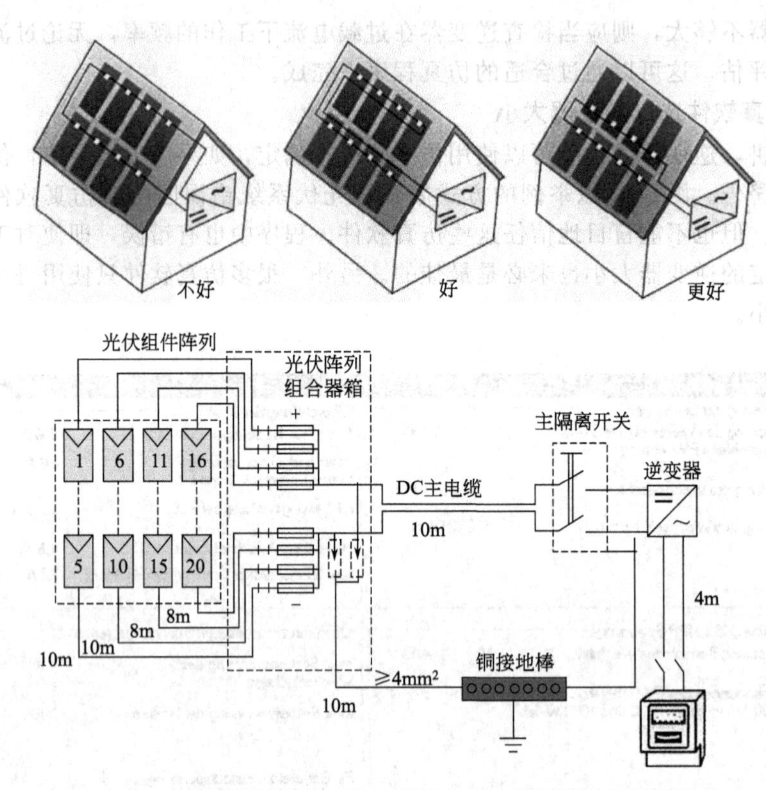

图 9-38 不同的组件布线，右边布线长度和电涌耦合得到了优化

载流容量值。可流经组件和串电缆的最大电流是光伏系统的短路电流减去串的短路电流：

$$I_{\max}=I_{\text{SCPV}}-I_{\text{SC String}}$$

电缆的选择应当根据该电流值或者串保险丝以保护电缆不被过流。最大电流 $I_{\max}$ 必须小于或等于电缆载流容量和设备保护电流 I_z，如表 9-1 所示。

表 9-1 制造商说明书上的标准光伏电缆的载流容量

种类	电缆截面/mm²	最大电流/A			累积	
		30℃	55℃	70℃	55℃	70℃
AEG 太阳能模块	2.5	42	32	24	17	13
电缆(最高 90℃)	4	56	42	32	22	17
Radox125	2.5	49	38	34	20	18
(最高 125℃)	4	66	51	45	27	24
Titanex 11	2.5	33	24	17	13	9
(最高 85℃)	4	45	33	23	17	12

在使用串模式时，应当考虑光伏系统的短路电流与串的额定电流相近。因为保险丝只在电流倍增时才会熔断，在这种情况下使用串保险丝就不可能起到保护作用了。根据 IEC 60364-7-712，串电缆的载流容量必须要达到光伏系统短路电流的 1.25 倍，而且还要能防止接地和短路。

在选择电缆大小时，路线要求必须遵循 IEC 60512。电缆的载流容量会受到环境温度、与其他电缆束捆和安装方法的影响（在电缆管道内、木制隔板内或灰泥后面等）。瓦片可达到 70℃的环境温度，所以在屋顶系统的安装选择组件和串电缆时必须考虑这个温度。

串保险丝主要用在有多个串阵列的光伏系统中，而且在有 4 串及以上的光伏系统中必须使用串保险丝，因为在这样的系统中出现故障会导致极大的组件反向电流，可以配置保险丝或微型断路器（MCBs）。组件或串阵列的电缆横截面积可以利用串保险丝的熔断电流来确定。许可的电缆载流容量 $I_{z\ Cable}$ 必须等于或大于串保险丝的熔断电流。

保险丝电流达到串阵列在标准条件下短路电流的 2 倍时应当熔断，$2I_{SC\ String} > I_{String\ fuse} > I_{String}$。

为了避免保险丝被错误地触发，保险丝的额定电流至少要达到串额定电流的 1.25 倍：$I_{n\ String\ fuse} > 1.25I_{n\ String}$。

由于在高电压和低电压下都可能出现错误，保险丝必须沿着所有未接地的电缆安装。保险丝或 MCB 还必须在直流条件下工作。

3. 最小化电缆损失/电压降

在确定电缆横截面积的大小时需要考虑尽可能地减小电缆损失/电压降。1998 年德国标准草案 VDE 0100 第 712 条规定：直接电压电路的电压降不能大于标准条件（STC）下光伏系统额定电压的 1%。这就限定了标准条件下所有直流电缆上的功率损失在 1%以内。实践表明，对于使用标准电缆横截面积并且逆变器工作在高直流电压（$V_{MPP} > 120V$）输入情况下的光伏系统，这个 1%的规定是能满足的。

对于逆变器在低 V_{MPP}（如低电压模式）下工作的光伏系统，即使使用 $6mm^2$ 的电缆，在串联阵列上和组件电缆上的电压降可能超过 1%的限制。特别是在逆变器和光伏阵列的距离比较远时，在这样的系统设计下，串电缆上 1%的电压降和另外的直流主干电缆上的电压降也是可以接受的。

电流的大小取决于光照情况，总是小于系统的额定电流，额定电流只有在标准条件下可以达到。在电流为额定电流的一半大小时，电缆损失为 $P=12R$，损失只有标准电流下的 1/4。由于这个原因，当在标准条件下使用 2%的电压降限制时，可以预期在直流一侧的年电能损失大概为 1%。这种系统模式的优点是补偿比损失更大，特别是在有阴影的情况下。如果使用一条电缆很困难，则在某些情况下可以使用下一个最小的横断面，但这得接受更大的功率损失。

额定载流 $2\sim3A/mm^2$ 可以作为直流电缆（表 9-2）的参考。在确定电缆大小时这只能作为初步估算。

表 9-2　确定直流电缆大小时所用的电学参数

电学参数	符号	单位
线长	L_v	m
线损		W
电缆横截面积	—	mm^2
导电性（铜 $k=56$；铝 $k=34$）	k	m/Q 3mm²
功率	P	W
串电压	V	V
串电流	I	A
串联数量	n	

4. 确定组件和串电缆的大小

在确定了横截面大小后再考虑载流容量，选择的横截面积应该在 1%的规定内。使用下面的三个公式可以算出组件电缆和串电缆有几乎相同的长度（假定在标准条件下串功率在电缆上的损失为 1%）：

$$A_M=\frac{2L_M \times P_{St}}{1\% V_{MPP^2} \times k}$$

$$A_M=\frac{2L_M \times I_{St^2}}{1\% P_{St} \times k}$$

$$A_M=\frac{2L_M \times I_{St}}{1\% V_{MPP} \times k}$$

组件电缆和串电缆横截面的计算值 A_M 集中在标准电缆横截面的下一个最大值周围（2.5mm^2、4mm^2 和 6mm^2）。在选择电缆大小时，下面的公式可用来计算在所有组件电缆和串电缆上的总损失：

$$P_M=\frac{2n \times L_M \times P_{St^2}}{A_M \times V_{MPP^2} \times k}$$

$$P_M=\frac{2n \times L_M \times I_{St^2}}{A_M \times k}$$

光伏系统的规划通常会出现不同的串电缆长度，因而出现组件电缆和串电缆的不同横截面积：

$$P_M=\frac{2I_{St^2}}{k}\left(\frac{L_1}{A_1}+\frac{L_2}{A_2}+\frac{L_3}{A_3}+\frac{L_4}{A_4}+\cdots\right)$$

5. 确定直流主干电缆的大小

直流主干电缆（表 9-3）和从光伏亚阵列上导出的直流总线电缆必须能输送光伏阵列所产生的最大电流。由于光伏阵列的短路电流只比额定电流高一点，这就不会触发保险丝熔断。为了保持隔离和防止接地故障，可以使用直流敏感的接地故障漏电断路器。

表 9-3 确定直流主干电缆所用的电学参数

电学参数	符号	单位
直流主缆长度	L	m
直流主缆线损	P	W
直流主缆横截面积		mm^2
导电性(铜 $k=56$;铝 $k=34$)	k	m/Q 3mm^2
光伏组件的额定功率	P	W_P
光伏组件的额定电压	V	V
光伏组件的额定电流	P	A

一般而言，根据标准条件下的 IEC 60364-7-712（虽然国家法律和条例也必须参考），直流主干电缆的大小确定为光伏阵列短路电流的 1.25 倍：

$$I_{max}=1.25 I_{SCPV}$$

电缆横截面积必须根据许可的电缆载流容量来确定。需要注意温度降低的因素，在电缆束捆时的累积系数也需要考虑在内。

电缆的横截面积可以使用下面的公式以能量的方式来优化选择。这里可以再次假定与光伏阵列额定功率相关的电缆损失为 1%。

横截面积 $A_{DC\ cable}$ 的计算公式为：

$$A_{DC\ cable}=\frac{2L_{DC\ cable} \times I_{n^2}}{(\nu \times P_{PV}-P_M)k}$$

损失因数 $\nu=1\%$，或在低电压模式下 $\nu=2\%$。

直流主干电缆横截面的计算值 A_Z 集中在标准电缆横截面的下一个最大值周围（2.5mm^2、4mm^2、6mm^2、10mm^2、16mm^2、25mm^2、35 mm^2 等）。

根据选择的电缆横截面计算直流主干电缆上的实际损失如下：

$$P_{\mathrm{DC\ cable}}=\frac{2L_{\mathrm{DC\ cable}}\times I_{\mathrm{n}}^{2}}{A_{\mathrm{DC\ cable}}\times k}$$

$$P_{\mathrm{DC\ cable}}=\frac{2L_{\mathrm{DC\ cable}}\times P_{\mathrm{PV}}^{2}}{A_{\mathrm{DC\ cable}}\times V_{\mathrm{MPP}}^{2}\times k}$$

由于在安装中需要防止接地故障和短路，推荐正极和负极都使用独立的单芯铠装电缆。如果使用多芯电缆，则绿/黄线（接地——欧洲的颜色规则）不能承载任何电压。为了使光伏设施能承受闪电风险，应当使用屏蔽电缆。如果直流和交流电缆铺设在一起，则铺设中的具体要求必须遵循国家规范与条例并在电缆上贴上标签。

6. 确定交流接线电缆的大小

计算交流接线电缆（表 9-4）的横截面积时可假定相对于额定电网电压相关（德国标准）的电压降为 3%。

表 9-4 确定交流供电电缆大小中所用的电学参数

电学参数	符号	单位
交流电缆线长		m
交流电缆线损	P	W
交流电缆横截面积		mm²
导电性（铜 $k=56$；铝 $k=34$）	k	m/Ω 3mm²
逆变器电流	I	A
栅极电压（单相：230V；三相：400V）	V	V
功率因数（0.8～1）	cosφ	—

在单相供电时横截面积 $A_{\mathrm{AC\ cable}}$ 计算如下：

$$A_{\mathrm{AC\ cable}}=\frac{2L_{\mathrm{DC\ cable}}\times I_{\mathrm{n\ AC}}\times\cos\varphi}{3\%V_{\mathrm{n}}\times k}$$

对于对称三相供电，三相交流电缆横截面积的计算如下：

$$A_{\mathrm{AC\ cable}}=\frac{\sqrt{2}L_{\mathrm{AC\ cable}}\times I_{\mathrm{n\ AC}}\times\cos\varphi}{3\%V_{\mathrm{n}}\times k}$$

在功率达到 5kW 的光伏系统中，输出电缆的横截面积 $A_{\mathrm{AC\ cable}}$ 可达 6mm²。例如，在单相逆变器供电的情况下，使用的标准电缆型号为 NYM-J 3×1.5mm²～6mm²。对于三相供电，使用的电缆型号为 NYM-J 5×1.5mm²～4mm²。

为了计算所选电缆横截面的电缆损失 $P_{\mathrm{AC\ cable}}$，使用下面的公式。

在单相供电情况下：

$$P_{\mathrm{AC\ cable}}=\frac{2L_{\mathrm{AC\ cable}}\times I_{\mathrm{n\ AC}}^{2}\times\cos\varphi}{A_{\mathrm{AC\ cable}}\times k}$$

在三相供电情况下：

$$P_{\mathrm{AC\ cable}}=\frac{\sqrt{3}L_{\mathrm{AC\ cable}}\times I_{\mathrm{n\ AC}}}{V_{\mathrm{a}}\times k\times\cos\varphi}\times P_{\mathrm{n}}=\frac{3L_{\mathrm{AC\ cable}}\times I_{\mathrm{nAC}}^{2}}{A_{\mathrm{AC\ cable}}\times k}$$

对于由多个单相单元组成的对称三相供电，电缆损失为各异相电缆的损失以及中性线损失的和：

$$P_{\mathrm{AC\ cable}}=P_{\mathrm{L1}}+P_{\mathrm{L2}}+P_{\mathrm{L3}}+P_{\mathrm{N}}$$

在这个公式中，需要知道各个异相电缆 L_1、L_2、L_3 和中性线 N 中的电流。允许的相与相之间的不对称负载之差不超过 4.6kV·A（德国标准）。

此外，被称为环路电阻的电网阻抗不能大于逆变器输入的1.25Ω，这样会产生一个逆变器供电电缆的电阻率，这个阻抗由电缆长度（到供电点的距离）和交流接线电缆的横截面积决定。

四、选择和确定光伏阵列组合器、接线盒、直流主干电缆、隔离开关

对于大多数系统结构，可以在光伏批发商那里购买到现成的光伏阵列组合器、接线盒。组件和逆变器制造商提供各种适合于标准系统的设备型号。外部安装的光伏系统组合器、接线盒应当根据IP 54进行保护并能抵御紫外线。此外，建议把接线盒安装在没有雨淋和直接光照的地方。

在进行选择时，要确保串阵列有足够的接线端口。光伏组合器、接线盒应遵守第Ⅱ类保护。光伏组合器、组合器、接线盒应确保接线正确，因为错误的接线可以导致整串接线的失败。对于接线端口为弹簧夹或其他合适端口的接线盒，则不需要金属末端套管并易于使用。

对于短路电流为3A的标准组件，通常配置4A的保险丝。目前市面上的很多组件具有更大的在4A到18A之间的短路电流，必须据此选择合适的串保险丝。保险丝必须设计为直流工作条件。用于各串退耦的串二极管只在系统阴影很严重并使用中央逆变器的情况下使用，或者在使用的光伏组件不遵守第Ⅱ类保护规则时使用。保险丝在组合器/接线盒中交错连接，要确保它们工作时的热量可以消散。对于过压保护，组合器/接线盒中的电涌放电器被连接在正极和负极上以防止接地。由于这个原因，地线被接在主干接地端口上（国与国之间的接地标准不同，在涉及并网光伏系统的接地时须参照国家规范与条例）。同样，直流主干电缆的断开、隔离也被综合在了光伏组合器、接线盒中。

在逆变器后直接接独立的直流主干电缆断开/隔离开关是很好的选择，这样通常能防止任何人为的意外波动，例如在对逆变器进行维修时，而且这也使得直流主干电缆被隔离起来。

根据IEC 60364-7-712标准，光伏阵列和逆变器之间的断开/隔离开关要容易接近。直流主干电缆两极的断开/隔离开关可承受的电压应设计为−10℃时光伏阵列最大开路电压，电流应为最大阵列电流的125%（在全光照条件下的短路电流为$I_{SC\ PV}$）：

$$I_{DC\ MS}=1.25I_{SCPV}$$

在选择直流主断开/隔离开关时，应确保相应的直流电流是额定的。防接触插头（如串逆变器上的）的唯一功能是用作隔离器，不带负载，并且不允许用作直流主开关的替代品。

光伏阵列组合器/接线盒也可作为标准电气设备被安装在防震住房中。在安装开关时，可以将接线端接在螺杆上。正极和负极必须严格分开以防止任何可能的接地和短路。

在大系统中，需要多个光伏组合器/接线盒。在有串逆变器的系统中，当串阵列直接和逆变器相连时可以省去光伏组合器/接线盒。在串逆变器中整合了电涌放电器（变阻器）。

五、防雷保护、接地和过压保护

防雷保护系统特别针对有直接雷击时对人身的保护。如果光伏系统在一个暴露的场地，则需安装适宜的避雷装置。比如，位于建筑物屋顶平台上的机架固定光伏系统就容易受到雷击，因为光伏阵列为屋顶突出物，所以容易成为雷击目标，故应当安装它们自己的防雷系统。防雷系统的安装需根据VDE V 0185第1到第5条，如果建筑上已经有了防雷系统，则必须将光伏阵列连接到上面。

表9-5给出了对建筑物上的光伏系统的防雷和过压保护所需采取的必要措施的概述。

表 9-5　建筑物上的光伏系统的防雷和过压保护所需措施

建筑物上没有防雷设施的光伏系统
①带有变压器的逆变器。 ②不带变压器的逆变器。 ③光伏组件使用了第Ⅱ类保护或低电压模式？是、否 a. 在光伏阵列组合器/接线盒中没有电涌放电器 b. 没有要求光伏机架的电位相等 c. 没有要求在电池接线盒中安装电涌放电器 d. 光伏机架的电位相等：等电位连接线的截面＝直流主干电缆的横截面，至少 $4mm^2$ e. 不带变压器的逆变器：如果需要的话就设置接地和均衡电位
装有防雷设施
① 光伏阵列在受保护区域。 ②光伏阵列不在受保护区域是否与防雷系统保持着安全距离？ ③使用最短的路线将光伏系统与防雷设备相连，连接电缆的横截面积至少 $16mm^2$。 ④带有等电位连接线（至少 $16mm^2$）的Ⅰ型和Ⅱ型电涌放电器，光伏组件是否使用了第Ⅱ类保护或者低电压模式？ a. 第Ⅱ类电涌放电器 b. 光伏机架的电位相等：等电位连接线的截面＝直流主干电缆的横截面，至少 $4mm^2$ c. 第Ⅱ类电涌放电器 d. 没有要求光伏机架的电位相等
下面的建议常用于要求雷击和过压保护的光伏系统。 ①光伏系统通常不会增大建筑物被雷击的危险。 ②如果建筑物上已经有了防雷系统，必须将光伏阵列与之相连。需要认真做好室内的雷击保护。 ③如果光伏系统处在一个很暴露的位置，则需要安装合适的防雷设施。 ④如果没有防雷系统，光伏阵列必须接地并连接为等电位，除非：系统很小（<5kW）；并且对光伏组件使用了第Ⅱ类保护；或者设计为绝缘并且额外低压很安全。 ⑤推荐在电池接线盒的直流一侧安装合适的电涌放电器。 ⑥同时还推荐在交流一侧也进行过压保护。

为了对建筑物上的光伏系统进行雷击和过压保护，采取以下措施。

1. 雷击保护——直接雷击

直接雷击的可能性可以使用建筑物的尺度、环境信息以及各地雷击的平均次数进行计算。VDE 0185 第 2 条中的各种风险管理软件被用来测定雷击的风险和确定技术上和经济上的最佳保护措施。对市区每一处房屋而言，被雷击的概率约为 1000 年一次。对于在山脊上的处于暴风雨比较多发的孤立农舍，被雷击（图 9-39）的可能性也增大了，约每 30 年一次。如果该农舍位于不暴露的田园地区并在正常的雷雨情况下，则可能性降低至约 500 年一次。

雷击造成的损坏如图 9-39 所示。

在安装光伏系统时须遵循以下的外部防雷标准：

① 公共用途（恐慌风险，公共场所等）；

② 屋顶上层建筑上导电的突出结构；

③ 光伏阵列的表面大于 $15m^2$；

④ 建筑物包含具有高可用性要求的贵重数据技术和备份系统；

⑤ 保护重要的电气安全设施（火警、防盗警报和安全技术）。

2. 间接雷击影响和室内防雷保护

每一次雷击都会对其周围周长 1km 的范围内造成间接影响。建筑物被间接雷击影响的可能性因此比直接击中的可能性大很多。可以假定在光伏系统的使用期内，被周围区域的雷

图 9-39 雷击造成的损坏

击影响的次数会很多。

间接雷击的影响本质上是电感、电容和电流的综合作用。这些综合作用会在建筑物的电气系统上产生冲击电压，故必须加以保护。室内的防雷保护包括建筑物内的所有措施和设备，并不只是保护如电子设备等不受雷击影响，还应该保护公共干线、供电开关等。雷击对房屋的风险越大或有更多的贵重的数据技术，则应对室内防雷采取更严厉的保护措施。室内防雷保护首先应完全参考 IEC 364-5-54。所有传导系统（如水、热、煤气的导管等）都必须连接到接地装置上。

闪电可以在光伏组件、组件电缆和直流主干电缆上引起电涌。在带有金属框架的光伏组件上引发的电压约是没有金属框架的组件的一半。为了减小组件电缆上的电涌，每串阵列的正极和负极电缆都应当尽可能地相互靠近。

在此需要确保组件电缆铺设时是防短路的。在光伏阵列电路中，开环的黄色标记区域越小，雷击电流在组件电缆上的感应电压就越低（图 9-40）。

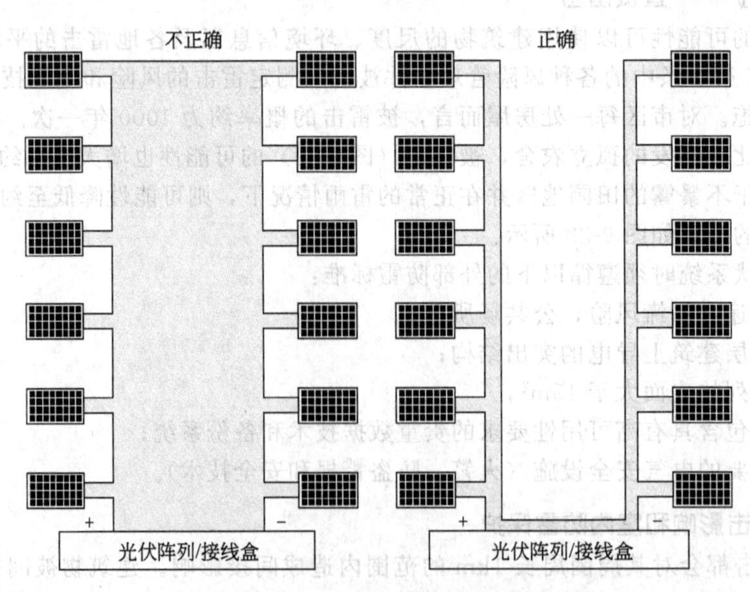

图 9-40 组件布线形成的环

直流主干电缆中的感应电压电涌应当以将正极电缆和负极电缆尽可能靠近铺设的方式来减小。建议对易受雷击影响的各条电缆进行屏蔽。屏蔽罩的横截面至少应为 16mm^2 的铜。屏蔽罩的上端应沿着最短的路线与金属机架和组件框架连接良好。如果没有使用电缆屏蔽罩，则应当在有效导体上连接额定漏电流约 10kA 的电涌放电器。对于被屏蔽的电缆，在其上连接一个额定漏电流为 1kA 左右的电涌放电器就足够了。

电涌放电器被用来保护光伏系统和后端的电子设备不被电容性和电感性综合影响，以及不被电网过压影响。通常，电涌放电器被安装在光伏阵列组合器/接线盒内，由于系统处于被雷击的风险中，在逆变器的前端和后端也要安装电涌放电器。

DIN VDE 0675 第 6 条（德国）区别了两种类型的避雷器：Ⅰ型和Ⅱ型。Ⅰ型避雷器可以放掉直接雷击电流，在雷击风险很大的地方使用。Ⅱ型避雷器通常被用在直流和交流侧，其放电能力为 1kA（标准电涌 8/20）每 1kWp。电涌放电器的工作电压（DC）必须至少与光伏阵列的开路电压相符。表 9-6 展示了几种类型的电涌放电器以及相应的直流和交流电压。

表 9-6　不同型号的电涌放电器以及相应的直流和交流电压

类型	K(AC)	
75	75V	100V
150	150V	200V
275	275V	350V
320	320V	420V
440	440V	585V
600	600V	600V

电涌放电器（图 9-41）必须连在每个电极和地线之间。对于第Ⅱ型的电涌放电器（图 9-42），初始和加强电压应为光伏阵列最大电压的 1.4 倍（E VDE 0126 第 31 条）。对于有雷击风险的系统，安装有隔热功能并带有故障指示器的设备是很重要的。系统操作员应该在每

图 9-41　电涌放电器

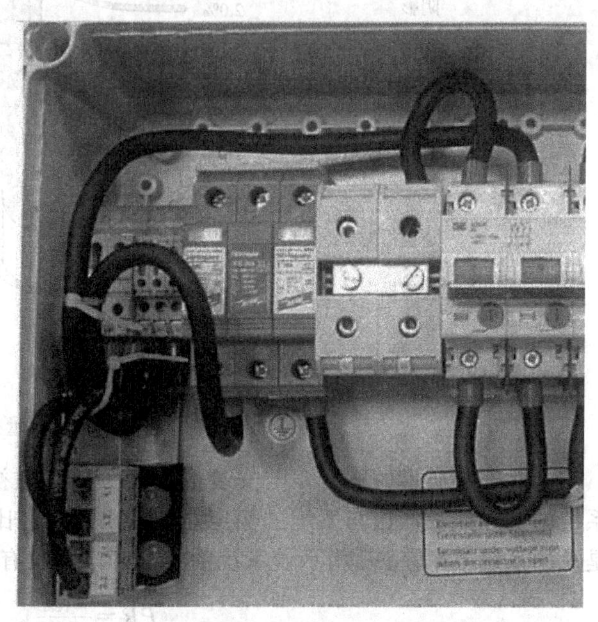

图 9-42　在光伏组合器/接线盒中的电涌放电器

一次打雷后检查避雷器，至少每 6 个月要检查一次。如果安装避雷器的地点不易靠近，则应当为避雷器装上带故障指示器的遥控系统，故障指示器应当安装在操作员容易看到的地方（比如紧挨着仪表柜的地方）。如果使用与逆变器隔离的监控器，避雷器也可以在上面被监控，因而不必使用单独的遥控系统。

光伏组件制造商提供过压保护（主要是变阻器），可免去对外部大气过电压的保护。如果有任何变阻器被触发，隔离的逆变器监控系统也能将其识别。

六、 产能预测

为了预计产能（评估系统每年的电能产量有多少千瓦时），需要对光伏系统的位置和总效率进行估计。为了做这项工作，需要从光伏阵列的理论期望产率 E_{ideal} 中扣除光伏系统每个损失因素导致的产率损失。图 9-43 展示了各个损失因素和它们在 E_{ideal} 中占的平均百分比。

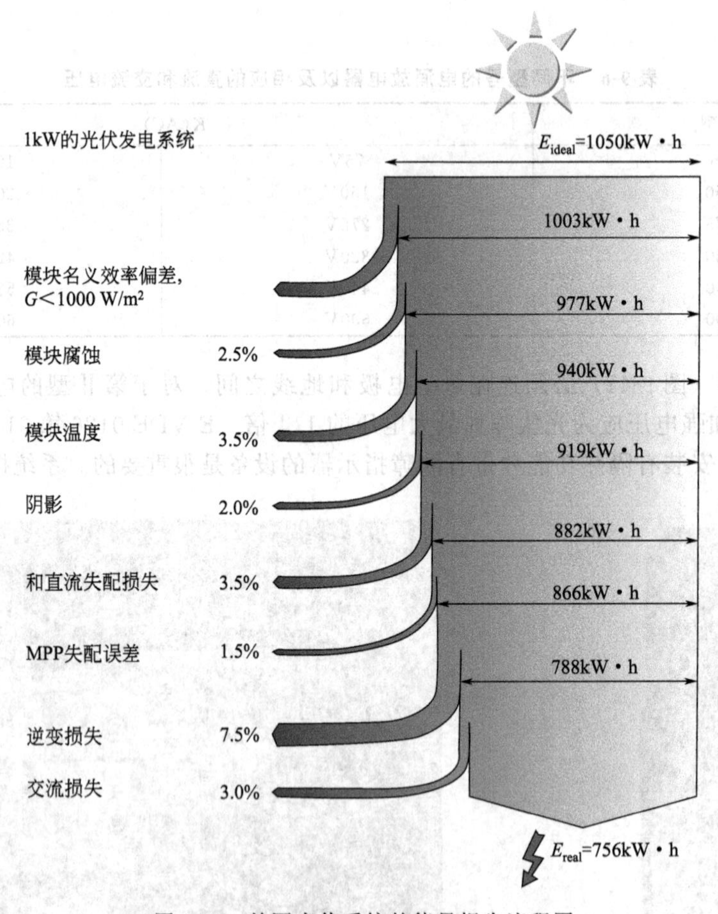

图 9-43　并网光伏系统的能量损失流程图

作为对安装质量的衡量，与安装位置无关的参数被称为性能比。性能比（*PR*）被定义为系统的实际能量产出与系统的额定能量产出潜力之比（即在标准条件下系统的理想产能），这是总的系统效率。*PR* 指示着系统的实际产出和没有任何损失的理想产出的差距：

$$PR=\frac{E_{real}}{E_{ideal}}$$

光伏阵列期望的理论产能 E_{ideal} 也被称为理想能量产出。光伏阵列的理想产能 E_{ideal} 是组

件表面积 A_{PV} 与太阳辐照度 g_{pv} 及效率 η 的乘积：

$$E_{ideal}=g_{PV}\times\eta\times A_{PV}$$

由于

$$\eta=\frac{P_{PV}}{100\text{W/m}^2\times A_{PV}}$$

因此可以很容易地算出 PR：

$$PR=\frac{E_{real}}{g_{PV}}\left[\frac{\text{kWp}}{\text{m}^2}\right]$$

式中的 E_{real} 是对系统以输出单位 kW·h/kW$_p$ 测试得到的具体年产量。

应当记住 g_{PV} 是倾斜阵列表面的确切太阳辐照度，而并非水平的全球辐照度。

倾斜平面上的辐照度是根据一个地方水平总辐射的长期平均值得到的预计辐照度算出来的，这些信息由气象服务所提供并转换为电池板上的辐照度。因此，仿真程序通常使用 20 年内的每月的值并使用恰当的方法转换为每小时值。平均值是由气象服务中的气象站使用日照强度计和气象卫星测量所提供的数据计算出来的。

在有的情况下，系统在倾斜的面板上监控日照并测量数据就可以由此算出 PR，在此通常需要对光电传感器进行温度补偿。由于光电传感器的光谱偏差，测得的光照比使用日照强度测得的要低。因此，根据局部光照计算出的 PR 比使用气象服务测试的数据计算出的更准确，得到的性能比更高。准确数值只有在使用昂贵的日照强度计测试时才能获得，这还需要对其进行有规律的清洁和重新校准。

有了性能比就可以对不同地方的光伏系统进行比较了。为了比较系统的技术品质，必须算出阴影损失并在比较时排除。

由于客户们希望能对产能进行预测，所以使用仿真软件预计产能（图 9-44）就成为了标准安装环节。

如果没有使用仿真软件，可以利用该地的日照表进行估算。在使用日照表时，首先要根据方位角和倾角计算出光伏阵列上的年辐照度 g_{PV}，并且还需从中扣除阴影损失，乘以性能比，就得到了光伏系统的年产能 kW·h/kW：

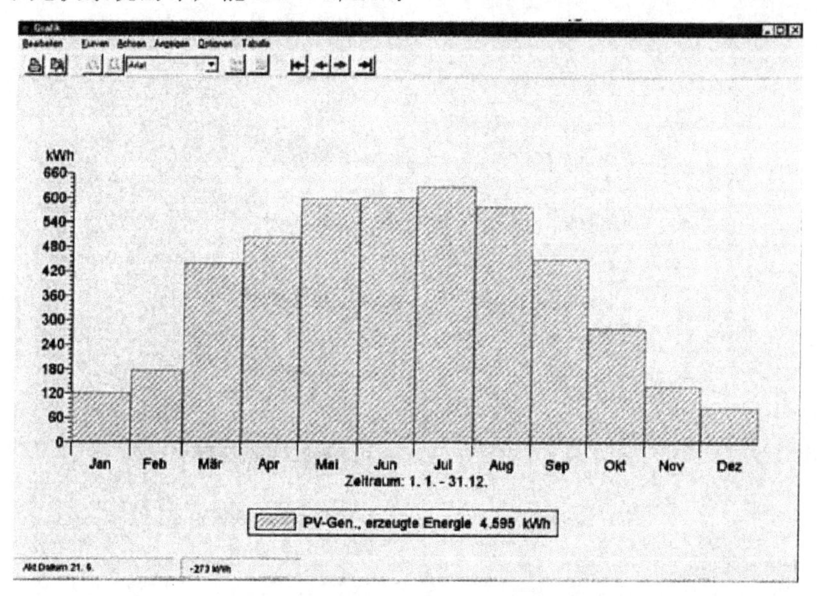

图 9-44　使用仿真软件 PV-SoL 进行产能预测

$$e_{real}=g_{PV}\times PR\left[\frac{kWp}{m^2}\right]$$

取决于安装质量，性能比可以假定在70%～80%之间。一个很好的光伏系统可以达到更高的性能比。

为了比较不同系统的运行结果，和性能比一样，也是以计算各系统每年的kW·h/kWp来比较的。评估系统时的另一个变量是处于满负荷的时间，称之为最终产能因数FY。满负荷时间是由它在一段特定时间内所占的比率和光伏阵列额定功率共同决定的结果。该特定时间段可以是一天、一周、一个月或一年。

【项目小结】

本项目主要内容是现场考察与场地勘测。阴影可分为暂时阴影、由位置和建筑造成的阴影以及系统本身导致的阴影（self-shading），阴影对光伏系统的影响因素，选择和确定并网光伏系统的电缆大小，确定组件和串电缆的大小，选择和确定光伏阵列组合器/接线盒以及直流主干电缆断开/隔离开关的大小，防雷保护、接地和过压保护等知识。

【思考题】

1. 简述如何规避暂时阴影？
2. 简述阴影对光伏系统的影响。
3. 简述如何确定组件和串电缆的大小？
4. 简述选择和确定并网光伏系统的电缆大小的原则。
5. 简述选择和确定光伏阵列组合器/接线盒的方法。
6. 如何选择直流主干电缆断开/隔离开关的大小。
7. 如何做好光伏电站的防雷保护？

项目十

中大型并网电站建设

【项目描述】

本项目讲述了中、大型分布式电站建设的光照资源条件，光伏电站系统规模的确定、设计与仿真软件，以及并网式光伏系统的安装、调试与运行等相关内容，重点讲解了光伏电站系统设计与各种仿真软件以及并网式光伏系统的安装、调试、施工作业情况。本项目的内容分三个任务展开学习。

【技能要点】

① 学会在电站建设的场址选择上分析太阳能光照资源条件和电能产率的预测。
② 学会根据场址太阳能光照资源条件确定光伏电站系统规模。
③ 学会根据场址太阳能光照资源条件设计光伏电站系统。
④ 学会根据施工图纸完成并网式光伏系统的安装。
⑤ 学会根据施工图纸完成并网式光伏系统的调试。
⑥ 学会根据施工图纸完成并网式光伏系统的运行与维护。

【知识要点】

① 熟悉场址太阳能光照资源条件获取的方法与分析比较方法。
② 熟练掌握场址太阳能光照资源的丰贫判断标准。
③ 熟练掌握光伏电站系统的设计方法。
④ 熟练掌握并网式光伏系统安装施工的作业标准。
⑤ 熟练掌握并网式光伏系统的调试方法。
⑥ 熟练掌握并网式光伏系统运行与维护的作业要求。

【任务实施】

任务一　认知光照资源条件

一、太阳能资源数据

太阳能辐射数据可以从县级气象台取得，也可以从国家气象局取得。从气象局取得的数据为水平面的辐射数据，包括水平面总辐射、水平面直接辐射和水平面散射辐射。

太阳能资源数据主要包括各月的太阳能总辐射量（辐照度）或太阳能总辐射量和辐射强度的每月、日平均值。与其相关的气候状况的数据主要包括：年平均气温，年平均最高气温，年平均最低气温，一年内最长连续阴天数（含降水或降雪天），年平均风速，年最大风速，年冰雹次数，年沙暴日数。其中，太阳能总辐射量的各月数值是必不可少的。此外，还应提供上述各项数据最近 5～10 年的累积数据，以评估太阳能资源数和气候状况数据的有效性。

二、 太阳能资源数据有效性的评估

将气象台或相关部门提供的太阳能资源数据用于光伏系统设计，在某些情况下仍需对其有效性进行评估。

首先，当一个具体场地的太阳能资源数据不够完整或缺少多年的累积数据时，就必须对太阳辐射的有效性和量值进行评估。

其次，虽然当地的太阳能资源数据比较完整，而且太阳辐射情况也较好，但由于候选场地处于多山地区或附近存在明显影响太阳辐射的地形地貌。在这种情况下要通过研究候选场地周围邻近地区的平均数据变化，来评估当地太阳能资源数据的有效性。

再次，从气象部门得到的数据是水平面的数据，包括水平面直接辐射和水平面散射辐射，从而得到水平面上总辐射量数据。但是，在光伏发电的实际应用中，为了得到更多的发电量和电池组件自清洁的需要，固定安装的方阵通常是倾斜的，这就需要计算得出倾斜面上的太阳能辐射量（通常要大于水平面上的辐射量）。但是，这一计算过程非常复杂，所以人们常常直接采用水平面上的数据，或者采用经验系数的方法进行简单换算，这对计算的精度产生了影响。近些年来已经开发了一些软件，不但可以方便地解决这些计算问题，其数据库中还往往储存大量不同地区的太阳能辐射数据，有些还具有光伏系统分析设计功能。

三、 光伏系统的选址和场地评估

1. 在光伏系统选址时须消除阴影影响

光伏电池依赖于日光照射而发电，当投射到电池板上的日光被遮挡时，方阵功率输出特性将受到严重影响，在电池板上的一个小小阴影也能够使其性能大大降低，因此，在光伏系统设计和安装过程中仔细地确定阳光通路和避开阴影，对保证方阵的额定功率和降低光伏系统发电成本极为重要。

场地出现的阴影经常来自树木、草木、附近的建筑，还有太阳收集器的撑杆和金属线等。作为一般原则，确定从上午 9 点～下午 3 点没有阴影为好。在冬季的月份太阳的仰角低，电池板被遮挡经常是一个比较大的问题，应引起光伏系统设计者和光伏电站运行人员的重视。中国位于地球的北半球，对光伏电池方阵发电最不利的阴影出现在 12 月 21 日（即冬至）前后一段时间。

为消除阴影的影响，选择场地后必须确认以下条件是否满足：

① 在一年的任何月份，投向光伏电池方阵的阳光都不会被遮挡；

② 每天上午 9 点～下午 3 点光伏电池板上无阴影；

③ 识别上午 9 点～下午 3 点遮挡光伏电池方阵的障碍物，消除阴影来源；

④ 如无法消除产生阴影的因素，也可考虑移动光伏电池方阵或增加容量，以弥补由于阴影造成的损失。

2. 光伏系统场地的评估

在对光伏系统场地评估时，应该进行以下评估。

① 一般日照条件评估。当依据要求收集到候选场地的太阳能资源数据后，还应到现场仔细观察场地附近的障碍物，评估太阳阴影对光伏电池方阵发电的影响，并提出避开障碍物或移开障碍物的建议。通过在屋顶、墙上或院子里或直接观测，为满足方阵的全年日照条件寻找一个最佳方位。

在北半球，正南是光伏电池方阵最基本的方位。如果确保方阵面向正南或0°方位角，则每天的日照性能将是最好的。然而，应考虑当地气候特征的影响并仔细评价，例如：如果场地附近早晨有雾笼罩，则需要调整方阵略微偏向西南，以获取滞后中午一段时间的更为有效的太阳辐射。

② 测算方阵运行时间。光伏电池方阵接受阳光照射时间越长，系统每日可发出的电能就越多。因此当方阵在场地的方位和高度初步确定后，需要评估和测定光伏电池板在不同季节里每日的可运行时间。

③ 太阳窗。在评价场地时，必须选择一个日照好、全天无阴影的时间作为光伏电池方阵的运行时间。这个最适宜的时间区间称为“太阳窗”。

“太阳窗”概念可以反映场地的日照时间和路径状况。依据场地日照条件的不同，太阳窗可以选在上午9:00～下午3:00，也可以选在上午8：20～下午3：20等。在夏季里，太阳升起早日落却很晚，日照时间比冬季要长得多，因此夏季的太阳窗比冬季的太阳窗开得大，也就是方阵的可运行时间长。太阳窗大小除受季节影响外，还与场地周围的环境条件有关，例如：场地东西两侧的高山、树林和高大建筑物等都会减少光伏电池方阵的运行时间。一年四季的太阳窗时间是不同的，欲准确地测定太阳窗，首先需要向气象部门询问当地不同季节日出、日落时的太阳方位角和正午的太阳高度角，然后再根据场地的具体条件加以修正。如果仅需要近似的场地太阳窗时间，则通过目测即可。

如果仅从日照的时间长短评价场地，则太阳窗时间段达到上午9点～下午3点已经满足光伏系统发电条件。当太阳窗时间段达到上午10点～下午2点时，说明该场之内日照时间太短，应检查或清除周围的障碍物或者考虑另外选择场地。

任务二 确定光伏电站规模

一、通过设计与仿真软件确定系统规模

在光伏行业软件有很多用途。比如在进行规划时，就是应用设计和优化光伏系统的一个实例。规模确定程序和模拟器，使得临界值和运行状态得到检测，并最终在不同的条件下模拟运行。为了得到准确的预计产能和产率报告，则需要使用模拟器。模拟器历来也被用在研究与开发上，或被零部件制造商利用。如果目的是要革新，则需要最优化或者开发新的部件和系统模式，这都可以使用仿真软件，有助于减少不良的事态发展，也可缩小实验范围。和这些应用一样，这些软件还可以被很好地用在教育和培训中。

那些具有很长工作经历的安装工程师和设计者使用特殊的光伏组件和逆变器类型，可能在规模和产能上有着过去的经验值，但很快他们发现自己在进行分析时面临一些局限，如阴影对系统的影响。一般而言，规模的确定和仿真程序能迅速而快捷地将复杂的环境分析透彻。比如设计并网光伏系统并不像看起来的那么简单，在直流端每一个逆变器都有一个相应

的最大功率点范围，同时，每个逆变器都有它自己的电压和电流极限值，它们明确地确定了设备允许的工作范围。现在的光伏组件都是连接成了一个发电机的，通过这种方式系统部件的工作范围能匹配得较好。每个逆变器与特定的光伏组件有很多种不同的连接方式，对每一种可能的配线结构，仿真程序都能根据天气情况和光伏阵列的方向以及倾角预计，评估系统性能。在寻求能有最大产能或最经济的结构时，以及在对更复杂的系统进行详细设计时，更不用说在对工作特性进行分析时，以前系统上的经验法则通常都没什么用了。如果对仿真软件很熟悉，就能快速而准确地确定系统大小和进行产能计算了。对不同的变量进行模拟，可以找到一个产能丰富、更经济并且生态良好的解决方案。

标准独立系统的运行特性比并网光伏系统更复杂。在规划这些系统时，首先找到既定地点（天气情况）和光伏组件、能量存储、负载这些变量之间的平衡点，并根据系统规格优化它们的相互作用。在进行系统设计和优化时，应当考虑系统供电的可靠性、系统部件（电池的循环放电能力和放电次数）的使用期限以及使用方式，确定光伏系统的经济效率。在独立系统中，确定大小出错可能导致完全的失败或者电池迅速老化。仿真程序使得独立系统的运行特征和系统构造变得清晰且容易分析，因此可用来优化系统。

和仿真软件提供的规划支持一样，其结果可用于销售，提供报价单给客户。在那些光伏发电能很好地反馈到电网的地方，客户希望知道预期产能以及不同系统构造的经济效率，潜在的投资者和光伏系统操作者会询问有关最优的系统方案、节能水平和减排能力等问题。算出产能，计算经济效率和减排情况，都突出了光伏系统的优点并提供了销售依据。软件可将布局图、特性和计算结果编译到一个典型的可供打印的报告中。

二、校检仿真结果

对于仿真计算，制作一个初步设计和产能估算是很好的主意，因为即使是功能很强大的模拟器，在仿真和优化较大或更复杂的系统时，为了获得较真实的结果，也需要规划者具有一定的知识技术水平。只有在实际输入参数正确时，仿真结果才和输入参数以及仿真方式一样好。如果输入了错误的数据，其结果则会是些乱七八糟的信息。对仿真结果必须谨慎思考，而不要盲目相信。对于特殊的仿真，选择正确的软件非常重要。

通过使用光伏软件进行仿真，很可能加速规划过程并避免规划错误。但与此同时，软件也制造了更多用户犯错误的地方。作为基础的对已规划光伏系统的描述，要求尽可能地正确和准确。一些软件的输入窗体很复杂，输入错误和相关的错误计算并不少见，特别是在用户的经验不够丰富时。即使有的软件对重要的输入参数的正确性作了检查，也不能排除所有的错误。如果在软件的数据库中加入了新的部件，在使用制造商提供的数据表之前应对其进行检查。在有的数据表上，系统设计的基本和根本信息比如温度系数都被完全省略了；有的数据表自相矛盾，或有的参数说明书中的参数之间不一致；个别值也偶尔让人难以置信，比如，制定的额定功率与产品的电压和电流不一致，标注的 I_{SC} 值与 I_{MPP} 相同或太相近，或者电流的温度系数让人质疑。

程序中不足的计算也可以导致错误和不切实际的仿真结果。光伏行业的仿真软件是由个别的人或团队开发的，卖出的软件数量相对较少，对错误的反馈也很少，一旦软件发布出来，由于资金压力，很少能被持续地维护和开发。真实性检查一直都是很重要的，在使用仿真软件时，应该始终参照过去的值对仿真结果进行再次检查。对于并网系统，性能比（*PR*）或 kW·h/kWp 形式的年产率提供了一个很好的参考点。在很多软件中都有这些估定的参数。对于德国的光伏系统，性能比应当大于 0.7，年产率至少应达到 700kWh/kWp，然而，对于不利的屋顶角度或存在阴影，产率则可能低一些。如果仿真结果显著高于 1000kWh/

kWp，或者墙面系统显著低于500kWh/kWp，或者机架固定的屋顶标准系统小于700kWh/kWp，这通常会被认为是输入数据错误或者计算有误。

标准独立光伏系统的计算结果很难估定。可以根据光伏组件、能量存储和负载之间的经验规则进行检查，也可根据以前安装的系统的过去值进行检查。

三、阴影模拟

在规划系统时，阴影情况提出了一个很特别的挑战。很多光伏系统场地都有阴影，比如组件行列相互遮挡，还有环境造成的阴影，如边缘阴影或升高的地平线也都有影响。阴影对系统的产率以及优化系统的技术（旁路和串二极管，组件连线和逆变器特性）都有影响。在计算阴影损失及优化电力和几何系统设计时仿真软件是必不可少的。

在德国的《百万屋顶计划》中，阴影是导致产率减少的首要原因，造成了光伏系统高达30%甚至更多的损失。实际产率的减少通常比依据阴影面积估计的要大，因此在对光伏系统进行仿真时，阴影分析是一个很敏感的因素。虽然在SOLDIM和GOMBIS中阴影损失由用户评估，但在很多软件（比如PVS、Greenius和SolEm）都有支持水平阴影图形输入的特点，不过可以假定阴影完全覆盖了整个光伏阵列。有两款软件（horizON和HORIcatcher）支持详尽阴影信息输入并能根据数码照片创建模拟地平线。

PVSYST、PVCad、3DSolarWelt和Solar Pro支持三维阴影分析。然而，要获得更高的精度，则需要对环境信息进行更复杂的描述。对于更细致的分析，建议使用PVSYST和Solar Pro。

四、软件市场概况及分类

为了制作市场概况表，可以根据仿真软件的设计和计算方法进行分类。软件的设计方法决定了其准确度、对用户输入的要求、灵活性、适用范围和计算时间（在计算机功能强大的今天这已经不算什么问题），并最终决定软件的价格。使用起来越灵活，对使用者的要求也就越高。

五、计算软件

本节部分给出了一个可供选择的、可用的并且是最重要的仿真软件。和软件的总说明一样，这里将讲述软件的工作范围、易用性和特殊的程序功能。提供屏幕截图（软件的用户界面）以创造良好的视觉效果，并帮助使用者更好地了解软件。在选择仿真软件以及仿真过程中，特定的光伏利用、工作范围和软件的可能用途都是很重要的因素。在这里，用户要仿真何种系统类型和系统结构很重要，仿真目标有屋顶系统、屋顶集成系统、独立系统、混杂光伏系统、光伏水泵系统和并网系统。还应当从简要说明和表格中提取软件的数据、参数、天气和元件库、系统环境的详细信息和工作范围的信息。我们将深入讨论两款广泛使用的软件PV-SoL和PVS，它们都没有计算机辅助设计（CAD）界面。随着光伏系统在建筑中集成度的增加，提供CAD界面的软件将被频繁地使用。

1. 统计计算软件

第一种类型包括的软件组为计算和初步分析的软件。这类软件主要基于统计学方法与相关的简单计算，在多数情况下，其计算结果都基于每月值。这些软件是面向应用的，能快速给出结果，然而通常它们的灵活度不够并只能用于标准系统。以下将着重讨论PV F-Chart的使用，它们结构简单，计算程序的计算过程适用于网络仿真程序。

PV F-Chart（图10-1）是一款用于光伏系统的系统分析和设计的软件。根据每天的日照时间，它能提供每月的平均估计。有一个Windows下的版本可用，软件的特点是提供

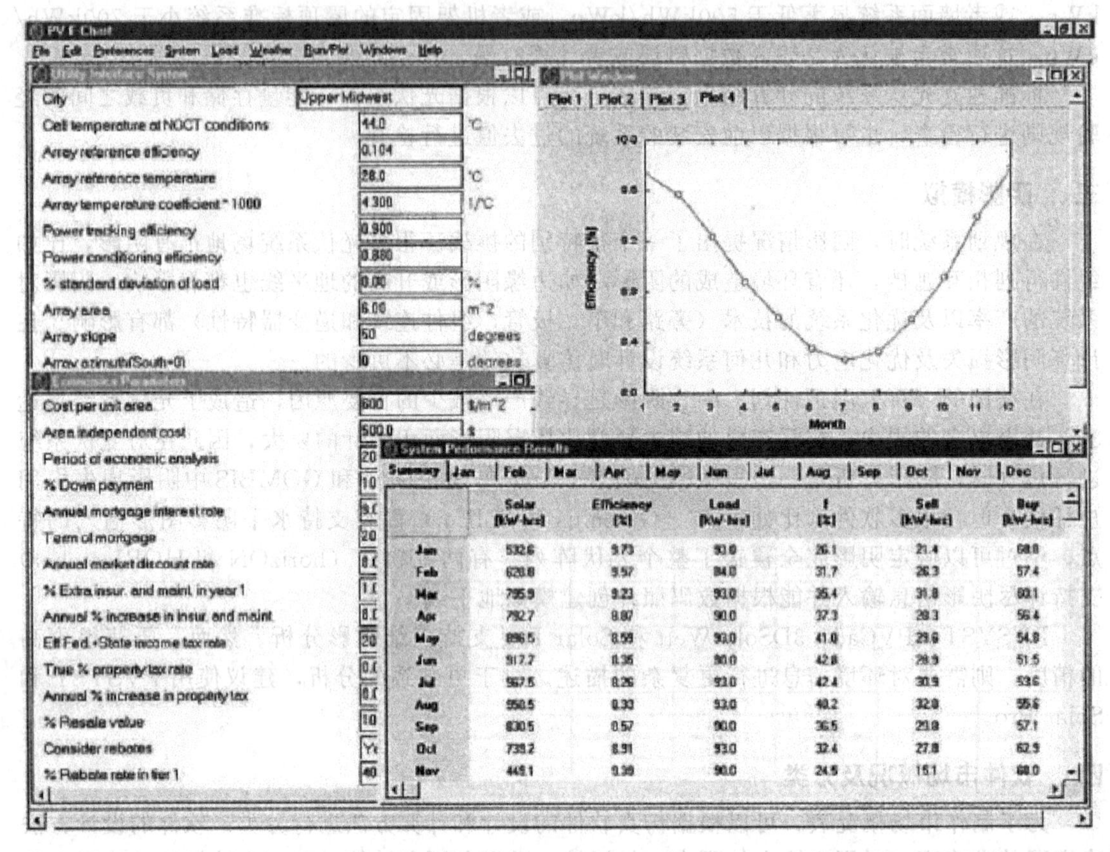

图 10-1 PV F-Chart 的用户界面

300 个地方的气象数据（也可添加另外的气象数据），每月的每小时负荷曲线，统计的负荷变化，买进卖出的成本差，生命周期内的现金流，英国度量衡标准和国际单位标准下皆可计算出来。其计算方式是由威斯康星州大学（University of Wisconsin）开发的。

2. 时间步长仿真软件

时间步长仿真软件由于应用范围很广而被广泛使用。这些软件使用的模型尽可能地对真实系统进行模拟。系统的性能是根据输入随时间变化的气象数据计算出来的，这些数据通常是被分解为每小时时间隔的方式输入的。模型被分解为不同的部件进行模拟，比如光伏组件、逆变器、电池和负荷等众多详细的系统变量。各个系统在每小时或更短时间间隔内的日照数据、温度等条件下被模拟，如果可能，还在模拟期间（通常是一年）内加入了消费量。和计算软件相比，这些软件会消耗更多计算机运算时间。尽管如此，这些原先的劣势在最新的计算机系统下就不值一提了。与计算软件相比，时间步长仿真软件非常灵活，然而，其处理方式也使其有一定的局限，在模拟新型系统变量和研究非常具体的参量时，除了在模拟系统中描述各个系统外，往往没有选择的余地。

3. DASTPVPS

DASTPVPS（图 10-2）是一个对光伏水泵系统进行大小确定、仿真以及发现并解决故障的软件包。确定光伏水泵系统的最佳大小是一件很复杂的事，因而开发了这款在个人电脑上运行的软件 DASTPVPS（Design and Simulation Tool for PV Pumping Systems）。DASTPVPS 由五个模块组成：培训、大小确定、交流仿真、直流仿真和故障诊断。光伏发电机、逆变器（如果适用的话）、交流或直流电机、离心泵、偏心螺钉或活塞泵和井，以及管道，可以使用该软件进行大小确定，可以模拟出整个光伏水泵系统。培训模块用来解释光伏系统工作的基本方式和在确定合适的系统大小时为工程师提供帮助。交流仿真模块可计算不同构造和光照数据下交流光伏水泵系统的运行特征。直流仿真模块可仿真直接与光伏发电机（无最大功率点跟踪器）相连的直流水泵系统。诊断模块提供了系统分析和验证的功能。仿真结果以图和表的形式显示。DASTPVPS 包含了广泛的日照数据库、组件以及电动机/泵单元，用户也可以直接向部件数据库中输入自己的数据。DASTPVPS 是基于 DOS 操作系统的应用程序，也可以在 Windows 下运行。

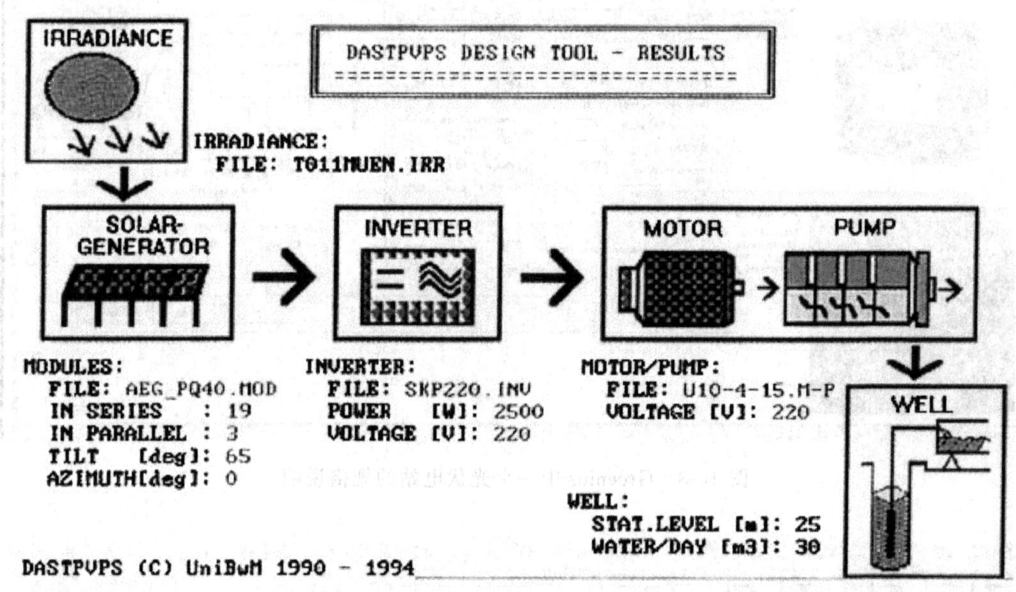

图 10-2　在 DASTPVPS 中确定的系统大小

4. GREENIUS

仿真软件 Greenius（图 10-3）的适用范围主要是大型商用可再生电站项目。除光伏系统外，该软件还可以对风电场和各种类型的太阳能热发电站进行仿真。在 Greenius 中，使用场地数据、技术参数和经济参数来定义电站，不同场地的数据可以从 Greenius 的气象数据库中提取，用户也可以选择输入自己的气象数据。技术模拟过程是在一年中的每小时间隔的基础上进行并显示的，例如发电站每小时的电能输出。除了技术模拟，该软件还可以进行经济核算，这使得 Greenius 成为对可再生电站项目进行设计和规划时的重要工具。该软件有一个对并网光伏系统大小进行确定的工具。该软件的目标使用人群是项目开发者，他们除了需要详细技术数据外，还需要通过对大量现金流进行分析以得出关键参数的经济效率。与其他软件相比，使用该软件计算经济效率是用得最多的。该软件有众多的接口以输出仿真结果和图表到其他 Windows 程序中。使用 Greenius，可以比较不同可再生能源的技术水平，这使得它特别适合于那些精力集中在国际市场上的企业的设计师们。该软件的低价版本可用在培训市场上。

5. PV-DESICNPRO (SOLAR STUDIO SUITE)

仿真软件 PV-DesignPro（图 10-4）可模拟三种系统，即独立系统、并网系统和光伏水泵系统。对于独立系统，后备发电机和风力发电机可以集成到光伏系统中并进行阴影分析。该软件可以对系统可变的各个参数进行优化，并对运行数据和特性曲线执行详细计算，组件

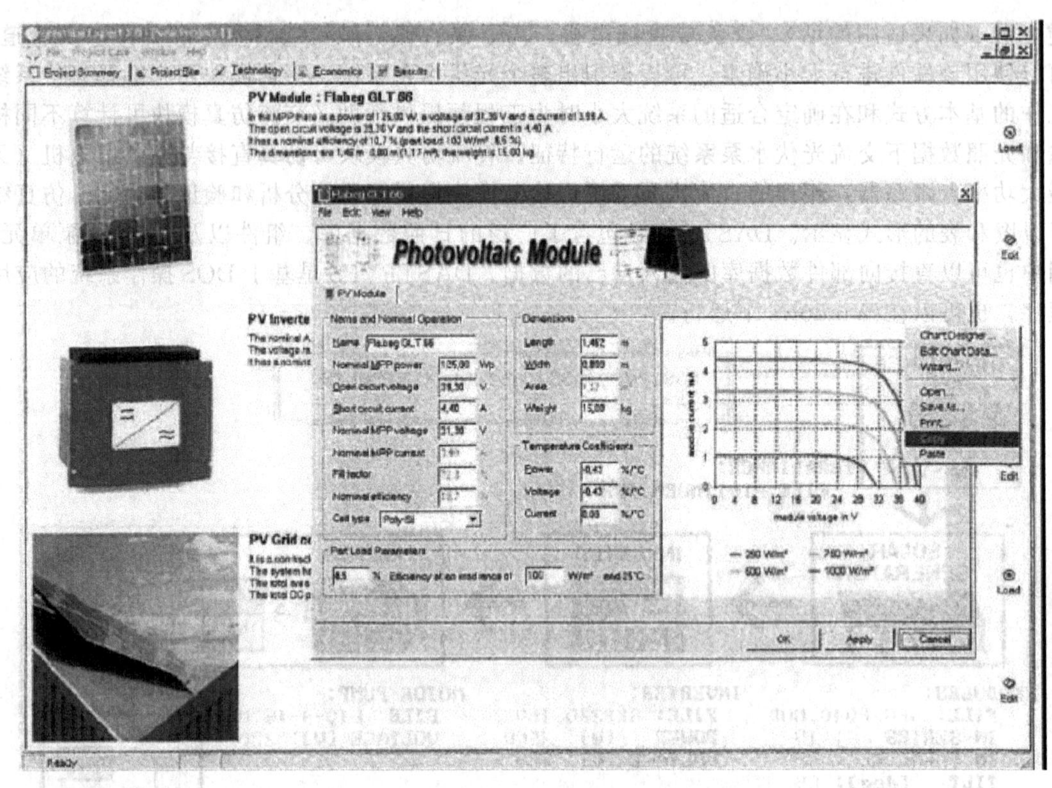

图 10-3 Greenius 中一个光伏电站的规格说明

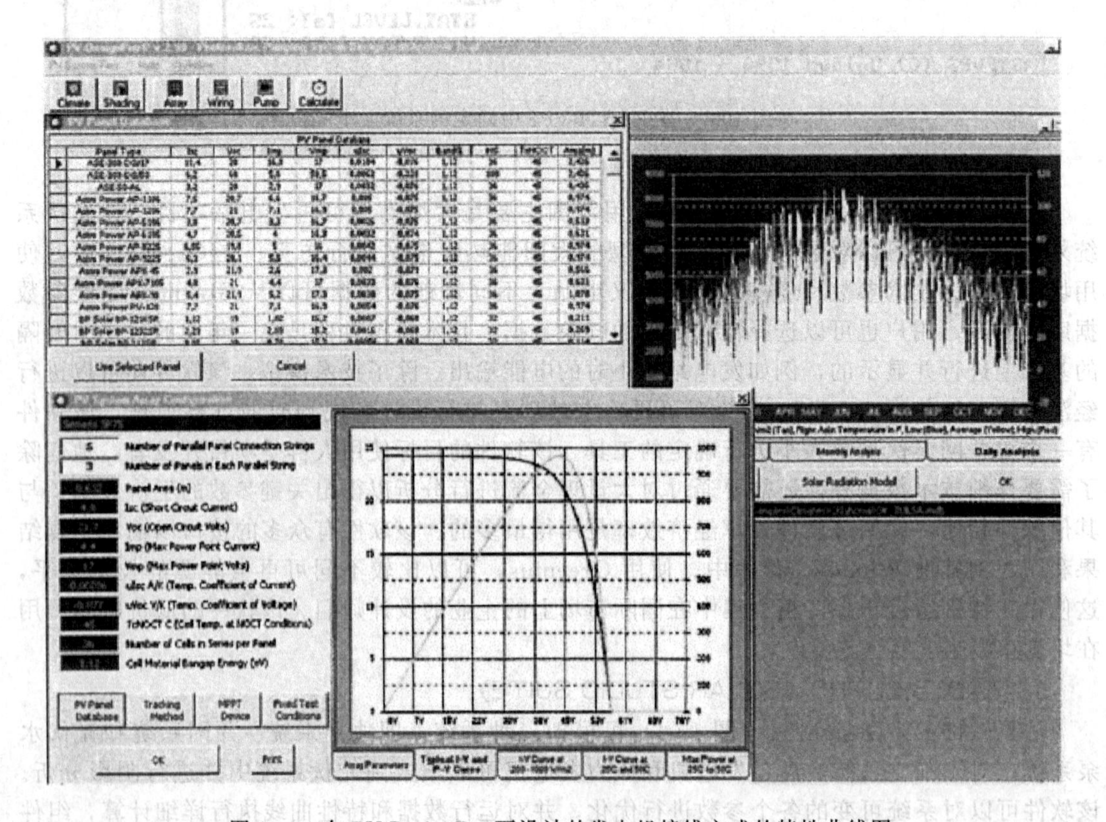

图 10-4 在 PV-DesignPro 下设计的发电机接线方式的特性曲线图

和气象数据非常全面。PV-DesignPro 与计算太阳能热发电系统的软件以及计算太阳位置和气象数据的工具，共存于太阳能工作室中。太阳能工作室有最全面的软件包，其价格削弱了许多竞争者的产品。

6. PVS

在光伏软件市场上，Windows 版本的 PVS 是存在时间最长的时间步长仿真软件。PVS 是一个专业的用于模拟和确定并网光伏系统和独立光伏系统大小（图 10-5）的菜单驱动软件。输入变量对系统运行特性的影响，如光照、组件温度和消费量，以及深度相互依赖的如太阳能发电的工作模式与控制系统的角色等，都可以在 PVS 的仿真结果中看到。系统部件的性能被描述为效率模型，表征该模型的少数几个参数需要由用户指定。典型的如直流系统、带与不带附加发电机的交流系统以及并网系统的构造都可以被模拟。对于独立系统，该软件可以定义切负荷，比如可以显示电池充电水平的频数分布。

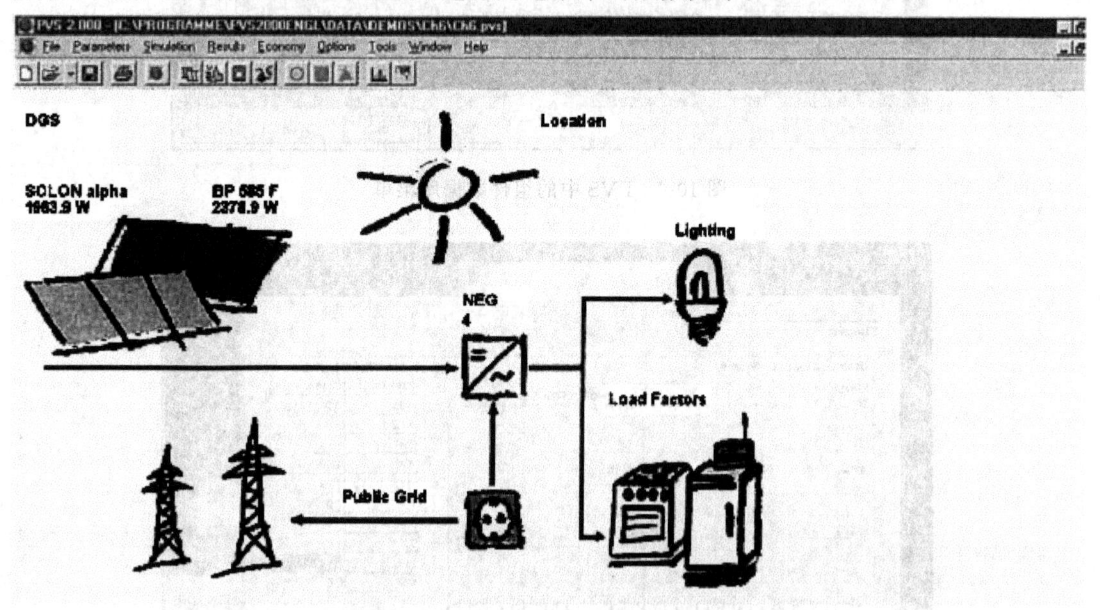

图 10-5　在 PVS 中确定并网系统大小的菜单

在光伏组件和逆变器的数据库中，可以添加新产品的特性参数。通过访问互联网数据库，可以经常升级为最新的元件数据（目前只有组件数据库）。软件可以输入两种不同方向的阵列（图 10-6），然而，在一个系统中只能使用同一型号的逆变器。软件可以检查输入数据以帮助确定大小，如果逆变器和光伏发电机的大小确定错误，则会提示错误信息。

光照模拟所要求输入的数据由集成到 PVS 中的发光器提供。对于输入的数据，只根据每天的光照和温度要求计算每月平均值，这些数据由附带的数据库提供。里面还集成了一个用于比较不同倾角的工具。如果考虑阴影，有一个阴影编辑器（图 10-7）可用，这就允许使用光标输入阴影轮廓。软件中还有一个用于计算经济效率的菜单（图 10-8），其结果可以用打印机以三种格式输出：简短报告、介绍和代表性的系统特性输出。另外，还有一个系统比较功能，经济效率可以在报告中显示。除此之外，它还可以以 ASCII 文档保存每小时仿真值，以便使用其他软件进行更进一步的评估。可以预期子程序上的一种新结构的软件内核和全面革新工作可用于模拟独立光伏系统，其主要目标将是电池模型（考虑工作模式、老化特性、损失和控制系统）以及与常规配置的复杂独立系统的容量相关的综合成本分析和自动成本优化。

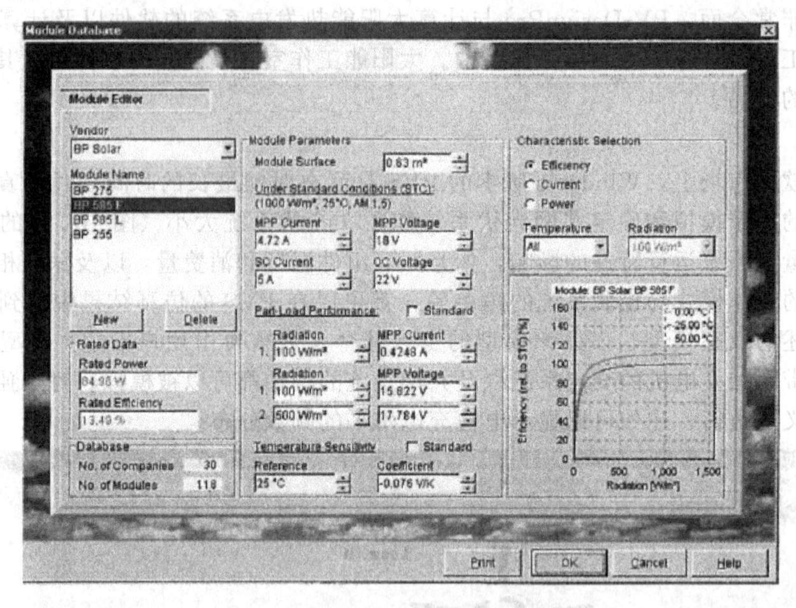

图 10-6 PVS 中的组件数据库菜单

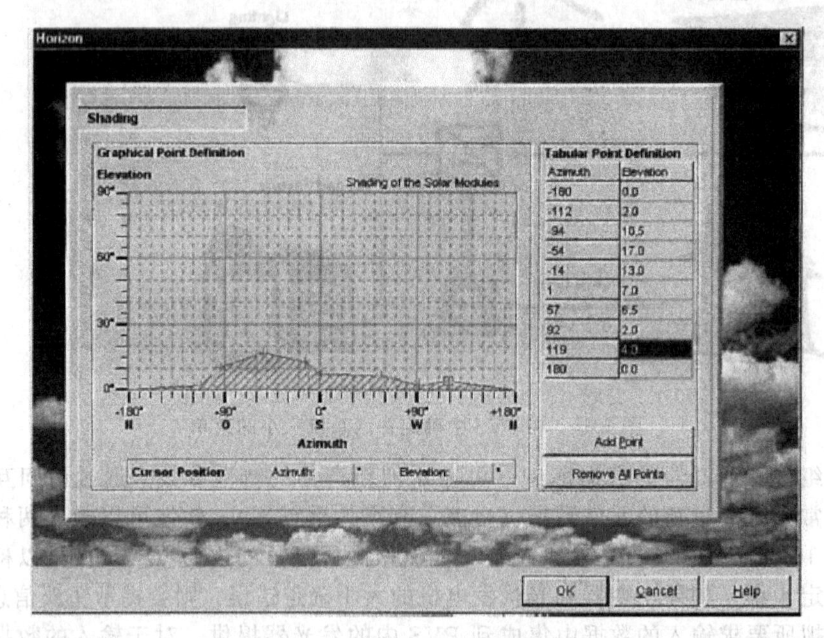

图 10-7 PVS 中的阴影编辑器

7. PV-SoL

瓦伦丁能源软件公司（Valentin Energie Software GmbH）开发的 PV-SoL（图 10-9）是目前被广泛使用的时间步长仿真软件，该公司还开发了用于太阳能热发电系统的著名软件 T-SoL。PV-SoL 可用来设计和模拟并网光伏系统和独立光伏系统。最近几年，该软件不断升级，使得 PV-SoL 成为光伏行业工作人员的得力辅助工具。使用它提供的快速设计工具，可以很容易地规划系统并迅速给出最重要的仿真结果。温度和失配影响以及特征数据的散列都可以在该软件中加以考虑。

在对光伏系统进行模拟时可以将其再细分为不同方向的阵列、组件和逆变器。该软件可

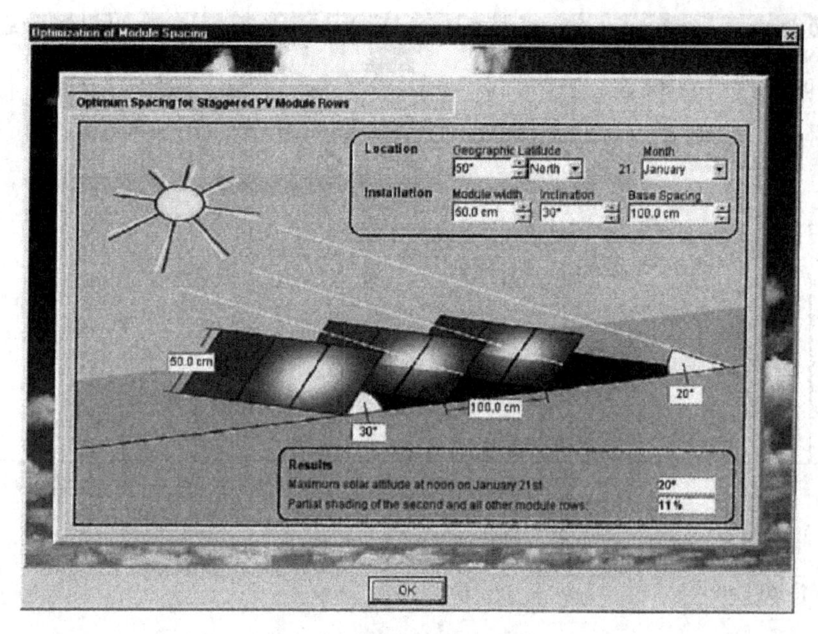

图 10-8 倾斜系统的间距优化

图 10-9 在 PV-SoL 中仿真并网光伏系统时的主菜单

以对所有系统模式进行（中央、串和组件逆变器模式）模拟。与 PVS 一样，也可以进行阴影分析，虽然在非常复杂的阴影情况下它们的精确度不及 PVSYST。PV-SoL 中的阴影编辑器对阴影投射物的预定义很有用。在输入了这些物体的参数后，阴影轮廓会被自动绘制出来。在未被遮挡的情况下，由于光伏组件和逆变器的分载行为，也可期待仿真结果接近真实。温度因素可以使用动态温度模型加以考虑（图 10-10）。在仿真过后，如果可能，可以

Graphics
File Curve Axes Display Options Table
Arial
°C
60,0
54,0
48,0
42,0
36,0
30,0
24,0
18,0
12,0
6,0
0,0
1 2 3 4 5 6 7 8 9 10 11 12 13 14 15 16 17 18 19 20 21 22 23 0
Date:12.6.
Module Temperature 28 °C
Date:13.6. 0:00
-11,7 °C

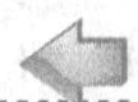

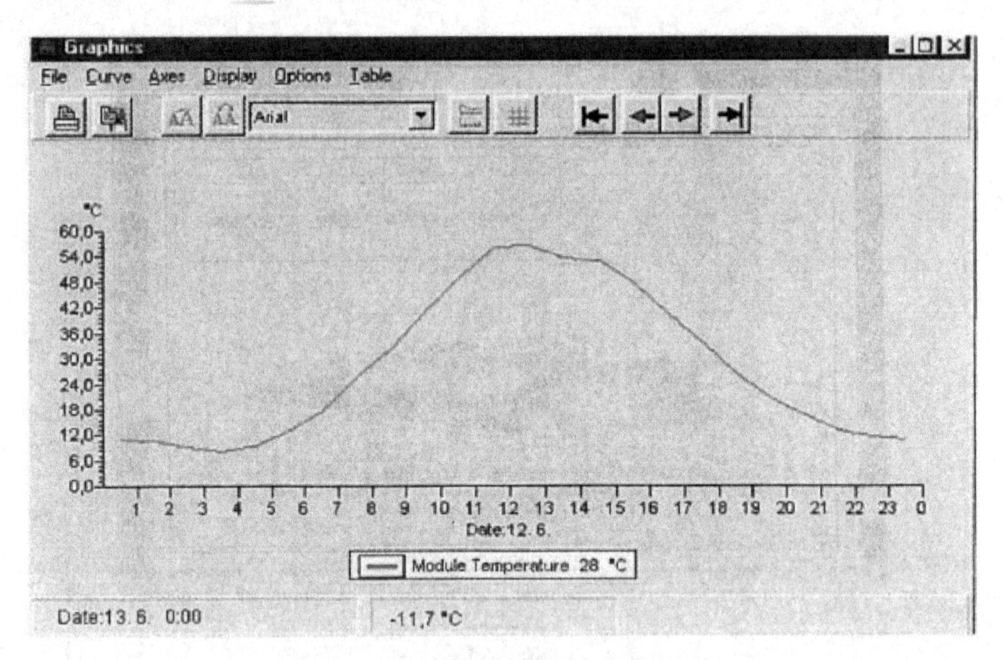

图 10-10 夏季某日的组件温度曲线图

显示不通风组件在任意一天的温度曲线图。

在进行仿真时，光伏系统的各种因素造成的损失也都被考虑到，诸如失配、温度、电压和二极管损失以及反照率等。PV-SoL 对输入的数据执行真实性检查，这可以避免仿真前期的错误。它还会检查大小，确定错误并提醒用户注意（图 10-11）。

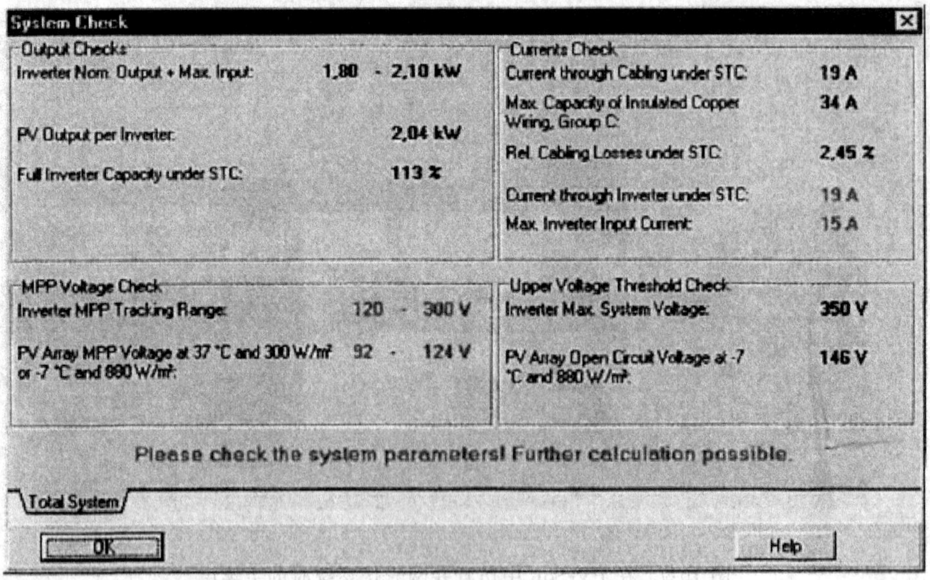

System Check
Output Checks
Inverter Nom. Output + Max. Input: 1,80 - 2,10 kW
PV Output per Inverter: 2,04 kW
Full Inverter Capacity under STC: 113 %
Currents Check
Current through Cabling under STC: 19 A
Max. Capacity of Insulated Copper Wiring, Group C: 34 A
Rel. Cabling Losses under STC: 2,45 %
Current through Inverter under STC: 19 A
Max. Inverter Input Current: 15 A
MPP Voltage Check
Inverter MPP Tracking Range: 120 - 300 V
PV Array MPP Voltage at 37 °C and 300 W/m² or -7 °C and 880 W/m²: 92 - 124 V
Upper Voltage Threshold Check
Inverter Max. System Voltage: 350 V
PV Array Open Circuit Voltage at -7 °C and 880 W/m²: 146 V
Please check the system parameters! Further calculation possible.
Total System
OK
Help

图 10-11 设计错误时提示的出错信息

在选择逆变器时，适合于所选的组件只有某些模型，相应的配线方式会被显示出来。在选择部件时提供完整的最新数据库：组件型号约 500 种，逆变器约 200 种，以及各种预定负荷已知的蓄电池类型。除部件数据库外，还有各种预定的消费状况和电价数据库以及回馈模型。使用精心设计的菜单，用户可以极其简单地指定消费者的个别负载状况（图 10-12）。

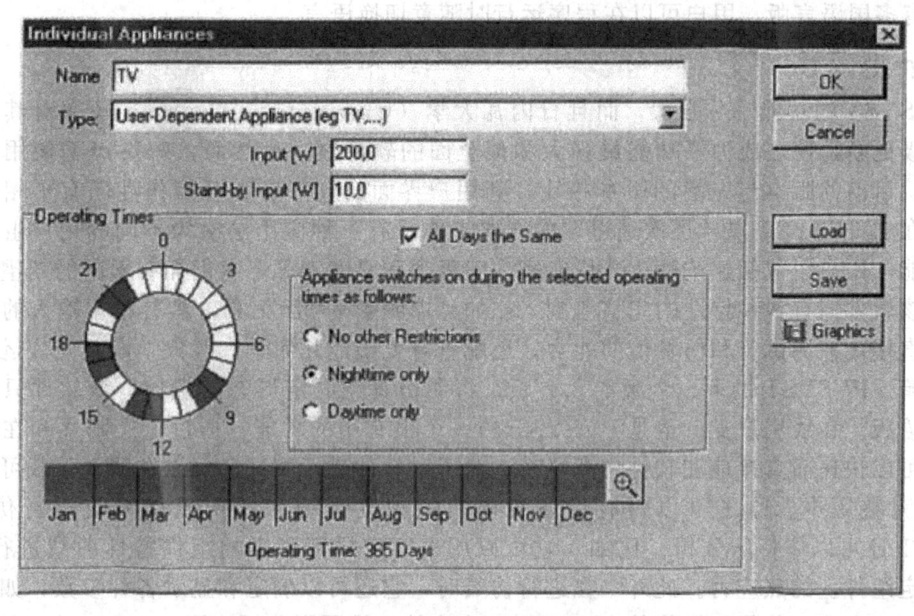

图 10-12 定义负载图的菜单

该软件包含了欧洲约 250 个地点的气象数据，也包括美国各州的气象数据，还可以无限制地下载附加的气象数据库。在以后更新时还可以编辑所有数据。PV-SoL 提供了光伏系统常用评估参量的计算，以及详尽的以报告和图表形式显示的对仿真结果的介绍（图 10-13）。其结果可以以 1h 分辨度的表格或者曲线图显示。

仿真结果可以输出为一份详细的规划报告或在其他程序中处理。除了考虑所有可能的不同补贴、税以及回馈模型在内的经济效率的计算外，PV-SoL 还会计算污染排放。PV-SoL 与软件 METEONORM 的直接接口，方便分析气象数据。PV-SoL 有一个纯粹用于仿真并网光伏系统的精简版本“版本 N”。另外，专业版包含了仿真独立光伏系统的模型和库。PV-

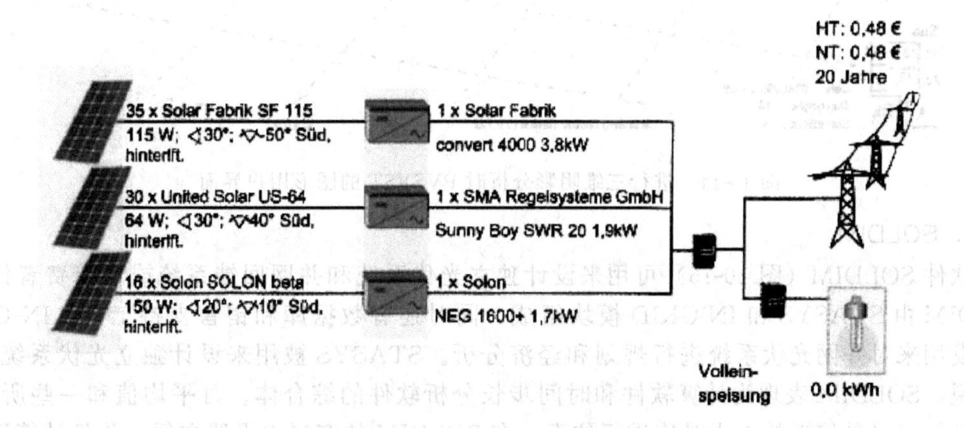

图 10-13 PV-SoL 对仿真结果的介绍

SoL 还有多国语言版，用户可以在程序运行时随意切换语言。

8. PVSYST

PVSYST 的功能十分强大，而且日内瓦大学（University of Geneva）还在对其进行不断的升级更新，使之成为了功能最强大和最全面的软件之一。然而，PVSYST 使用起来相对复杂。目前的版本与先前的版本相比，其用户界面的友好度和可操作性已有了相当的改善。现在的 PVSYST 以“逐次逼近”的方式工作。有三种应用层次为不同的用户组提供相应的功能，用户组包括建筑师、光伏专家、工程师和科学家等，它们拥有不同的期望和光伏知识。该软件拥有各种特性的完整范围，比如计算阴影的 3D 工具，具有根据输入的系统测试数据直接比较测试值和仿真值的能力，还配备有太阳能几何学、气象学以及光伏运行特性的工具箱。PVSYST 的下一个版本 3.2 版，将能仿真无固定形态的组件。该软件只有英语版和法语版。在线用户支持也是 PVSYST 的一个很有用的功能，通过电子邮件和在线用户论坛，可以快速而直接地和软件作者联系。为了对软件进行测试，可以在网上下载可以试用 10 天的完整版本。除了可以对有后备发电机的独立系统和并网光伏系统进行仿真外，PVSYST 还可以作特殊分析。比如，它可以用来对有局部阴影的组件特性曲线进行计算，还能确定组件上的热应力。此外，在进行仿真时，它还可以确定和显示各种参数，如气象数据、电压、电流、能量和性能等。PVSYST 也支持三维阴影分析（图 10-14）。

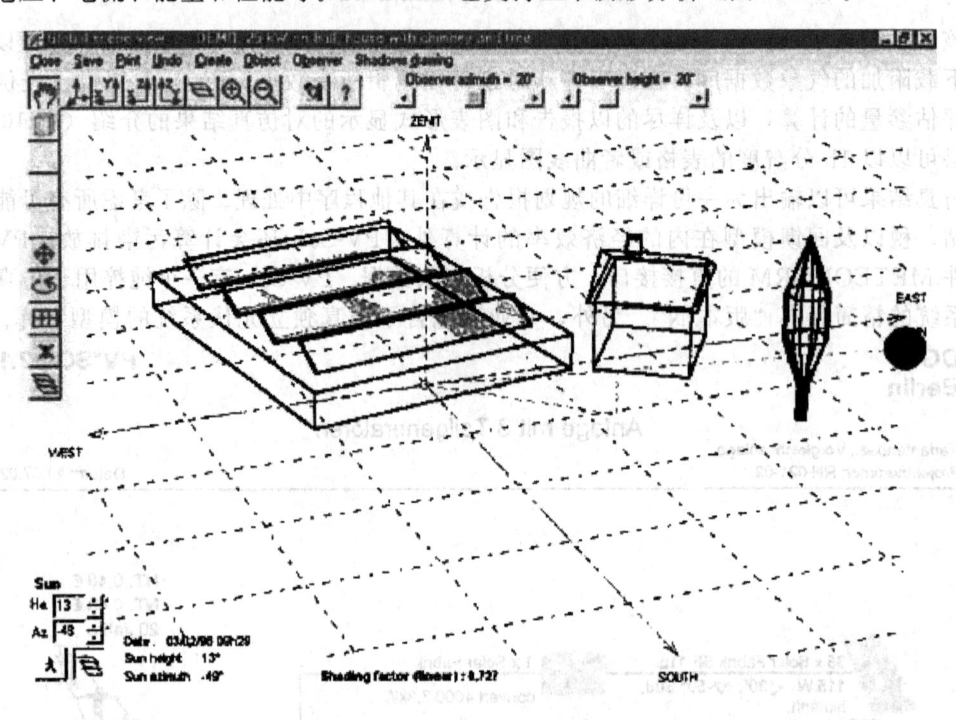

图 10-14 进行三维阴影分析时 PVSYST 的图形用户界面

9. SOLDIM

软件 SOLDIM（图 10-15）可用来设计独立光伏系统和并网回馈系统或供消费者使用。SOLDIM 由 STASYS 和 IN-GRID 模块组成，同时还有数据库和销售支持工具。IN-GRID 被开发用来对并网光伏系统进行规划和经济分析。STASYS 被用来设计独立光伏系统。严格地说，SOLDIM 表现为计算软件和时间步长分析软件的综合体。月平均值和一些所选的日变动值，以最接近的 1 小时值进行仿真。在 SOLDIM 的窗口中设置方便，并且计算迅速，

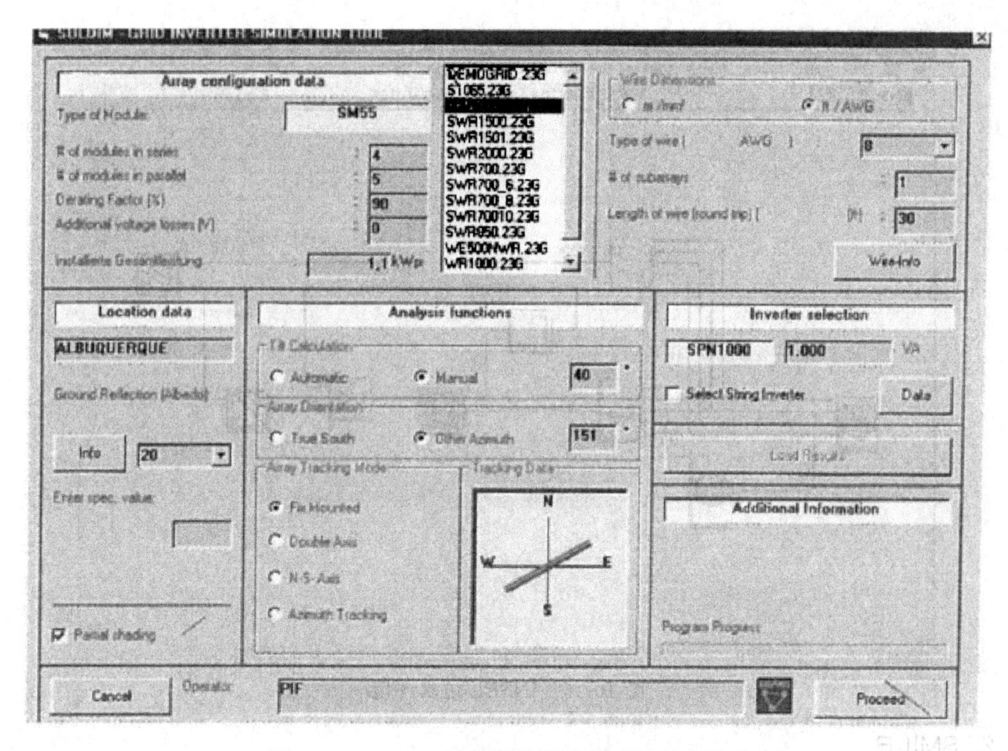

图 10-15 SOLDIM 计算并网光伏系统的主菜单

而且带有数据库和价目表，所以在与消费者讨论和商议时，SOLDIM 是很好的助手，该软件的熟练用户可以作快速可靠的计算并比较系统构造。用户既可以购买 SOLDIM 的完全软件包，也可以只买单独的模块。SOLDIM 和它的模块支持德语和英语。

六、模拟系统

模拟系统软件被用来模拟那些超出了时间步长模拟软件限制的系统，还可用于想要完全计算新部件和系统变量的情况。这些软件使得单个模拟模块可以在计算时被写入和执行。在这里，用户使用公式或图表导向的仿真语言定义仿真任务。最著名的用于光伏系统的模拟系统是 INSEL。由柏林科技大学（Technical University of Berlin）开发的 SMILE 也变成了这类软件。用于建筑模拟和太阳能热行业的模拟系统 TRNSYS 也可以用来模拟光伏系统。电子行业使用的模拟系统如 PSpice 在输入了光伏电池等效电路后也可以模拟出很好的结果。然而，为了最好地发挥模拟系统所提供的诸如灵活性等优势，需要对软件使用者进行大量训练。对于用户界面友好的专业时间步长仿真软件，即使普通的计算机用户也可以在几个小时内作出一个系统仿真。对于模拟软件，训练时间可持续数天或数周，它们更适合于研究和开发使用。

1. INSEL

INSEL（图 10-16）仿真环境是由奥尔登堡大学（University of Oldenburg）开发的。INSEL 使用的是模块导向的仿真语言，它是为模拟可更新电气系统而特别定制的。许多模型在各种不同的模块内被执行，包括太阳辐射计算、光伏电池、逆变器、电池、风力发电机、水泵系统和太阳能热发电站。不同的模块可以使用 HP VEE 接口可视地连接起来。INSEL 包含全球约 2000 个地点的日照数据的月平均值。INSEL 特别适合于以研究为目的、模仿特别应用、详细模拟分析或者那些需要很大灵活度的专业人员。

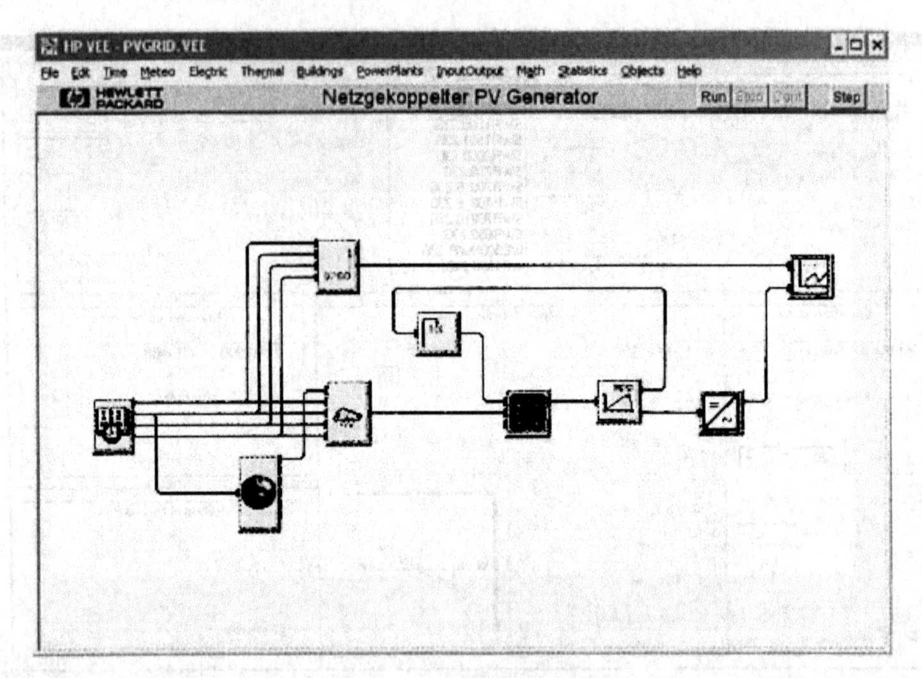

图 10-16　INSEL 仿真环境

2. SMILE

SMILE 仿真环境主要被用于仿真和优化复杂能量转换系统。SMILE 仿真环境包括带解释器的对象和公式导向的仿真语言、运行系统、各种数值求解程序、优化框架和部件库。该部件库提供模型的基本设置，用以描述几乎任何能量转换器以及它们的互联，同时还允许用户自行装配。仿真和优化能量技术系统使用的是“建筑模块法”。公式和建筑的方向可将不同的模型轻易地组合起来，现有的模型也可被轻易地扩展。SMILE 的应用领域扩大到了太阳能热利用、供暖和空调技术、建筑模拟、液压网络和电站技术。在光伏领域，光伏组件和逆变器的各种模型被补充。然而，SMILE 没有图形界面的接口和因此而产生的描述语言。目前，SMILE 只能在 UNIX 平台上运行。

3. TRNSYS

目前在热模拟系统、合理能源消费评估概念以及主动和被动太阳能消费系统领域，TRNSYS 是市场的主导者。虽然它的仿真重点是热系统，TRNSYS 仿真环境内也包含光伏模型，然而，其图形用户界面几乎不支持光伏系统的仿真。由于使用 TRNSYS 需要花很多时间来学习，因此只推荐有经验的用户使用。

七、 增补软件和数据库

该类型的软件包括光照计算、阴影分析以及拥有部件库和气象数据的软件。为仿真提供增补地区数据的软件有 METEONORM、SHELL SOLAR PATH 和 SUNDI 等，用它们可以生成日照数据和太阳路线图的描述或阴影分析结果，而且可以在网上下载到其他的气象数据。

1. METEONORM

虽然大部分软件有广阔地区的数据库，但却没有要仿真的特定地点的数据库。使用 METEONORM，则可以计算必要的全球辐射和全球任意地点的温度数据。除了这些参数外，还可用它确定相对湿度和风速及其方向。在 METEONORM 中，各种高质量的数据被组合在一起构成了一个全球数据库，为模拟能源系统服务。在这个全面的数据库上使用空间插值法，现在已包含了来自全球 2400 个气象站的气象数据，所需的目标地点的数据可以以每小时间隔被计算。数据被以每小时间隔以 16 种可选的格式输入仿真软件，用户也可以自定义格式。生成的地点数据也可以以图表显示并打印。对于个别的已作记录的日照和温度数据，该软件可以使用统计计算基于任意时间段对单个地点生成每月或每小时的时间序列。还可以考虑区域和阴影。

2. SUNDI

SUNDI 软件可以计算太阳路线图以进行阴影分析（图 10-17）。可以对全球任意地点进行计算，数据可以从数据库中选择，也可以自行输入。另外，使用它自带的全球辐射的测量值，该软件可以确定直射光和散射光以及选定地点任意方向的光照。可以对特定时间（每天或每年）进行所有的计算。计算结果以列表或图表形式给出。太阳路线图可以与输入阴影一起在屏幕上显示。水平的、未遮挡的和遮挡的日照数据，可以以半小时间隔输出到其他程序中或以备后期使用。该软件已被大学、学院以及培训机构所使用。

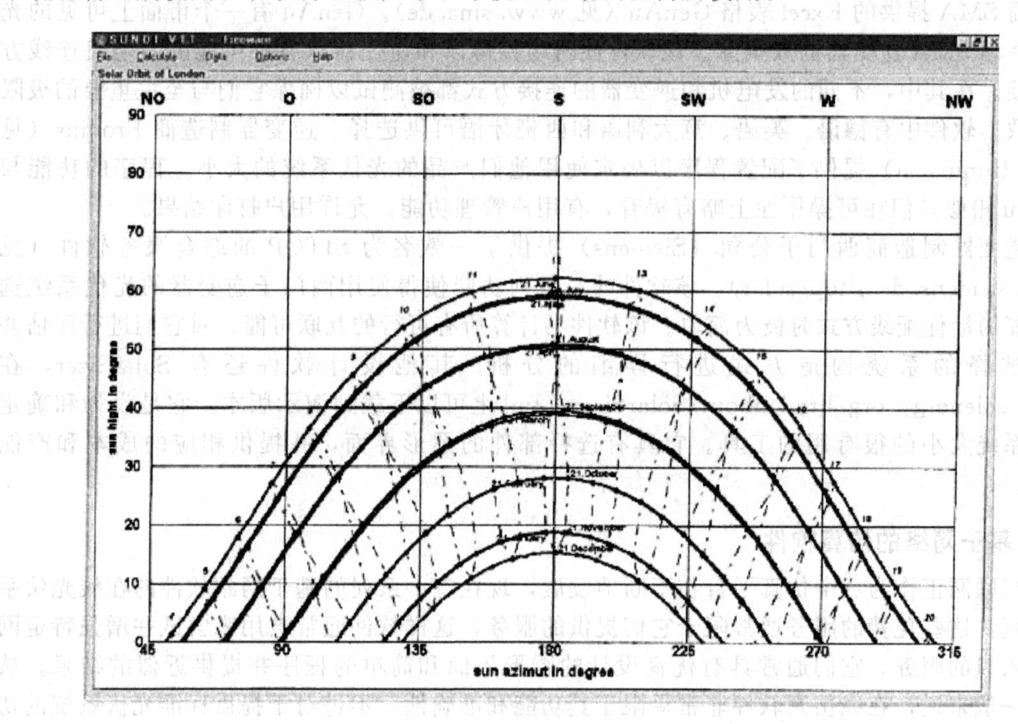

图 10-17　SUNDI 对伦敦某地带阴影的太阳路线图的可视描述

3. SHELL SOLAR PATH

使用 SHELL SOLAR PATH 可以描述考虑阴影在内的全球任意地点的太阳高度图。它也可以确定倾斜面的直射光照的持续时间。作为附加特点，它还可以描述日出、日落和昼长。生成的太阳高度时间序列可以以最短的每分钟间隔输出为文本文档。然而，虽然可以确定阴影的持续时间，但却不能计算辐射能量和阴影损失。因此 SHELL SOLAR PATH 在功能上比不上 SUNDI。

4. WEATHER DATA ON THE INTERNET

表 10-1 所列网站在互联网上提供气象研究数据。

表 10-1 提供气象研究数据的网站网址

URL(Uniform Resource Locator)	Region	Description
http://www.satellight.com	Europe	Global radiation data based on satellite images, free
http://eosweb.larc.nasa.gov.sse	Worldwide	Global radiation data from the MASA database, free
http://wrdc-mgo.nrel.gov/	Worldwide	Global radiation data from the NREL(US). free

八、设计与服务软件

除了有对系统进行模拟和分析的模拟软件外，还有提供并网光伏系统信息和支持设计的设计和服务软件。

各种逆变器制造商通过互联网为用户提供其他免费的设计软件。逆变器制造商这样做的目的是在单个设备的产品说明书之外为用户提供明确的信息，包括设备的运行特性以及任何可行的配线方式等。这些软件大多提供 Excel 表格和各种各样的功能。最著名的就是逆变器制造商 SMA 提供的 Excel 表格 GenAu（见 www.sma.de)。GenAu 有一个市面上可见的光伏组件和 SMA 逆变器的数据库。该软件使得组件可以和逆变器以各种可能的发电机连线方式连接。在其中，不同的发电机和逆变器的连接方式都被测试以确保它们与至关重要的极限值一致。软件中有德语、英语、意大利语和西班牙语可供选择。逆变器制造商 Fronius（见 www.fronius.at）提供了配置程序以确定使用他们产品的光伏系统的大小。程序的功能与 GenAu 相似，但在可操作性上略有提升，有用户管理功能，允许用户打印结果。

逆变器制造商西门子公司（Siemens）提供了一款名为 SITOP 的综合服务软件（见 www.siemens.de/sitop/solar)。该软件的一系列功能使得使用西门子逆变器的光伏系统选择可能的最佳配线方式时极为简单。该软件会计算所有可行的互联可能，对它们进行评估并对所选择的系统构造方式进行详细的分析。其他设计软件还有 SolarSizer，在 www.solenergy.org/html/about/SolarSizer.html 上可以下载到演示版本。它是设计和确定光伏系统大小的很有用的工具。它具有选择部件的图形界面，并提供相应的成本和产能计算。

九、基于网络的仿真软件

互联网正作为一个仿真平台在不断地发展，现在有一系列的基于网站软件的在线光伏系统仿真，这些免费的服务通常限于它们提供的服务，这样软件通常被用来尝试并增强特定网站和入口的服务。它们通常具有优良设计的图形界面和简单的程序并提供近似的结果。然而，一般来说，在线仿真软件非常局限于其功能和准确性。不过对于提供标准光伏系统的初始信息和产能的粗略计算还是很有用。

美国的可再生能源实验室（National Renewable Energy Laboratory）开发了一款全面的在线仿真工具 PVWATTS。该网站可计算由并网光伏系统发出的电能，虽然只可用于处在美国的光伏系统。非专家也可以很快地获得并网光伏系统的性能估计。

任务三 并网式光伏系统的安装、调试与运行

一、安装的一般事项

因为光伏电池阵列在外观上是固定完好的，所以，外部安装（IP protection Category,

紫外线和风化的防护）的规格必须遵守所构成的成分（组件接线盒、PV Combiner/Junction Boxes 等等）。

光伏组件与传统电压电源（公共电网）有着很不一样的地方，交流系统的安装规范在直流系统的安装中可能行不通，因此，必须对交流系统与直流系统安装的不同之处特别注意。

1. 直流系统安装的事项

组件在安装时处于工作状态，并且不能被切断，基于此，在组件的电学安装过程中，没有防护插头的组件应该覆盖上一层挡光材料。

① 直流电流的值与光照成比例，而额定电压则是在弱光照时才能达到。

② 光伏阵列的短路电流大概仅仅超过额定电流的 20%，在设计保护措施（保险丝、短路开关等）时应考虑这一点。

③ 光伏电流属直流电，这意味着如果有一个绝缘故障，则会引起一个持久的电弧。因为这个原因，安装过程（电压小于 50V 的除外）必须接地且防短路，电缆连接必须要谨慎操作，只采用证实良好的短路开关。

④ 在连接直流电缆时，一定要把接线盒绝缘，以确保接线盒不在工作状态，否则，光伏阵列的整个电能引起的电弧会带来很大的危险。

⑤ 采用串联逆变器的系统中没有光伏阵列接线盒，因此用切断一条组件导线的方法来进行绝缘，插塞接头则不应绝缘，因为此时仍然有电弧的危险。直接的主要电闸用作负荷开关，在连接电路开关装置时，一定要确保正确的极性和电流方向。

2. 组件安装的事项

① 必须严格执行组件厂商提供的装配和安装说明书，特别是当只有制定的组件经过了压力测试，安装的类型、夹钳和组件上的点尤其需要注意。对组件框架采用预钻孔的方法，能获得最可靠的安装。另外，组件在使用过程中，不能超过在当地风雪下测得的最大表面承受能力。

② 组件框架上不能额外钻孔，否则授权可能失效。

③ 安装必须在干燥的气候下使用干燥的工具进行操作。

④ 在安装过程中，不得踩踏组件，不能将重物或有锋利边缘的物体放置其上。

⑤ 在安装组件之后，必须对屋顶平台的进行确认，确保天窗和屋顶保持光亮。而且，不可在屋顶上频繁地行走。

⑥ 无框架的组件在运输和安装的过程中是极容易破损的，必须非常小心地操作，而且它的角和边缘也非常脆弱。

⑦ 在大系统或屋顶安装是很困难的，因此使用起重机来预装和组件装配可能是有必要的。

3. 组件连接事项

① 对于功率误差较大（>5%）的组件，建议在安装前对其进行单独测量，确保相同的最大功率点电流的组件串联，以避免因失配引起的损失。

② 同一系统中只能用同类型的组件。

③ 因为组件要连接在一起，那么连接电缆具备单极触摸保护插头的组件连接起来更加快捷容易。

④ 在连接组件以及光伏阵列的接线盒中，要注意电缆的极性。如果极性弄反了，旁路二极管和逆变器的输入级可能会被损坏。

⑤ 切记组件在安装期间都会产生功率，所以在欠载时不要拔掉插头。如果在安装后必

须拔掉，则先关断逆变器并启动直流断路开关，插头可以在开路时拔下。

⑥ 对于没有预装接线电缆的组件，操作程序如下。

a. 剥去管接头上的绝缘层至大概 16mm。

b. 牢固地连接在弹簧夹上。

c. 牢记溢流冒口和连接线的防水。

d. 电缆进入组件接线盒前形成水滴电路。

e. 密封接线盒以确保不漏水。

⑦ 相互连接前测量每一列的开路电压。

⑧ 测量每一列的短路电流和绝缘电阻，为正确安装提供安全。

4. 放缆事项

对电缆进行接地故障和短路的防护；在任何可能的地方，都应将电缆的正极和负极分开放置；双重绝缘。

① 留意电缆的允许弯曲直径。

② 在冬季时，电缆的绝缘层更容易损坏，因此需要小心操作。

③ 不要将电缆放在屋顶遮盖物上，应将其固定在支撑框架上，所有电缆应适当扎牢。

④ 防止雨水的冲刷。

⑤ 如果可能，电缆应置于阴凉处。

⑥ 扎带必须防风雨。

⑦ 避免大的环形电流。

⑧ 电缆应置于离避雷装置或闪电传导系统尽可能远的地方。

⑨ 避免尖锐物体以及机械损伤。

⑩ 尽可能减少组件电缆的总长。

⑪ 电缆应妥善安置，以避开儿童、鼠蚁和宠物。

⑫ 进行连接时，应注意电缆和连接器的极性。

⑬ 直流电缆不可以穿过易燃材料或能形成爆燃性气体的地方。

⑭ 将不同类型（直流和交流）的电缆捆扎时，应对直流电流进行标明。

二、 并网光伏系统的安装实例

在此案例中，需要在一个私家房间有倾斜度的屋顶上安装一个功率为 10kWp 的并网光伏系统。在此系统中，安装 80 个 KC-125-2 型组件，每个组件的功率为 125Wp，光伏阵列分为 3 串，组件数分别为 27、27 和 26，每串都与一个 Sunways 3.02 型，额定功率为 3kW 的逆变器连接。对于屋顶安装，MHH-alutegra SD 倾斜的屋顶底座会被利用。这个支架系统适合在垂直方向安装有框架的组件，每排组件需要两条水平轨。光伏阵列的根基（支撑轨、屋顶钩等）和所需夹钳及固定工具（木螺丝钉、铁轨连接器和角撑架等）都具有抗腐蚀功能，且都相互协调。在工作之前，仔细阅读组件和支架系统的安装说明。

1. 准备工作

为了对屋顶的组建布置做一个初步计划，画一张屋顶的设计图是很有帮助的。设计图包括屋顶表面的度数、尺寸、高度和屋顶上的装置或建筑的位置、椽的位置和间距，然后将每个组件都画在这张设计图上。组件位置得经过计划安排，以保证整个光伏阵列在一年中白昼时间最短的一天的早上 9 点到下午 3 点都不会有遮蔽，因此阴影分析也是有必要的，可扩展空间或光热系统也是重要考虑因素。为了减少风力载荷，光伏阵列离屋顶边缘必须有足够的距离（依照经验，是组件和屋顶表面距离的 5 倍），离烟囱的距离至少是 60cm。在此例子中，烟囱和天线周围的区域都被排除。组件排列成 5 行，上两行分别是 5 个和 9 个组件，底下三行都是每行 22 个组件。

为了组件能在屋顶上安装牢固，需要首先计算所需屋顶钩的数量、位置和所需螺丝钉尺寸，最简单的方法是采用支架系统厂商提供的负荷表，或基于工程的结构的计算。该处的风雪条件、海拔高度、建筑物尺寸、屋顶的倾斜度和组件都应在支架系统的结构设计的考虑范围内，有了这些参数，能在负荷表上很快得出每平方米所需的屋顶钩数以及屋顶钩之间的最大距离（依轨的承载力而定），而椽的间距和组件支撑轨的间距决定了实际距离，现在，屋顶钩的分配以及支撑轨都能加进屋顶设计图中了。在屋顶边缘，从天窗绕过以及其他类似情况下，一般需要增加屋顶钩的数量。

2. 逐步系统安装

① 固定屋顶钩。为了帮助定位，可以用粉笔在屋顶画出组件的位置。在将要固定屋顶钩的地方，要先将瓦片移开以便看见指定的椽。屋顶钩所固定的地方要保证屋顶钩腿放置在瓦片的凹处，而固定台则要覆盖整个椽的宽。如果屋顶钩不能明显超过瓦片表面至少 5mm，那么则需要垫片，大多数厂家都会提供相配的垫板。屋顶钩用两颗螺丝钉（螺旋直径最小为 8mm，长度最小为 80mm）固定在椽上，先在椽上钻孔，然后在螺丝钉上加润滑油，以便容易旋紧，而且能起到防挫伤的作用，螺丝钉进入椽的深度至少在 60～80mm，如果在椽上有垫片，深度相应地增加（图 10-18）。除了作为屋顶钩外，它也能起到固定瓦片的作用。

② 切削瓦片。被移走的瓦片放回原处时必须与周边的瓦片齐平，而屋顶钩的腿可能会影响到其上面和下面的瓦片，所以安装设计人员需要将这些瓦片进行适当的切削或磨损（图 10-19），以便能再次良好地结合。依照瓦片的情况，可能只有上面的瓦需要修正，也可能上下两片瓦需要修正。修正好的瓦片再次放回原处，然后封好瓦片覆盖物以保护瓦片不受侵蚀。值得注意的是，屋顶钩不得改变瓦片的位置，否则会引起屋顶渗漏。

③ 安装固定轨。横向轨先被切裁成所需尺寸，然后固定在每个屋顶钩上。在例子中，

图 10-18 在椽上预钻孔和钉屋顶钩

图 10-19 切削瓦片

固定轨由六角螺钉、垫圈、弹性垫圈和一个螺母固定，如果采用 T 头螺钉、有槽螺母或螺纹板，则要确保它们正确地插入固定轨凹槽。通过屋顶钩上的长孔、固定轨能补偿瓦片的不平坦，如果必要的话，还需用到隔离片（如平垫圈），为了之后的阵列表面能平整，这一点是很重要的。为了横过屋顶的宽度，需要用拧紧的连接器将多个固定轨连接起来，而每个轨之间保持一个空隙以便线性膨胀。一旦固定轨竖向定线（铅垂线在此起到作用）后，则用厂商指定了扭矩的转矩扳手拧紧螺钉（图 10-20）。

④ 等电位连接以及将阵列支撑结构接地。因为采用了无变压的逆变器，金属材质的阵列支撑框架通常需要与建筑物等电位连接（图 10-21），系统产生的电容性放电电流必须安全地导向地面（人身保护）。各国的接地和等电位连接的规范与条例不尽相同，因此必须进行商榷观察。

⑤ 安装组件。为了防止滑动，用螺栓插在组件框架的固定孔中并用螺母旋紧，螺栓的螺旋部分从后凸出，在安装过程中能起到将组件悬在其上部的水平固定轨上的作用。在单个组件被最终固定之前，它们相互之间要用电线连接，组件的导线上连有插头的可以简单插在

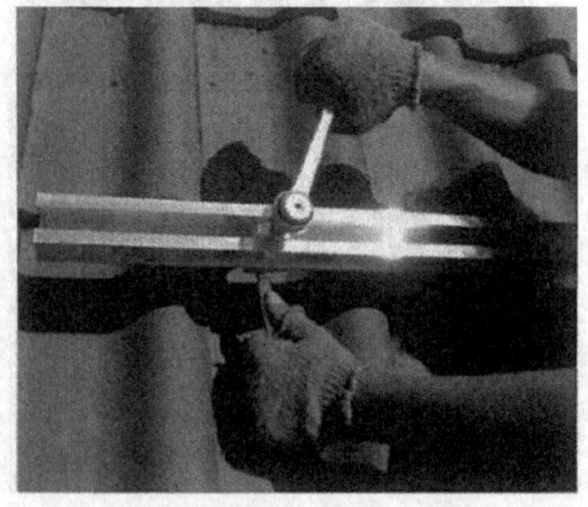

图 10-20 固定轨的竖向定线以及拧紧螺栓

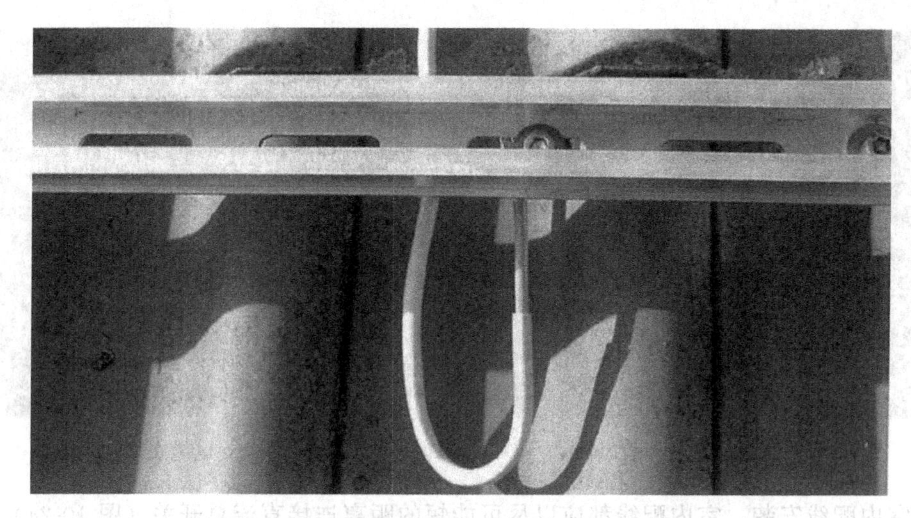

图 10-21　组件的支撑框架与建筑等电位连接

一起，而没有插头的组件，则需要打开组件接线盒并将里面的线连接。电缆都安全地放置在横向的固定轨中（如采用防紫外电缆带），这样可以避免雨水冲刷，以及电缆放置在屋顶造成融雪水堵塞，这也保证了没有水能进入插塞接头或组件接线盒。电缆的安置必须确保没有锋利、尖锐的物体给绝缘层带来机械损伤（以免形成短路和接地错误）。

注意： 如果使用金属的电缆管道，必要的地方一定要加上绝缘保护。

在本例的系统中，最简易的组件安装方法是从上到下成行安装。在每行开始时，用两个预装好的夹钳将第一个组件的在外侧的长边固定在固定轨上，中间扣件和一个螺母插到固定轨中以托住组件。下一组件平齐地放置在第一个组件的旁边，用螺丝刀将中间扣件的螺栓旋紧，这一行依次完成后，最后用夹钳固定。不论是扣件还是夹钳，都可以制定统一的扭矩。

组件通过角撑架将其与组件固定槽旋紧连接，角撑架和组件框架之间填充了很薄的防风化垫圈（如氯丁橡胶）。角撑架为组件行提供了充足的机械张力，使得组件框架不会产生“格格”声和振颤声。

⑥ 屋顶走电缆。电缆插在穿过屋顶内覆层的保护管道中，绝热层和蒸汽防护栅指向外侧，电缆敷设不可对蒸汽防护栅和绝热层产生不利影响。同时必须保证电缆有短路和接地故障的防护。

保护导管最初插在预先做好的通道里，且被固定以防止滑出。电缆再从其中穿出，因为距离很长，可以线圈来辅助。也可以先将电缆插入保护导管，然后将导管和电缆同时进行安装。在保护导管中走线必须确保有高度的操作安全和电缆的长寿命。保护导管必须插通护墙板搭接点处的蒸汽栅，这是为了确保安装后能方便地再次密封。

注意： 保护导管必须是防紫外的，而且确定能在外部使用。

最后，电缆贯穿了屋顶通风瓦的开口（图 10-22），电缆从一个适当的点插入瓦以确保瓦片不会渗透（图 10-23）。为了美观考虑，这块瓦应该位于组件的底下且从外表上看不见。电缆附着在组件框架上，并与相应的组件相连接（一行中的第一个和最后一个）。

至此，屋顶的光伏阵列的整合和安装已经完成。在阵列装配过程中，每个组件事先都进行电学测量（开路电压、短路电流和绝缘电阻）并记录下来，以确保阵列正常工作。屋顶安装的工作已经结束。

图 10-22　输送电缆进入通风瓦

图 10-23　电缆在屋顶走线

⑦ 室内配线安装。室内配线都应以尽可能短的距离连接直流总开关（图 10-24）或光伏阵列接线盒（如果有的话）。在此需要严格注意的是布置配线时需要安装接地保护和短路保护，因为这些线运输直流电应该作出标记，尤其是如果与室内其他导线共同导电时。通常有现有的配线路线或导管可以利用，电缆与直流总开关的终端或光伏接线盒（电压>120V 时要注意）相连，浪涌电压保护器和保险丝能保证适当的操作安全，而两极直流总开关能保证负载时系统安全切断（如需维修或维护的时候）。

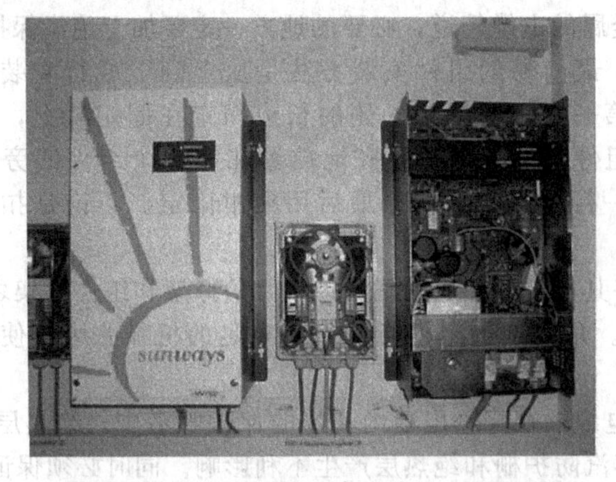

图 10-24　过电压保护的直流总开关和逆变器

在实例的系统中，每行组件都通过一个两极直流开关与各自的逆变器相连接。

注意：当直流电压>50V 时，两极直流总开关的触点之间至少有 5mm 的缝隙，这是为了保证安全可靠的绝缘。开关铭牌上的厂商说明都会清楚地声明在规定的电压下适宜开关直流电。

⑧ 逆变器安装。逆变器线路是从直流总开关（或光伏接线盒）到各个逆变器的直流输入端（图 10-25）。逆变器必须安装在一个确保运行无误的地方，需要考虑的因素有周围环境温度、散热能力（如安装在橱中）、相对湿度和噪声发射。为方便保养维护，逆变器应容易装卸，并必须严格遵循厂商的说明书。

如果在接线盒和逆变器之间有很长的距离，则需在逆变器前安装一个附加的直流总开关，这保证了即便是在工作状态下直流总导线与逆变器的安全绝缘。

注意：需在远程控制的情况下，需要通过数据线将系统参数传送到计算机。

⑨ 安装主线路。交流逆变器通过保护设备（如保险和线路的断路开关）和电网仪表与

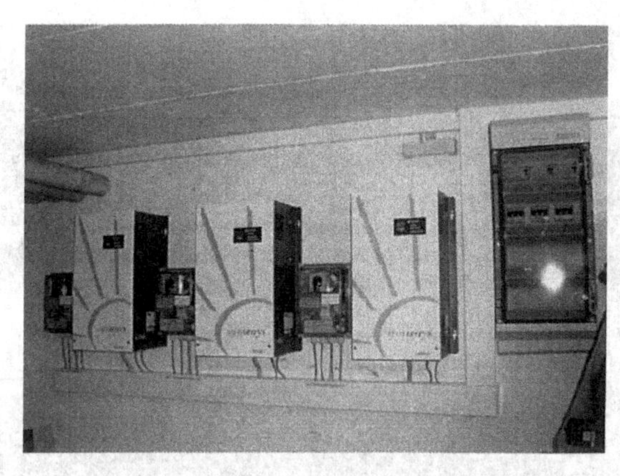

图 10-25 一个直流开关和三个逆变器

主输电网相连接。在本例中，现有电表的仪表柜通过一个纳入仪表的仪表壳扩充。既然这样，主电源是新的而且能保持不变，在扩充中就不会有任何问题。

光伏系统的试运行从开启仪表开始，为此，所有相关的测量都开启且进行试运行记录。合上总电源，直流电压连接，开启逆变器。从逆变器上的显示器能很快读出相应操作状态，以得出系统机能是否良好的结论。

3. 保证

系统安装的相关工程师要对光伏系统做出相应的保证。另外，在屋顶安装或电气设备安装以及其他早期工作的正当义务也是有效的。基本的保修期是两年，部分安装公司自愿提供更长的保修期，安装方必须自费对安装上的错误或因不正确安装引起的缺陷进行补修。除了电气安全和系统安全外，光伏阵列的迎风气密性、屋顶构造，结构的完整性都应有相应的法律责任。

4. 光伏系统的故障、典型错误和维护

光伏系统出故障是极罕见的。通常，光伏系统都能无误运行，大多数系统运行多年都不会出现大的故障或需要维修的情况。

最稳定的部分是光伏阵列和组件、电流电缆和光伏接线盒，但当光伏阵列中出现故障时，通常是串联二极管的缘故，而这些故障可能由雷电引起（图 10-26）。目前，串联二极管已经很少使用。在一些事例中，组件的停止运行归结于劣质的线接头。近些年来，因为广泛采用插塞接头，组件连接有了很大的改善。采用没有抗紫外线和抗高温的电缆或配线是很有问题的，其绝缘层也需要抵挡机械负荷。绝缘层经过一段时间后会老化，作为电力供应，一般规定电缆的使用寿命为 45 年，而紫外线、过压或机械损伤都能损坏绝缘层。在一些地区，家燕会啄食组件电缆的绝缘层。适当的电缆保护可以在市场上方便地得到。

在交流方面的绝缘故障（不论是什么原因引起的）能导致电弧和起火，因此，需要定期检查配线是否有机械或热损伤，最佳的方法是测量绝缘电阻。很多逆变器能进行自动绝缘监控，这是很有帮助的。当得知有绝缘故障时，逆变器会将系统从并网中隔离。但是，照明的光伏阵列仍然提供电流以形成电弧，从而故障不能被逆变器隔离。如果显示出有绝缘故障，应尽快查出故障的原因。在一串或两串的系统中，能通过检查逆变器来探测配线故障。

在一些实例中，组件会被扭曲。在温度和风化的影响下，或因为时间长久，组件玻璃可能破碎，更罕见的情况是，组件之间没有了接缝。而在某些实例中，没有考虑风力载荷，而且很少用屋顶钩。一些系统的支撑架有腐蚀的征兆，这归因于错误的材料选择，因此，要确保使用协调的金属材料。例如，在镀锌的安装系统中绝不能使用铜螺钉。

图 10-26 暴风雪对一个不够稳固的阵列的损害

最经常出现故障的是逆变器，即便这些故障的发生不再像 1000 屋顶计划中那么频繁（图 10-27）。

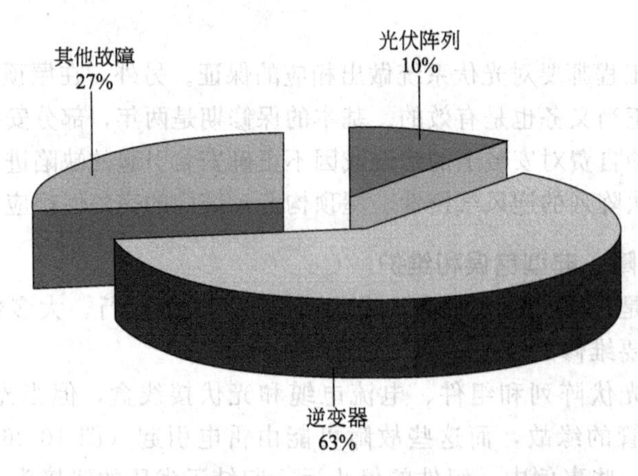

图 10-27 1000 屋顶方案分析得出的光伏系统各种缺陷的百分比

错误计算电缆或光伏阵列的电压匹配是一个引起故障的普遍原因，大多数安装公司已经战胜了这一点，诸如仿真程序或逆变器厂商提供的设计工具之类的软件也能提供帮助。

其他致使逆变器故障的原因有：雷电或并网转换引起的浪涌效应，老化或热量超载，一些故障完全归结于设备的毛病。

有时，对系统轻微的影响能使 EMS/MSD 设备出错，但不会出现并网故障或逆变器引起的故障，这时需联系电网操作人员进行适当的测量（例如校准 ENS/MSD 阻抗阈值）。

就像保险丝熔断故障那样，其他故障也包括仪表柜中的故障（如断路开关失灵）。

三、 维护

1. 维护要求

光伏系统的维护要求很低，然而系统负责人或安装公司进行的定期维护能帮助避免故障和检修停工，将发电最优化。为了实现维修与保养，持有操作说明书（尤其是逆变器）和包含维护条款有系统文件是有必要的，如果可能的话，逆变器的故障应该从日常规则中检查，同时，运行结果应能读出并且记录下来，每月检查一次。机械故障系统和有告示功能的运行数据监控，会使系统操作工的作业简单得多。

2. 保养与维修费用清单

如表 10-2 所示。

表 10-2 保养与维护费用清单

每天	逆变器	正常运行，没有故障显示
每月	发电检查、光伏阵列表面区域	定期记录仪器数据（对于有自动记录和计算运行数据的系统，这一点则不必要）。 是否有泥，灰尘？ 有无树叶、鸟粪、空气污染或其他脏污？ 用充足的水（使用水龙头）和柔和的清洁工具（海绵）进行清洗，不要使用清洁剂。 不可用刷子或干燥的清洁工具，这是为了避免表面划痕。 所有的组件是否依然固定正确？ 阵列表面是否受到了（如因弯曲的屋顶造成的）机械压力？
每半年	接线盒（如果有的话）、电涌放电器、电缆	装置中是否有昆虫或潮湿（如果是安装在屋外）？ 如果可能的话，最好在雷雨天气后检查一下保险丝。 是否没有被人碰过（窗口是白还是红）？ 检查炭化斑、绝缘层破损和其他种类损坏（如被动物损坏） 检查固定点
每三到四年	重复测量室外应用的逆变器	只有专业训练的人才能操作、控制。 对于室外应用，湿度可能有影响
可疑情况	组件、接线盒、交流保护设备	专业训练人员测量输出数据。 检查保险。 断路开关、交流保险丝和 RCD。

3. 发现并修理故障

由于光伏阵列是处于露天中，在其使用的 25～30 年里，可能出现各种不同的故障，依光伏系统的不同和故障类型的不同来确定维修方法。

首先，要问清消费者是什么时候如何意识到故障的，这时电路图和系统技术说明书是很有用的。在进行测量之前，要对光伏系统特别是光伏阵列进行目视检查，留心机械损伤和脏物。

配线和电路是必须要检查的，下列故障发生时不会损害保险丝，但能造成危险的接触电压或电弧：

① 配线连接松散；

② 绝缘故障引起的地面漏电；

③ 绝缘故障引起短路。

查明并网系统故障所用的测量与试运行时所用的测量相同。目前，越来越精细的调制解调器和电脑可用于更现代的逆变器。

引起系统故障或失效的下列原因也可能存在，根据它们的频率而做准备：

① 逆变器故障；

② 配线连接松散；

③ 保险丝故障；

④ 组件故障，可能是部分或整个组件行的故障（旁路二极管或单个电池片之间的连接）；

⑤ 浪涌电压保护器故障；

⑥ 绝缘故障。

从馈入点或仪表柜开始，逆变器和光伏接线盒的测量检查应该从各自的连接导线开始。对于逆变器，通过检查LED灯错误代码来测试运行数据或使用电脑软件，逆变器的运行数据记录（如输入功率）对于故障能提供重要的提示。测量检查应先测逆变器的交流端，再测其直流端，如果没有电源电压，那可能是ENS/MSD出差错（如系统阻抗过大）。然后，检查直流电缆和直流总开关，当检查绝缘电阻时，与零电势之间的阻抗至少要2MΩ。对于接线盒，要检查保险丝、浪涌保护器和串联二极管，然后检查接线盒是否有错误连接。

组件行的保险丝和串联二极管在工作期间，可以用伏特表测其电压。如果在各行的电压或短路电流中存在过多的差异，这便是发电机中有很高的失谐或者一个或多个组件行中有电力故障的征兆。在此之后，可能有必要对相应的组件行进行单独测量。在此，对于长一些的组件行，可以将此行分为两半，再查明哪半行出现了故障，然后再对这半行用相同的办法，这个方法能提高发现有故障组件的速度。当然，组件连线和旁路二极管也需要检验。

开路电压和短路电流也需要测定，这在一定程度上也取决于光照。

对于多行系统的接地故障与短路故障的发现与维修，每行需要分离并单独测量。因此，先关闭逆变器，然后关断直流开关（如果有的话），将每行组件中的一个组件覆盖使之无光照，这样每行组件在没有电弧危险的情况下分离开来，然后可以进行测量。

测量设备在分析组件和光伏阵列的详细故障方面有了很大的发展，它们能测量考虑了光照与温度的完全 *I-V* 曲线，这便能对组件、组件行甚至整个阵列性能有一个评估。德国PV-Engineering制造的最大输出功率表甚至得出精确度5%的组件额定功率，从特征曲线上能得出阴影遮蔽的影响。在一些例子中，绝缘电阻和串联电阻的测量是同时综合进行的，这便给安装工程师带来方便，如能查找出导线绝缘或接触不良的具体位置。装置上的计算机界面和测量数据评估软件能进行故障的详细分析，分析结果能通过测量报告来证明。

表10-3列出了故障类型，以及对应的检测故障的测量方法。

表10-3 故障类型及应对的测量方法

故障类型	目视检查	万用表测量	测量接地电阻	检查输入/输出	测量绝缘电阻	检查过压	*I-V* 曲线	读逆变器数据	测交流电流	并网分析
光伏组件										
脏污	√									
脱胶	√	√					√			
旁路二极管		√						√		
接触点		√		√			√	√		
潮湿	√	√			√		√			
组件缺陷	√	√			√		√	√		
逆变器										
功效				√				√	√	√
控制特性				√		√		√	√	√
谐波									√	√
线电压干扰								√	√	√
安装										
保险丝	√	√		√						
组件行 的二极管缺陷		√		√			√			
短路/通地泄漏	√				√					
浪涌保护器故障	√	√			√	√	√			
接地电阻增加			√							

在修缮故障之前，要确认故障修理是否是安装工程师或计划人员的责任，看看是否归结到设备厂商。如果不是，则可对修缮故障的费用做一个估计，记录再次试运行的观察日志。

4. 运行数据监测

一个全面的运行数据监测系统（图 10-28）确保故障或毛病被告知并且快速检查出来，这鼓励系统主人能主动测量并安排维修工作，如果并网的电已经在出售，便能将赔偿减少到最低。尽管光伏系统的运行一般不会出现问题，而一旦发生了故障或损坏，如果没有有效的运行监测系统，那可能需要数个月来检定，在某些情况下，这能造成在年底馈入税收的付款大笔减少。通过查看逆变器显示器或留心观察仪表运行（图 10-29），即能得知系统是否准确无误地运作。经验显示，定期人工检查不会进行较长时间。除此之外，部分系统故障（如旁路二极管短路以及组件行失效）只有经验丰富和具备专业技术知识的人才能发现。在大多数情况下，每年看一次仪表上的输出/馈入情况是不够的，当发现故障的时候可能为时已晚，而且粗略查看每年的馈给情况可能不能发觉甚至很大的发电量减少。

图 10-28 运行数据的采集和记录

图 10-29 无线运行数据采集装置

几乎所有的逆变器厂商都会将测度函数综合在设备中或作为可选择性地附加功能，以提供运行数据。许多逆变器记录了主要运行数据，因此能为光伏系统的运行进行基本的监测，这使系统中显著故障能被记录和显示，数据能从显示器上读取或发送到计算机。对于更大量的数据，则需要一个外部的数据记录装置或一个数据分类收集装置（图 10-30），或者连接到服务计算机或网络。在一些情况下，逆变器和数据采集系统自动进行系统检测，但这只能检测出一些显著的故障（如整个系统失灵或地面泄漏）并发出信号，信号会以如传真、电子邮件、正文消息或网络的形式发出，系统操作工能在家用电脑上，使用逆变器厂商和测量系

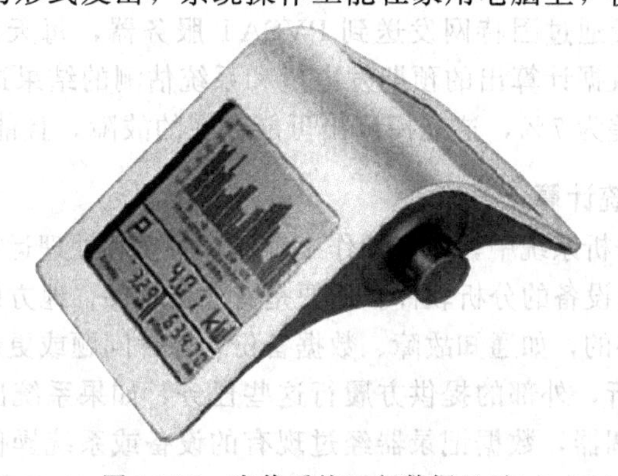

图 10-30 光伏系统运行数据显示

统的供应者所提供的专门软件对运行数据进行处理。完成这一程序也是十分麻烦的事情。通过联网系统监测，服务方会进行运行数据的计算，运行数据也能通过安装在起居室的外部显示装置（如电视屏幕）来显示。

如果不是经常进行测量，则难以保证一个系统处于最佳的发电状态。因为天气的缘故，电压、电流和功率都在不断地变化（图 10-31），因此，要想得到准确的运行数据，唯一的可能就是将数据与当地的气象数据进行比较分析。在组件板中安装校准的光伏传感器和温度传感器，能测量光照和组件温度（图 10-32），在用相同工艺制作的电池封装成的组件中，使用光照传感器能提供良好的比较值。对于较大的系统，有时天气监测装置也测量水平总辐射、相对湿度和风速，这些测量值用来计算发电预算值，通过预算值与实际值的比较，即能对系统的性能作出评估。预算值的容许误差（如局部阴影造成的结果）也可考虑在内，一旦超过了容许误差，会自动通知系统的操作工，如有必要的话，还会通知系统安装工程师（如通过电子邮件）。在一些更大的光伏系统中，即便是单独的组件行都有电流监测装置对其进行监测，一旦出现了大的反常或发生组件行的故障，会发信号给运行监测系统。

如果在没有光照传感器的情况下，则必须从当地气象站得到气象数据来进行比较，有了相配的气象数据，则能对系统发电量进行估计。将一个特定系统与其他系统进行发电量的比较，则能通过因特网来进一步估计每月的运行结果。除了这些网站外，还有很多在线的光伏系统数据，但在一般情况下，每次只有少数的系统能显示或分析。没有辐射传感器的系统检查的缺陷只能在数个月或在年底才能监测出减少的发电量。

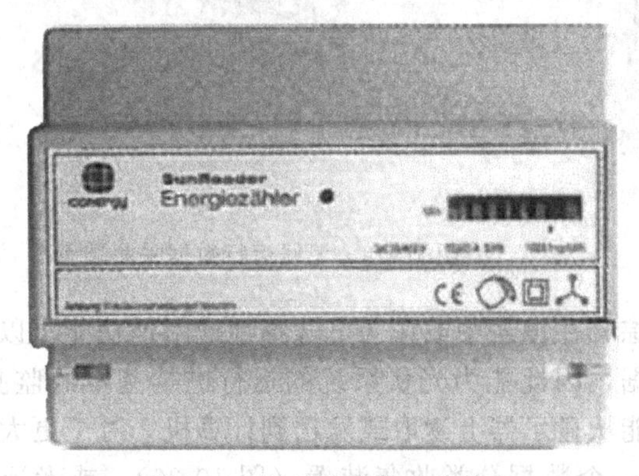

图 10-31　脉冲输出的电能仪表

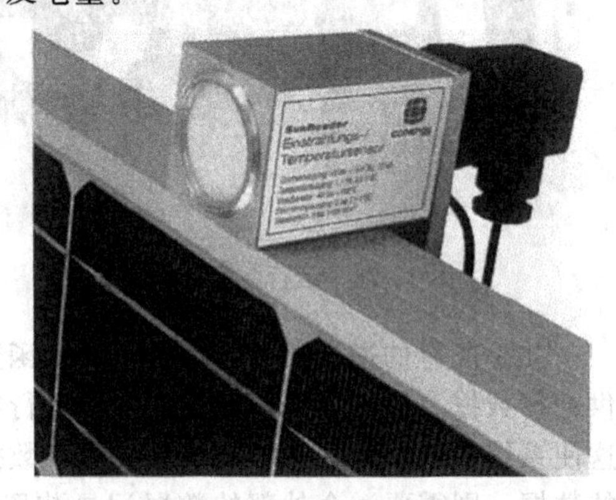

图 10-32　温度与光照传感器

在 EU 发起的 PVSAT 工程中，工程合作人发展了一种通过 Meteosat 卫星的卫星图上的光照数据，来计算预期系统发电量的方法。这种方法的原理如图 10-33 所示。通过一个简单的硬件把每小时发电量通过因特网发送到 PVSAT 服务器，每天发送一次。在服务器端，发电量数据与通过光照数据计算出的预期发电量和系统估测的结果进行比较，用此方法计算的每月平均值的平均误差为 7%，这能探测出可能存在的故障，且能提供追查故障的帮助。

5. 基于因特网的系统计算

在地方的运行数据分析系统中，系统操作工维护、备份和处理运行数据，逆变器厂商和测量系统提供方提供他们的设备的分析软件。即便是有分析软件，地方的运行数据分析的系统操作工的必备条件也是很多的，如通知故障、数据备份、软件问题或更新。

基于网络的系统分析，外部的提供方履行这些任务，如果系统出现故障，则自动通知系统操作工。通过调制解调器，数据记录器经过现有的设备或系统操作工安装的综合服务数字网络（ISDN）电话线，自动传输运行数据给服务器，服务器的存储器进行图像处理、分析

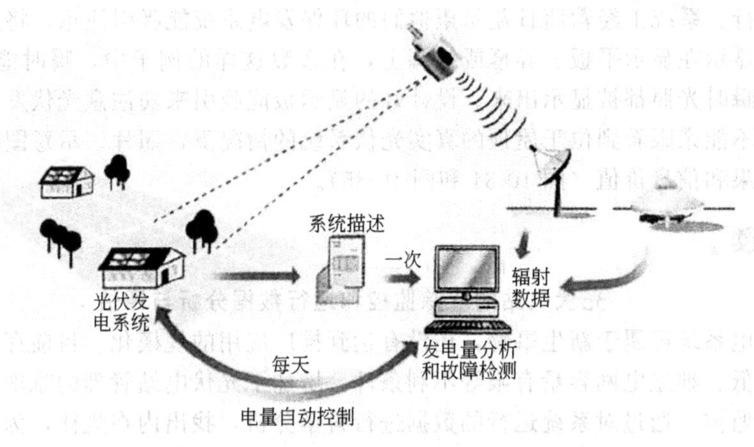

图 10-33 PVSAT 工程计算发电量的原理

并根据消费者的意愿输出数据。信息系统给予了操作工任何时候都能在网上观察光伏系统发电电流数据的方便，通过输入个人密码即能登录网站，光照数据、发电数据和组件温度图都以图形显示出来。

① 基于网络的数据传送和计算。厂商会遵循网络惯例标准在网上传输并分析运行数据。可扩展标记语言（XML）作为因特网数据文件的版式正在确定之中，通过使用这种语言来定义文件类型，在不用考虑语言的情况下，使不同平台和应用的数据和数据结构的交换成为了可能。目前，XML 已经扩展到几乎所有的广泛使用的程序语言。作为重要的数据供应，关系数据库系统是最主要用到的，客户服务器可使这些系统供应给分布在不同平台的客户。标准的查询语言是结构化查询语言（SQL）。关系数据库系统 MySQL 是一个开放源码程序，能作为免费软件被广泛使用。XML 的格式达到了高兼容性，并广泛使用相关数据库系统，确保了未来的兼容性。在一个软件和网络以如此速度发展的世界，这些都是不可忽视的特征。

2005 年提出的保级标准草案 IEC 62350’电力系统管理和相关信息交流中，宣布了各种分散的电力来源之间数据传达（“逻辑节点”）的规范，它提出了标准的系统信息与特征的数据术语、测量值和状态信息，这便可以在全世界范围进行数据交换，并且，在未来，通过调节分散电力源，以达到并网电能的能量消耗监控的最优化。

② 可视化呈现。除了操作监控，运行数据也可以可视化。光伏通常不起眼地位于屋顶

图 10-34 室内显示终端

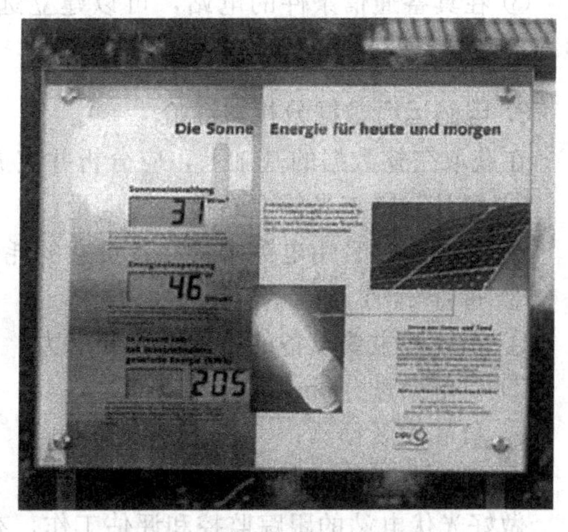

图 10-35 室外用显示终端

且静静地运行。系统工经营商日益希望他们的环保发电系统能吸引注意，将运行数据、图像和其他信息显示在显示平板、屏幕或终端上，在多数这样的例子中，瞬时能量、日发电量、总发电量和瞬时光照都被显示出来。设计好的显示板能吸引来宾注意光伏发电系统，尤其是当来宾通常不能亲眼看到位于屋顶的真实光伏系统的情况下，照片、示意图和系统框图都增加了视觉效果和信息价值（图 10-34 和图 10-35）。

【扩展阅读】

光伏电站的跟踪监控和运行数据分析与评估

光伏发电系统还属于新生事物，还没有达到推广应用的规模化。目前存在距离遥远、当地技术水平低、独立电网容量有限等不利条件，增加了光伏电站管理的难度。因此，实施对电站的运行监控，通过对系统运行的数据进行科学分析，找出内在规律，为系统优化设计提供可靠依据，为更大规模的推广独立光伏发电系统作出贡献。

1. 电站监控内容

① 当地的光照和风力资源。每天各时段阳光辐射强度和光照时间，每天各时段风速和风向。

② 天气情况（温度、雷击、沙尘、冰雹、雨雪、云雾等）。

③ 系统各发电子系统在各时段的发电功率和发电量。

④ 充电控制器在各时段的工作状态。

⑤ 蓄电池组在各时段的工作状态。

⑥ 系统负载在各时段的工作状态。

⑦ 系统故障统计。

2. 监控手段和方法

① 对于没有安装自动数据采集装置的电站，采用人工读数的方法记录数据。为了保证数据的真实、可靠、准确，电站工作人员在参加培训时必须学会、弄懂如何正确读表、测量和填写工作日记的表格。业主公司的专业技术人员定期校对、核实各电站的工作日记。电站的工作日记必须存档备案，不得遗失和损坏。人工记录工作日记是自始至终每天必做的工作。

② 对于安装了自动数据采集装置的电站，由专业技术人员定期读取记录，或由当地电站工作人员经专门培训定期更换数据记录磁盘，邮寄给专业数据收集人。

③ 在具备通信条件的电站，可以建立远程监控系统，由专业技术人员进行实时监控，远程自动采集数据。

3. 电站运行数据分析与评价

在获取完整数据的基础上，应分析并完成下述评估内容：

① 每月、每年光伏电站提供的电量；

② 每月、每日用电需求量和各负载的耗电量；

③ 每月 24 小时能量流图；

④ 系统各主要设备的工作性能和潜力；

⑤ 供电余量分析；

⑥ 负载发展预测；

⑦ 故障分析及预防措施建议。

做好光伏电站的跟踪监控和评估工作，有助于改进管理制度，进一步完善光伏电站，充分发挥系统的潜能，使系统在最佳状态下运行，获得最好的经济效益和社会效益。

【项目小结】

本项目的主要内容是太阳能资源数据获取，光伏系统的选址和场地评估。在规划光伏系统时，找到既定地点（天气情况）和光伏组件/能量存储/负载这些变量之间的平衡点，并根据系统规格以优化它们的相互作用。在进行系统设计和优化时，应当考虑系统供电的可靠性和系统部件（电池的循环放电能力和放电次数）的使用期限以及使用方式，以确定光伏系统的经济效率。运用各种计算软件和模拟软件完成光伏系统的规模设计，根据施工图纸完成并网式光伏系统的安装、调试与运行维护。

【思考题】

1. 如何进行光伏组件的安装与调试？
2. 如何进行逆变器的安装与调试？
3. 简述 PVSYST 软件的使用。
4. 简述如何根据既定场址进行太阳能光照资源的获取与分析。
5. 简述如何根据既定的场址进行光伏系统规模的确定。

质量、职业健康安全与环境管理

【项目描述】

本项目主要讲述了光伏电站施工中工程质量，员工职业健康、安全管理的一般规定，施工安全与环境质量管理计划实施的办法和施工质量监测与纠正措施。分两个任务完成知识学习。

【技能要点】

① 学会在光伏电站施工中保证工程质量，学会员工职业健康安全管理的方法。

② 学会制定施工安全与环境质量管理计划。

③ 学会对施工质量监测和对不符合施工质量的工程的纠正措施。

【知识要点】

① 熟悉施工安全与环境质量管理细则。

② 熟悉施工质量监测与纠正措施。

③ 熟悉施工安全与环境质量管理计划。

任务一　学习质量、职业健康安全管理计划

一、质量、职业健康安全管理一般规定

① 进场施工单位可依据《质量管理体系要求》GB/T19001、《职业健康安全管理体系规范》GB/T28001 及《环境管理体系 要求及使用指南》GB/T24001 建立质量、职业健康安全、环境管理体系，设立工程质量、职业健康安全和环境管理机构，并明确职责、编制相应管理计划。

② 管理计划应根据工程特点有所侧重，并考虑文明施工的有关要求。

③ 现场质量、职业健康安全与环境的管理应符合政府主管部门的要求。

二、管理计划

① 质量管理计划可按照《质量管理体系要求》GB/T19001 中的相关规定，在施工单位

质量管理体系的框架内编制。

② 职业健康安全管理计划可按照《职业健康安全管理体系规范》GB/T28001 中的相关规定，在施工单位安全管理体系的框架内编制。

③ 环境管理计划可按照《环境管理体系要求及使用指南》GB/T24001 中的相关规定，在施工单位环境管理体系的框架内编制。

任务二　安全与环境管理实施与监测管理

一、安全与环境管理计划实施

1. 质量计划的实施应遵循的要求

① 确定建（构）筑物及设备基础处理、支架安装、光伏组件安装、汇流箱及配电柜安装、逆变器与变压器连接、电缆沟开挖及电缆敷设等施工工艺和施工方法；确定特殊施工过程及其质量监控点和控制参数；配备相关的技术规范、标准图集和现场作业指导书等文件；提供各种材料、施工机具、检测设备等。

② 工程施工方案及各分项工程实施方案，应在向相关施工人员交底后施行。

③ 工程质量人员应根据相关验收标准及规定，对土建、设备与电气安装等分项工程，基础开挖、基础浇筑、支架安装、光伏组件安装等分部工程，基础处理、钢结构预埋等隐蔽工程的施工质量进行预验收；施工中的特殊过程应按照质量管理策划中所明确的过程控制参数设专人进行监控，并形成记录。

④ 施工过程中，施工单位应对特殊岗位人员的持证情况进行检查，确保持证上岗。

⑤ 应对光伏电池组件等各类设备、完成安装的方阵、完成各项调试的发电系统等进行标识，保证在有可追溯性要求的场合，控制和记录产品的唯一性。

2. 职业健康安全管理计划的实施应遵循的要求

① 应根据工程规模和特点，确定重大危险源，制定安全管理方案，为现场人员配备必要的安全防护设施。

② 工人上岗前和施工过程中，应进行三级安全教育和安全技术交底，建立培训记录。

③ 定期并且在计划的时间间隔内对职业健康和安全生产情况进行检查，并形成记录。

④ 应针对重要危险源制定应急预案并定期组织演练。

3. 环境管理计划的实施应遵循的要求

① 应根据项目的重要环境影响因素，制定环境管理方案。

② 工人上岗前和施工过程中，应对其进行环境保护教育并建立培训记录。

③ 按照环境检查制度进行环境因素的检查与监测，形成记录。

④ 应针对重要环境因素制定应急预案并定期组织演练。

⑤ 可根据季节、气候等自然条件的变化，合理调整施工方案及施工措施、职业健康安全管理措施及环境管理措施，确保项目质量、职业健康安全及环境目标的实现。

二、监测与纠正措施

① 应按进度管理的要求对工程实际进度进行检查，可在满足工程质量的前提下合理调整进度计划。

② 施工过程中，应定期检查以保证所使用的施工机具和光伏、电气检测设备始终处于校验合格状态。

③ 应按照工程的质量、职业健康安全和环境管理的目标和指标、安全管理方案、环境管理方案等要求定期检查，纠正不合格或不符合项，制定纠正措施。

④ 发生质量、职业健康安全或环境事故时，应按相应的事故处理规定执行，制定纠正措施，将事故可能造成的风险降至最低。

【项目小结】

本项目的主要内容是质量、职业健康安全管理计划，工程质量计划实施应遵循的要求，员工职业健康安全管理计划实施应遵循的要求，工程质量监测与纠正措施等。

【思考题】

1. 谈谈如何保证光伏电站建设的施工质量。
2. 谈谈光伏电站建设中工职业健康安全管理计划实施应遵循的要求。
3. 谈谈光伏电站建设中工程质量计划实施应遵循的要求。

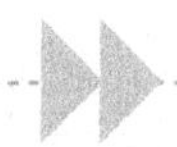

参考文献

[1] 李钟实．太阳能光伏发电系统设计施工与维护［M］．北京：人民邮电出版社，2010.

[2] 王长贵，王斯成．太阳能光伏发电实用技术［M］．北京：化学工业出版社，2009.

[3] 沈辉，曾祖勤．太阳能光伏发电技术［M］．北京：化学工业出版社，2005.

[4] 赵争鸣，刘建政．太阳能光伏发电及其应用［M］．北京：化学工业出版社，2005.

[5] 李安定，吕全亚．太阳能光伏发电系统工程［M］．北京：化学工业出版社，2012.